21 世纪高等院校规划教材·计算机类

计算机组装与维护

实 训 教 程

主 编 陈小平 顾 斌

中国科学技术大学出版社

内 容 简 介

本书分理论篇和实践篇两大部分,理论篇详细介绍了最新微型计算机系统的各个组成部件(如 CPU、主板、存储器、常用输入设备、输出设备、机箱、电源等组件)的组成、工作原理、常见型号以及各部件性能指标。实践篇则侧重动手能力的培养,包括微机的拆卸、组装、BIOS 设置、硬盘的分区和格式化、操作系统的安装调试、常用工具软件的使用以及常见故障的检测与维修技巧等内容。

本书适合作为各大中专院校计算机专业的教材、各类微机维护培训班的培训教材,也可作为广大微机爱好者和微机用户从事微机使用与维护的必备参考书。

图书在版编目(CIP)数据

计算机组装与维护实训教程/陈小平,顾斌主编. —合肥:中国科学技术大学出版社,2011.1
(2023.1 重印)

ISBN 978-7-312-02776-5

Ⅰ. 计⋯ Ⅱ. ① 陈⋯ ② 顾⋯ Ⅲ. ① 电子计算机-组装-高等学校-教材 ② 电子计算机-维修-高等学校-教材 Ⅳ. TP30

中国版本图书馆 CIP 数据核字（2010）第 249542 号

出版 中国科学技术大学出版社
安徽省合肥市金寨路 96 号,230026
http://press. ustc. edu. cn
https://zgkxjsdxcbs. tmall. com

印刷 合肥皖科印务有限公司

发行 中国科学技术大学出版社

开本 787 mm×1092 mm 1/16

印张 21

字数 520 千

版次 2011 年 1 月第 1 版

印次 2023 年 1 月第 5 次印刷

定价 45.00 元

编　委

前　　言

　　随着计算机软、硬件技术的迅猛发展和计算机应用范围的不断扩大,计算机用户的数量急剧增加,广大计算机用户在使用机器的过程中,由于计算机本身的质量问题和用户操作不当,经常会出现这样或那样的问题。为此,各类学校计算机及相关专业陆续开设了"计算机组装与维护"课程,但目前出版的教材大多侧重于计算机部件的选购、组装。由于绝大部分学生的经济能力有限,不可能做到人人都到市场上选购部件来组装自己的电脑。为此,我们从实际出发,在理论教学的基础上,将学校稍微老一点的机子拿出来供学生拆卸、组装,等学生有了一定的实践经验后再让学生制定选配方案,到市场上了解自己的配置是否合理,从而培养了学生的实际动手能力。从几届学生反馈的情况来看,效果非常好。

　　我们在总结多年计算机维护工作的经验和教学实践的基础上,于2005年8月编辑出版了《计算机组装与维护实用技术》教材,使用效果十分理想。在此基础上我们又不断总结经验、推陈出新,联合多所院校重新编写了《计算机组装与维护实训教程》。本书包括两大部分:第一部分理论篇详细介绍了微机的各个部件的组成、工作原理、常见型号、性能指标等。第二部分实践篇则从实际出发,力求全面培养学生的动手能力,详细介绍了计算机的拆卸及相关数据的记录、部件组装、BIOS参数设置、硬盘的分区及格式化、操作系统的安装、常用工具软件的使用、微机常见故障的检测与排除方法等。

　　本书内容新颖,讲解深入浅出,图文并茂,层次清晰,理论联系实际。通过本书的学习,并配以一定的实践环节,学生可对微机系统有一个全面而系统的了解,同时能掌握微机各部件组装技巧,并能掌握微机常见故障的检测与维护技巧。

　　本书由安徽工业大学陈小平、顾斌主编并负责全书统稿,参与本书编写的编委有:丁智(蚌埠学院,编写第7章及附录D)、何向荣(池州学院,编写第9章及附录A)、吴光龙(安徽工业大学,编写第3、12章)、徐辉(淮北职业技术学院,编写第4、5章)、黄勇(安徽科技学院,编写第15章及附录B)、黄磊(亳州师范专科学校,编写第1、10章及附录E)、葛文龙(安徽财贸职业技术学院,编写第 11 章及附录 C)。安徽工业大学的刘凤声、汤志贵、王危等老师参加了本书部分章节的编写工作。

本书适合作为各大中专院校计算机及相关专业的教材、各种微机维护培训班的培训教材,同时也是广大微机爱好者和微机用户从事微机使用与维护的必备参考书,具有较高的实用价值。

本书的再次出版得到了中国科学技术大学出版社和安徽工业大学计算机学院秦锋、张辉宜等老师的大力支持和帮助,在此表示感谢。另外有些资料参考了网上相关网站的内容,在此一并表示感谢。

编写此书力求完美,但疏漏之处在所难免,还请读者不吝指正。

编者

2010 年 10 月

目　　录

实　践　篇

理 论 篇

第 1 章　计算机系统概述

1.1　计算机系统的组成

计算机系统由硬件系统和软件系统两部分组成,如图 1-1 所示。

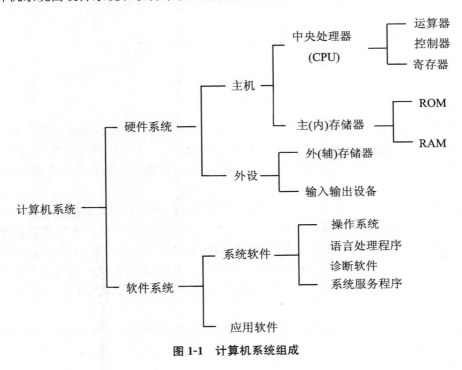

图 1-1　计算机系统组成

1.2　计算机硬件系统的基本构成

1.2.1　计算机的硬件结构

计算机的硬件体系结构是以美籍匈牙利数学家冯·诺依曼的名字命名的,他提出了重要的设计思想:

◆ 计算机应由五个基本组成部分:运算器、控制器、存储器、输入设备和输出设备;

◆ 采用存储程序的方式,程序和数据存放在同一个存储器中;

◆ 指令在存储器中按执行顺序存放,由指令计数器指明要执行的指令所在的单元地址,一般按顺序递增,但可按运算结果或外界条件改变;

◆ 机器以运算器为中心,输入/输出设备与存储器间的数据传递都通过运算器。

　　几年来,虽然现在的计算机系统从性能指标、运算速度、工作方式、应用领域和价格等方面与最初的计算机有很大的差异,但基本结构没有变,都属于冯·诺依曼计算机,其结构如图 1-2,图中的实线为数据流,虚线为控制流。

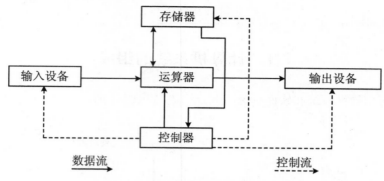

图 1-2　计算机基本结构

1. 运算器

运算器也称为算术逻辑单元 ALU(Arithmetic Logic Unit)。它的功能就是算术运算和逻辑运算。算术运算就是指加、减、乘、除。而逻辑运算就是指"与"、"或"、"非"、"比较"、"移位"等操作。在控制器的控制下,它对取自内存或内部寄存器的数据进行算术或逻辑运算。

2. 控制器

控制器一般由指令寄存器、指令译码器、时序电路和控制电路组成。控制器的作用是控制整个计算机的各个部件有条不紊地工作,它的基本功能就是从内存取指令和执行指令。所谓执行指令就是,控制器首先按程序计数器所指出的指令地址从内存中取出一条指令,并对指令进行分析,然后根据指令的功能向有关部件发出控制命令,控制它们执行这条指令所规定的功能。这样逐一执行一系列指令,就使计算机能够按照这一系列指令组成的程序的要求自动完成各项任务。

控制器和运算器合在一起被称为中央处理器单元,即 CPU(Central Processing Unit)。它是计算机的核心。

3. 内存储器

内存储器(简称内存或主存)。在计算机运行中,要执行的程序和数据存放在内存中。内存一般由半导体器件构成。

说明:存储器分为内存储器和外存储器两种,而外存储器也可以看作输入/输出设备。

4. 输入设备

输入设备是用来接受用户输入的原始数据和程序,并将它们变成计算机能够识别的形式(二进制数)存放到内存中。常用的输入设备有键盘、鼠标、扫描仪、光笔、数字化仪等。

5. 输出设备

输出设备是用于将存放在内存中由计算机处理的结果转变成人们所能接受的形式。常用的输出设备有显示器、打印机、绘图仪等。

1.2.2　微型计算机的硬件组成

微型计算机具有体积小、重量轻、功能强、运算速度快、易于扩充等特点,因而在各行各业中得到了广泛的应用,并且不断改变着人们的生活,推动着科学技术和社会经济的发展。微型计算机的硬件组成如图 1-3 所示。

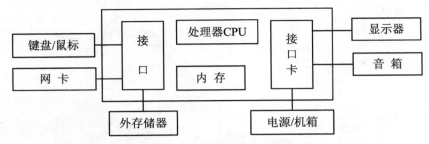

图 1-3　微型计算机的硬件组成

由图 1-3 可知,微型计算机硬件一般由下列部件组成:

(1) 处理器(CPU)。处理器是电脑的核心部件,完成运算操作。目前市场主流 CPU 由 Intel 公司的 Intel Core 系列和 AMD 公司的 AMD Phenom Ⅱ X4 系列产品。两公司的产品性能相近,但 AMD 的同级产品价格略低。

(2) 主板。主板是计算机系统的“大本营”。具有 CPU 插槽、I/O 扩展槽、内存插槽、CPU 与内存及外部设备数据传输的控制芯片组成,它的性能直接影响整个计算机系统的性能。

(3) 内存。内存用于存放运行的程序和数据。选购时应根据主板上的内存插槽来选择相应的内存规格。

(4) 软盘驱动器(输入输出设备)。软盘驱动器是用于读、写软盘的数据。目前仍可见的为 3 寸盘驱动器,容量为 1.44 MB。随着计算机技术的发展,软驱和软盘基本被淘汰了。

(5) 硬盘驱动器(外存,输入输出设备)。硬盘驱动器是用于读、写程序和数据。容量由几十 GB 至数百 GB,目前主流在 320 GB 左右。有的容量已经到 TB 级了。

(6) 光盘驱动器(输入设备)。光盘驱动器可以是 CD-ROM 驱动器、DVD 驱动器、COMBO 驱动器,也可以是刻录机。用来读取光盘上的程序和数据,播放 CD/VCD/DVD 视频等。

(7) 显卡。显卡是主板与显示器的接口部件。

(8) 显示器(输出设备)。显示器可以用于监视程序的运行及结果。常见的显示器有 CRT 和 LCD 两大类。

(9) 声卡(接口电路,可选)。声音接口电路。

(10) 音箱(输出设备,可选)。发声设备。声卡和音箱配套使用,不是系统所必须的。

(11) 键盘(输入设备)。输入命令和数据。

(12) 鼠标器(输入设备)。通过“单(双)击”等输入相应命令。

(13) 网卡(接口电路,可选)。又称网络适配器,连网所需设备。

(14) 电源、机箱。供给系统要求的直流电源;机箱保护内部设备,并使其成为一个整体。

微型计算机主要部件连接示意如图 1-4 所示。

1.3　计算机软件系统组成

只有上述硬件的计算机,又称为“裸机”,无法进行正常的工作。要让计算机工作,必须给计算机安装“大脑”——操作系统。只有在操作系统的控制下,才能调入应用程序,接收和处理

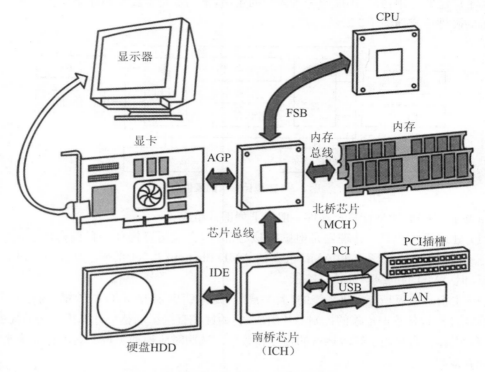

图 1-4   微型机主要部件及总线示意图

命令、数据,也只有在它的控制下,才能完成将程序的运算结果向输出设备输出。操作系统其实也是一个程序,它总管计算机系统的软、硬件设备与外部设备的数据交换。具备了硬件和操作系统的计算机,才是一台名副其实的计算机。

所谓"软件",是指系统中的程序以及开发、使用和维护程序所需要的所有文档的集合。计算机的软件系统包括系统软件和应用软件两大类。

1.3.1   系统软件

系统软件是计算机系统的一部分,它提供对应用软件运行的支持,为用户开发应用系统提供一个平台。常用的系统软件有:

1. 操作系统(Operating System)

为了使计算机系统的所有资源(包括 CPU、存储器、各种外设及各种软件)协调一致、有条不紊地工作,就必须有一个软件来管理和统一调度,这种软件称为操作系统。它的功能就是管理计算机系统的全部硬件资源、软件资源及数据资源,使计算机系统所有资源最大限度地发挥作用,为用户提供方便、有效、友善的服务界面。

操作系统是一个庞大的管理控制程序,它大致包括如下五个管理功能:进程与处理机调度、作业管理、存储管理、设备管理、文件管理。实际的操作系统是多种多样的,根据侧重点和设计思想的不同,操作系统的结构和内容存在很大差别。操作系统一般可分为:多道批处理系统、分时系统、实时系统、网络操作系统、分布式操作系统、单用户操作系统等。目前在微机上常见的操作系统有 DOS、OS/2、UNIX、LINUX、Windows 2003、Windows XP、Windows 7、

Netware 等。

2. 语言处理程序

编写计算机程序所用的语言是人机交互的工具,一般可分为机器语言、汇编语言和高级语言。

3. 连接程序

连接程序又称为组合编译程序或联编程序。它可以把目标程序变为可执行的程序。几个被分割编译的目标程序,通过连接程序可以组成一个可执行的程序。

4. 诊断程序

诊断程序主要用于对计算机系统硬件的检测,能对 CPU、内存、软硬驱动器、显示器、键盘及 I/O 接口的性能和故障进行检测。

5. 数据库系统及数据仓库

数据库系统是一个复杂的系统,通常所说的数据库系统并不单指数据库和数据库管理系统本事,而是将它们与计算机系统作为一个总体而构成的系统看作数据库系统。数据库系统通常由硬件、操作系统、数据库管理系统(Data Base Management System,简称 DBMS)、数据库及应用程序组成。数据仓库是面向主题的、集成化的、稳定的、随时间变化的数据集合,用以支持决策管理的一个过程。

1.3.2　应用软件

应用软件是指计算机用户利用计算机的软、硬件资源为某一专门的应用目的而开发的软件。目前,运行于 Windows 环境的应用程序门类齐全,应有尽有。

常见的软件有:

(1) 办公自动化软件。如:Office、WPS 等。

(2) 图形图像处理软件。如:CAD、Photoshop 等。

(3) 媒体工具软件。如:RealPlayer、千千静听等。

(4) 联络聊天软件。如:QQ、MSN、Skype 等。

(5) 网络工具软件。如:IE 浏览器、下载工具 FTP 等。

(6) 安全相关软件。如:瑞星杀毒、360 安全卫士等。

(7) 编程开发软件。如:C/C++、VB、Delphi 等。

1.4　计算机硬件重要术语解析

1.4.1　IRQ 中断请求

IRQ(Interrupt Request)的中文意思是"中断请求"。中断是计算机硬件的一个重要资源,虽然 Windows 具备即插即用功能,但中断冲突有时是不可避免的。计算机中的许多设备都能在不需要 CPU 参与的情况下完成一定的工作。但这些设备有时需要 CPU 为其做一些特定的工作,所以先必须发送一个请求给 CPU 并暂时中断其工作的信号,只有 CPU 中断其当前正在做的工作后才能接受这些设备所提出的要求。每个设备只能使用自己独立的中断请求,每个中断线有一个编号,即中断号,一般由系统分配。当两个设备共用一个中断号时,就会出现硬件冲突。在目前的计算机中,中断号一般为 IRQ0~IRQ15(共 16 个)。在最初的计算机系统中是没有中断这个概念的,为了监视有无输入信号,计算机每隔一段时间就检查每一个输入设备,看是否有信号输入,这样浪费了大量的 CPU 资源,降低了 CPU 的速度。引进了中断概念之后,CPU 不再对计算机进行输入检查,而由专门的中断控制器来做这个工作,一旦有输入,中断控制器就控制 CPU 的工作,使之马上处理需要即时处理的输入信号,处理完成之后再继续原来的工作,这样就极大地提高了计算机的速度。举个例子来说明:没有中断的情况就好像一个失聪的人在读报纸(CPU 的工作)。为了知道是否有电话打来(输入信号),他必须不停的回头看电话机灯是否闪烁(进行输入检查);具有中断的情况就好像是治好了这个人的失聪,使其恢复了听力,这样在读报纸的时候他就不必时时回头而专心地读报,一旦有电话打来,他的耳朵(中断控制器)会听见电话铃,然后中断读报来接电话,接完电话后他再继续读报。

1.4.2　DMA 通道

DMA(Direct Memory Access),即"存储器直接访问",主机系统与外部设备之间交换信息是计算机最重要和最最频繁的工作之一。它是一种高速的数据传输,允许在 CPU 之外进行,而不占用 CPU,因而可以大大提高 CPU 的工作效率,它比 IRQ 中断的传输效率还要高。

计算机一般有 8 个 DMA 通道,DMA 输入输出的操作是在 DMA 控制器的控制下实现的,由 DMA 控制芯片来完成控制功能。一些 DMA 通道为系统所占用,另一些为用户使用其他外部设备所保留。一般使用集成芯片 8237,或集成到其他大规模集成电路中(如 82C206),一片 8237 芯片只有 4 个单独的 DMA 通道,即有 4 个 DMA 通道资源。为了使用更多的 DMA 设备,也需要进行级联,由于一次级联要占用一个 DMA 通道,因而 2 片 8237 芯片就具备 7 个独立的 DMA 通道。与中断设备一样,每个 DMA 设备都只能占用一个 DMA 通道,否则,也会发生冲突,使系统不能正常工作。

1.4.3　总线

一座城市是各个部门和企业等组合,而一个计算机系统就像一座城市,是由 CPU、各种存储器,各种控制器及输入输出(I/O)设备构成的。在这些部件之间,数据是通过总线传输的。总线就像城市中的公共汽车,所以,总线叫 Bus,负责传递所有的信息。总线按照功能的不同可分为:地址总线、数据总线和控制总线,总线结构如图 1-5 所示。

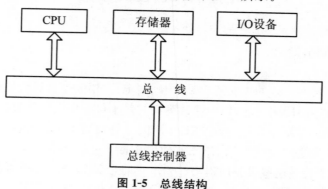

图 1-5　总线结构

总线一般是由多根线并排组成的。例如 8 根,这样就可以同时传送 8 个二进制数据,这就是总线的位宽。位宽越宽,每次传送的数据就越多。

用总线连接所有的部件设备,那如何保证从一个设备送出的数据只到达应该接受的设备,而不到其他的设备呢?这就需要总线控制器,它是控制每一个设备与数据总线间的一扇"门",只打开其中的一个设备的"门"就可以让该设备接受到总线传输的数据。总线控制器可以采用不同的方法来控制这些"门",这样也就形成了不同的总线类型。

常见的总线类型有:

1. ISA/EISA/MCA/VESA 总线

(1) ISA(Industry Standard Architecture)是 IBM 公司为 286/AT 电脑制定的总线工业标准,也称为 AT 标准。

(2) EISA(Extended Industry Standard Architecture)是 EISA 集团(由 Compaq、HP、AST 等组成)专为 32 b CPU 设计的总线扩展工业标准,它是 ISA 总线的扩展,既可连接 ISA 设备,也可连接 EISA 设备。

(3) MCA(Micro Channel Architecture)是 IBM 公司为 PS/2 微型机系统开发的微通道总线结构。

(4) VESA(Video Electronics Standards Association)是 VESA 组织(由 IBM、Compaq 等发起,有 120 多家公司参加)按 Local Bus(局部总线)标准设计的一种开放性总线,但成本较高,只是适用于 486 的一种过渡标准,目前已经淘汰。

2. PCI/PCI-E 总线

PCI 总线是一种不依附于某个具体处理器的局部总线,从结构上看,PCI 是在 CPU 和原来的系统总线之间插入的一级总线,需要时,具体由一个桥接电路来实现对这一层的智能设备取得总线控制权,以加速数据传输管理。

3. AGP 总线

Intel 公司开发了 AGP(Accelerated Graphics Port,图形加速端口)标准,主要目的就是要大幅提高微型机的图形尤其是 3D 图形的处理能力。

由于 AGP 总线将显示卡同主板芯片组直接相连进行点对点传输,大幅提高了微型机对 3D 图形的处理能力,也将原先占用的大量 PCI 带宽资源留给了其他 PCI 接口卡。连接在 AGP 总线插槽上的 AGP 显示接口卡,其视频信号的传送速率可以从 PCI 总线的 133 MB/s 提高到 533 MB/s。AGP 的工作频率为 66.6 MHz,是现行 PCI 总线的二倍,还可以提高到 133 MHz 或更高,传送速率则会达到 1 GB/s 以上。AGP 的实现依赖两个方面,一是支持 AGP 的芯片组/主板,二是 AGP 显示接口卡。

PCI 总线的传输速度只能达到 132 MB/s,而 AGP 总线则能达到 528 MB/s,四倍于前者。有了如此快的传输速度,自然使图形显示(特别是 3D 图形)的性能有了极大的提高,从而使微型机在图形处理方面又向前迈了一大步,也使得让微型机达到 3D 图形工作站性能的梦想成为了现实。

1.4.4 I/O 地址

I/O 地址又称为设备的输入/输出接口地址。系统的板卡和外部设备与 CPU 之间的通信就是通过这个地址来实现的。连接到系统的每一块板卡和每一种外部设备都要设置 I/O 地址代码,而且不能将同一个地址代码分配给不同的设备。在安装外部设备时有些设备只需要分配一个 I/O 地址,而有些设备由于要执行多个功能和接收不同类型的数据,可能需要多个 I/O 地址。I/O 地址代码用 3 位 16 进制数表示。I/O 地址分配情况如表 1-1 所示。

表 1-1　I/O 地址分配情况

I/O 地址	使用情况
00-1FH	DMA 控制器
20-3F	中断控制器
40-5FH	定时器/记数器
60-7FH	并行接口
80-9FH	DMA 页寄存器
A0-BFH	NM1 屏蔽寄存器
C0-FFH	保留

思考与练习

1. 了解计算机系统的组成。
2. 计算机硬件包括哪些基本模块?
3. 总线按照功能分为哪几种?并画出总线作用示意图。
4. 了解 IRQ 中断请求、DMA、总线、I/O 地址等概念。

第 2 章 主 板

2.1 主板的构成和结构类型

由于主板是电脑中各种设备的连接载体,而这些设备是各不相同的,而且主板本身也有芯片组,各种 I/O 控制芯片,扩展插槽,扩展接口,电源插座等元器件,因此制定一个标准以协调各种设备的关系是必需的。所谓主板结构就是根据主板上各元器件的布局排列方式,尺寸大小,形状,所使用的电源规格等制定出的通用标准,所有主板厂商都必须遵循。

主板结构分为 AT、Baby-AT、ATX、Micro ATX、LPX、NLX、Flex ATX、EATX、WATX以及 BTX 等结构。ATX 是目前市场上最常见的主板结构,扩展插槽较多,PCI 插槽数量在4～6个,大多数主板都采用此结构;EATX 和 WATX 则多用于服务器/工作站主板;Micro ATX 又称 Mini ATX,是 ATX 结构的简化版,就是常说的"小板",扩展插槽较少,PCI 插槽数量在 3 个或 3 个以下,多用于品牌机并配备小型机箱;而 BTX 则是英特尔制定的最新一代主板结构。

2.1.1 常见主板的主要部件

主要部件:主板芯片组、CPU 插座、内存插槽、SATA 接口、IDE 端口、软驱端口、电源插槽、背板接口(COM 口、LPT 口、USB 口)、前面板接口(指示灯、开关)、BIOS 芯片、USB 接口等。如图 2-1 所示。

图 2-1 主板主要部件

2.1.2 常见的主板结构规范

主板的结构规范——指的是主板的尺寸大小、各部件的布局形式以及电子电路所符合的工业设计标准。

1. ATX 结构规范

(1) 1995 年 1 月 Intel 公司公布了扩展 AT 主板结构规范,即 ATX(AT extended)主板标准。

(2) 1997 年 2 月推出 ATX2.01 版。(目前最新版本是 ATX2.03 版)。

(3) 优化了软硬驱动器接口位置;提高主板的兼容性和可扩充性;增强的电源管理(软件开/关机、绿色功能)。如图 2-2 所示。

图 2-2　ATX 结构

2. Micro ATX 结构规范

(1) 保持了 ATX 标准主板背板上的外设接口位置。

(2) I/O 扩展插槽减少了 3~4 只、DIMM 插槽减少 2~3 个,从纵向减小了主板宽度,(面积减小约 0.92 平方英寸)如图 2-3 所示。

(3) 集成了图形和音频处理功能。

3. Flex ATX 结构规范

(1) Flex ATX 也称为 WTX 结构,是 Intel 新研发的一种规范,引入 All-In-One(一体化设计,集成度很高,结构简单,设计合理)。

(2) 比 Micro ATX 主板面积还小 1/3 左右,且布局紧凑。如图 2-4 所示。

(3) 用于准系统之类的高整合度计算机。

4. BTX 结构

BTX 是英特尔提出的新型主板架构 Balanced Technology Extended 的简称,是 ATX 结构的替代者,这类似于前几年 ATX 取代 AT 和 Baby AT 一样。革命性的改变是新的 BTX 规格能够在不牺牲性能的前提下做到最小的体积。新架构对接口、总线、设备将有新的要求。但新架构仍然提供某种程度的向后兼容,以便实现技术革命的顺利过渡。

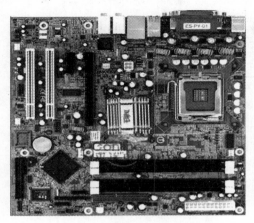 

图 2-3 Micro ATX 主板　　　　　　　　　图 2-4 Flex ATX 规格 P4 主板

BTX 具有如下特点:

(1) 支持 Low-profile,也即窄板设计,系统结构将更加紧凑。

(2) 针对散热和气流的运动,对主板的线路布局进行了优化设计。

(3) 主板的安装将更加简便,机械性能也将经过最优化设计。

目前已经有数种 BTX 的派生版本推出,根据板型宽度的不同分为标准 BTX (325.12mm),micro BTX(264.16mm)及 Low-profile 的 pico BTX(203.20mm),以及未来针对服务器的 Extended BTX。而且,目前流行的新总线和接口,如 PCI Express 和串行 ATA 等,也将在 BTX 架构主板中得到很好的支持。

另外,新型 BTX 主板将通过预装的 SRM(支持及保持模块)优化散热系统,对 CPU 特别有好处。散热系统在 BTX 的术语中被称为热模块。该模块包括散热器和气流通道。目前已经开发的热模块有两种类型,即 Full-size 及 Low-profile。

得益于新技术的不断应用,将来的 BTX 主板还将完全取消传统的串口、并口、PS/2 等接口。

2.2 微型计算机的总线系统

2.2.1 微型计算机的总线结构

总线——是一组能为多个部件服务的公共信息传送线路,是计算机各部件之间的传送数据、地址和控制信息的公共通路,它能分时地发送与接收各部件的信息,其结构如图 2-5 所示。

采用总线结构在系统设计、生产、使用和维护上有很多优越性:

(1) 采用结构设计方法,简化了系统设计。

(2) 便于生产与之兼容的硬件板卡和软件。

(3) 便于系统的扩充和升级。

(4) 便于故障诊断和维护,也降低了成本。

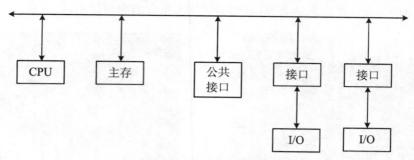

图 2-5 　微型计算机的总线结构

2.2.2 　总线的主要参数

总线分类：

数据总线(Data Bus)——用于数据传输。

地址总线(Address Bus)——用于传输地址信息。

控制总线(Contron Bus)——用于传输控制信号、时钟信号、状态信息。

1. 总线的带宽(MB/s)

总线的带宽指的是单位时间内总线上可传送的数据量，即每秒传送多少 MB 字节的最大稳态数据传输率。

2. 总线的位宽(bit)

总线的位宽指的是总线一次能同时传送的数据位数，即常说的 32 位、64 位等总线宽度。总线位宽越大传输率越大。

3. 总线的工作时钟频率

总线分为 CPU 内部使用的内部总线和 CPU 对外联系的外部总线。

外部总线又称为系统总线。众多的功能部件要正常的动作，必须有一个统一的指挥，这个就是时钟信号。

控制总线的时钟信号频率称为总线的工作时钟频率。内部总线频率就是常说的内频，而外部总线频率就是外频。

$$总线带宽＝总线位宽×总线工作频率/8$$

2.2.3 　主板上常见的总线

1. 系统总线(System Bus)

系统总线又称为前端总线(FSB)，前端总线将 CPU 连接到主内存和通向磁盘驱动器、调制解调器以及网卡这类系统部件的外设总线。人们常常以 MHz 表示的速度来描述总线频率。在主板上系统总线是主干，其他是支干。

(1) 前端总线(FSB)频率是直接影响 CPU 与内存直接数据交换速度。由于数据传输最大带宽取决于所有同时传输的数据的宽度和传输频率，即

$$数据带宽＝(总线频率×数据位宽)÷8$$

目前 PC 机上所能达到的前端总线频率有 266 MHz、333 MHz、400 MHz、533 MHz、

800 MHz,1066 MHz,1333 MHz 几种,前端总线频率越大,代表着 CPU 与内存之间的数据传输量越大,更能充分发挥出 CPU 的功能。现在的 CPU 技术发展很快,运算速度提高很快,而足够大的前端总线可以保障有足够的数据供给给 CPU。较低的前端总线将无法供给足够的数据给 CPU,这样就限制了 CPU 性能得发挥,成为系统瓶颈。

（2）外频与前端总线频率的区别:前端总线的速度指的是数据传输的速度,外频是 CPU 与主板之间同步运行的速度。也就是说,100 MHz 外频特指数字脉冲信号在每秒钟震荡一千万次;而 100 MHz 前端总线指的是每秒钟 CPU 可接受的数据传输量是

$$100 \text{ MHz} \times 64 \text{ bit} = 6400 \text{ Mbit/s} = 800 \text{ MByte/s} (1 \text{ Byte} = 8 \text{ bit})$$

（3）主板支持的前端总线是由芯片组决定的,一般都带有足够的向下兼容性。如 865PE 主板支持 800 MHz 前端总线,那安装的 CPU 的前端总线可以是 800 MHz,也可以是 533 MHz,但这样就无法发挥出主板的全部功效。

2. I/O 总线(Input/Output,输入/输出)

I/O 总线:用于 CPU 与除 RAM 之外的其他部件的连接。

PC 机主要的 I/O 设备如显卡、IDE 存储设备和高速网卡是低速设备,它们与内存或 CPU 之间的数据交换都是通过 I/O 总线完成的。

（1）ISA 总线

如图 2-6 所示。最早的总线是 IBM 公司于 1981 年推出的基于 8 位的 PC/XT 的总线,称为 PC 总线。1984 年 IBM 公司推出 16 位 PC 机 PC/AT,其总线称为 AT 总线。为了能够合理地开发外插接口卡,由 Intel 公司,IEEE 和 EISA 集团联合开发了与 IBM/AT 原装机总线意义相近的 ISA 总线(即 8/16 位 ISA 总线)。

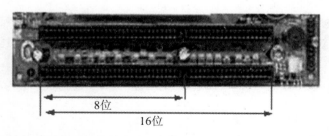

图 2-6　8/16 位 ISA 扩展插槽(Industry Standard Architecture,工业标准体系结构总线)

8 位 ISA I/O 扩展插槽由 62 个引脚组成,用于 8 位的插卡;16 位 ISA I/O 扩展槽由一个 8 位 62 线的连接器和一个附加的 36 线的连接器,用于 8 位的插卡或 16 位插卡。

ISA 总线的性能特性:
◆ 24 位地址线可直接寻址的内存空量为 16 MB;
◆ 最大位宽 16 位(bit);
◆ 最高时钟频率 8 MHz;
◆ 最大稳态传输率 16 MB/s;
◆ 中断、DMA 通道功能;
◆ 允许多个 CPU 共享系统资源。

（2）PCI 总线

如图 2-7 所示,1991 年下半年,Intel 公司首先提出了 PCI 概念,并联合了 IBM、Campaq、

AST、HP、DEC 等 100 多家公司成立了 PCI 集团。PCI 是一种先进的局部总线,已成为局部总线的标准。

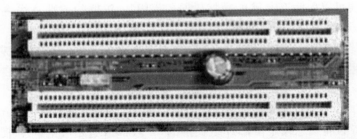

图 2-7　PCI 扩展插槽(Peripheral Component Interconnect,外围部件局部互联总线)

① PCI 总线的性能指标:

◆ 支持 10 台外设;

◆ 总线时钟频率 33.33/66 MHz;

◆ 最大数据传输率 133 MB/s;

◆ 时钟同步方式与 CPU 及时钟无关;

◆ 总线宽度 32 位(5V)/64 位(3.3V);

◆ 能自动识别外设;

◆ 特别适合与 Intel 的 CPU 协同工作;

◆ 具有与处理器和存储器子系统完全并行操作的能力。

② PCI 总线结构连接方式。PCI 总线由桥接电路(北桥芯片)相连外,还有 Cache 控制器和 DRAM 控制器等其他控制电路。

可挂接:图形控制器、IDE 设备、SCSI 设备、网络控制器等。

③ PCI 总线的新发展。当前 PCI 总线的最高版本是 2.1 版,理论上达到 66 MHz 的时钟频率。

Intel 推出的新一代的 PCI 总线规范称为 PCI-E,适用于 133 MHz 总线频率的台式机主板。

(3) AGP 总线

如图 2-8 所示,它是一种为了提高视频带宽而设计的用来替代 PCI 总线的规范。AGP 总线在主存与显存之间提供一条直接的通道,使得 3D 图形数据越过 PCI 总线,直接送入显示子系统。这样突破了 PCI 总线形成的系统瓶颈。

图 2-8　AGP 扩展插槽(Accelerated Graphics Port,加速图形接口)

AGP 总线在 66 MHz PCI 2.1 规范的基础上,扩充了以下主要功能:

① 数据读写操作的流水线操作(减少了内存等待时间);

② 具有 133 MHz 的数据传输率(允许 AGP 在一个时钟周期内传输双倍数据);

③ 直接内存执行 DIME(允许显卡直接操作主存的技术);

④ 地址信号与数据信号分离(采用多路信号分离技术);

⑤ 并行操作(允许 CPU 与 AGP 显卡同时访问系统内存)。

(4) IEEE 1394 总线

如图 2-9 所示。原是由美国 Apple 计算机公司设计并在 Apple Mac 计算机上的 Fire Wire 总线(火线),后被 IEEE(电子电气工程学会)采用并重新进行了规范。可用在:

◆ 增强计算机与外设(硬盘、打印机、扫描仪)的连接。

◆ 与消费性电子产品(数码相机、DVD 播放机、视频电话)的连接。

4针IEEE1394接口　　　　　6针IEEE1394接口

图 2-9　IEEE 1394 总线接口

IEEE 1394 总线性能特点:

① "级联"方式连接外设(最多可接 63 个外设、采用树形或菊花链结构、设备间距 4.5 m、树形结构 16 层、总长达 72 M);

② 能够向被连接的设备供电(电压范围 8～40 V 直流电、1.5 A 电流);

③ 基于内存的地址编码,具有高速传输率(高达 400 Mbit/s);

④ 点对点结构(Peer To Peer)直接连接,不需通过计算机的控制。

(5) USB 总线

是由 7 家世界领先的计算机及通信产业厂商(Campaq、DEC、IBM、Intel、Microsoft、NEC、Northern Telecom)共同制定的一种通用外部设备总线规范,如图 2-10 所示。

USB接口

图 2-10　USB(Universal Serial Bus,通用串行总线)

USB 系统由 USB 主机(Host)、集线器(HUB)、连接电缆、USB 外设组成。

◆ USB 1.1 标准——属于中低速的界面传输;传输率为 12 Mbit/s,即 1.5 MB/s;可接:如键盘、鼠标、游戏杆、数字音箱、数字相机、Modem)。

◆ USB 2.0 标准——属于高速传输;传输率为 480 Mbit/s,即 60 MB/s;兼容 USB1.1 设备;可接:如宽带数字摄像设备、新型扫描仪、打印机、存储设备。

◆ USB 3.0 标准——最大传输带宽高达 4.8 Gbps,也就是 600 MB/s,同时在使用 A 型的接口时向下兼容,实际传输速率大约是 3.2 Gbps,即 400 MB/s。

USB 总线性能特点:

① "串行级联"方式连接外设(可接 127 个设备、设备间距 5 m);

② 独立供电(能向低功耗设备提供 5 V);

③ 支持多媒体(A. 支持异步及等时数据传输;B. 支持高保真音频);

④ 即插即插和热拔功能。

2.3　主板上的常见部件

2.3.1　接口的概念

接口——是指主板和某类外设之间的适配电路,其功能是解决主板和外设之间电压等级、信号形式和速度上的匹配问题。

不同类型的外设需要不同的接口,不同的接口是不通用的。

目前在微机中使用最广泛的接口是:IDE/EIDE、SCSI、USB、IEEE1394、SATA 接口等。

2.3.2　主板上的常见部件及其规范

主板上常见部件,如图 2-11 所示。

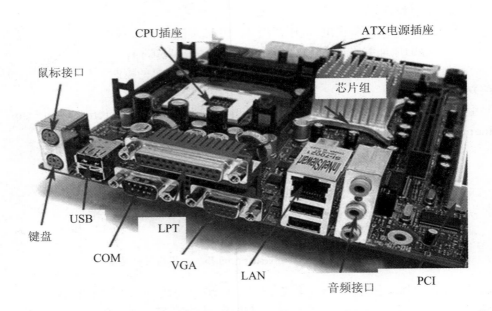

图 2-11　主板上常见接口

1. 印刷电路板(PCB)

PCB(Printed Circuit Board,印刷电路板)是由几层树脂材料粘合在一起的,内部采用铜箔走线。

一般的 PCB 分为 4 层,最上和最下的两层是信号层,中间两层是接地层和电源层(也有分为 6 层的,可能有 3 个或 4 个信号层,1 个接地层以及 1 个或 2 个电源层)。

2. 常见 CPU 插槽

CPU 需要通过某个接口与主板连接的才能进行工作。CPU 经过这么多年的发展,采用的接口方式有引脚式、卡式、触点式、针脚式等。而目前 CPU 的接口都是针脚式接口,对应到主板上就有相应的插槽类型。不同类型的 CPU 具有不同的 CPU 插槽,因此选择 CPU,就必须选择带有与之对应插槽类型的主板。主板 CPU 插槽类型不同,在插孔数(针脚数)、体积、形状都有变化,所以不能互相接插。

目前 PC 上常见的是 Intel 和 AMD 两家公司生产的 CPU,它们采用了不同的接口,而且同品牌 CPU 也有不同的接口类型。

(1) Intel 主要产品

① Socket 478。Socket 478 插槽是目前 Pentium 4 系列处理器所采用的接口类型,针脚数为 478 针。Socket 478 的 Pentium 4 处理器面积很小,其针脚排列极为紧密。采用 Socket 478 插槽的主板产品数量众多,是目前应用最为广泛的插槽类型。如图 2-12 所示

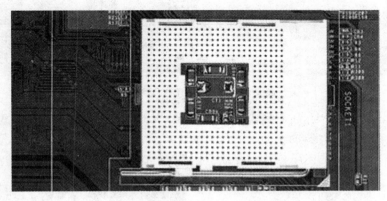

图 2-12 Socket 478

② Socket 775。Socket 775 又称为 Socket T,目前采用此种插槽的有 LGA 775 封装的单核心的 Pentium 4、Pentium 4 EE、Celeron D 以及双核心的 Pentium D 和 Pentium EE 等 CPU,Core 架构的 Cornoe 核心处理器也继续采用 Socket 775 插槽。Socket 775 插槽与目前广泛采用的 Socket 478 插槽明显不同,非常复杂,没有 Socket 478 插槽那样的 CPU 针脚插孔,取而代之的是 775 根有弹性的触须状针脚(其实是非常纤细的弯曲的弹性金属丝),通过与 CPU 底部对应的触点相接触而获得信号。因为触点有 775 个,比以前的 Socket 478 的478 pin 增加不少,封装的尺寸也有所增大,为 37.5 mm×37.5 mm。另外,与以前的 Socket 478/423/370 等插槽采用工程塑料制造不同,Socket 775 插槽为全金属制造,原因在于这种新的 CPU 的固定方式对插槽的强度有较高的要求,并且新的 Prescott 核心的 CPU 的功率增加很多,CPU 的表面温度也提高不少,金属材质的插槽比较耐得住高温。在插槽的盖子上还卡着一块保护盖。

Socket 775 插槽由于其内部的触针非常柔软和纤薄,如果在安装的时候用力不当就非常容易造成触针的损坏;其针脚实在是太容易变形了,相邻的针脚很容易搭在一起,而短路有时候会引起烧毁设备的可怕后果;此外,过多地拆卸 CPU 也将导致触针失去弹性进而造成硬件方面的彻底损坏,这是其目前的最大缺点。

目前,主板大都采用 Socket 775 插槽,也有采用 Intel 915/925 系列芯片组主板以及采用比较成熟的老芯片组例如 Intel 865/875/848 系列和 VIA PT 800/PT 880 等芯片组的主板。Socket 775 插槽如图 2-13 所示。

③ Socket B。又称为 Socket1366 是继 LGA 775 后又一款 CPU 插槽。Socket B 的目的

是取代 LGA 775 以及服务器 CPU 插槽 Socket J(LGA 771)，支持最新的 I7 系列 CPU，目前适用 Socket B 的芯片组是 Intel X58。

图 2-13　Intel 的 LGA 775 接口

目前常见 Intel 的 CPU 的从针脚分为 775、1156、1366 三种。酷睿 2 双核、酷睿 2 四核、奔腾 E、赛扬双核都是 775 针脚的。而 I 系列处理器 I3 和 I5 是 1156 针脚的、I7 是 1366 针脚的（如图 2-14）。

图 2-14　Intel LGA 1366 和 LGA 1156 接口

（2）AMD 主要产品

① Socket 754。Socket 754 是 2003 年 9 月 AMD 64 位桌面平台最初发布时的标准插槽，具有 754 个 CPU 针脚插孔，支持 200 MHz 外频和 800 MHz 的 Hyper Transport 总线频率，但不支持双通道内存技术。目前采用此种插槽的有面向桌面平台的 Athlon 64 的低端型号和 Sempron 的高端型号，以及面向移动平台的 Mobile Sempron、Mobile Athlon 64 以及 Turion 64。

随着 AMD 从 2006 年开始全面转向支持 DDR2 内存，桌面平台的 Socket 754 插槽逐渐被具有 940 根 CPU 针脚插孔、支持双通道 DDR2 内存的 Socket AM2 插槽所取代从而使 AMD 的桌面处理器接口走向统一，而与此同时移动平台的 Socket754 插槽也逐渐被具有 638 根 CPU 针脚插孔、支持双通道 DDR2 内存的 Socket S1 插槽所取代。如图 2-15 所示。

图 2-15　Socket 754

② Socket 939。Socket 939 是 AMD 公司 2004 年 6 月才发布的 64 位桌面平台插槽标准，具有 939 个 CPU 针脚插孔，支持 200 MHz 外频和 1000 MHz 的 Hyper Transport 总线频率，并且支持双通道内存技术。目前采用此种插槽的有面向入门级服务器/工作站市场的部分 Opteron 1XX 系列以及面向桌面市场的 Athlon 64 以及 Athlon 64 FX 和 Athlon 64 X2，除此之外部分专供 OEM 厂商的 Sempron 也采用了 Socket 939 插槽。随着 AMD 从 2006 年开始全面转向支持 DDR2 内存，Socket 939 插槽逐渐被具有 940 根 CPU 针脚插孔、支持双通道 DDR2 内存的 Socket AM2 插槽所取代，如图 2-16 所示。

图 2-16　Socket 939

③ Socket AM2、AM2 ＋。Socket AM2 是 2006 年 5 月底发布的支持 DDR2 内存的 AMD64 位桌面 CPU 的插槽标准。是目前低端的 Sempron、中端的 Athlon 64、高端的 Athlon 64 X2 以及顶级的 Athlon 64FX 等全系列 AMD 桌面 CPU 所对应的插槽标准。Socket AM2 具有 940 个 CPU 针脚插孔，支持 200 MHz 外频和 1000 MHz 的 Hyper Transport 总线频率，

支持双通道 DDR2 内存,其中 Athlon 64 X2 以及 Athlon 64 FX 最高支持 DDR2 800,Sempron 和 Athlon 64 最高支持 DDR2667。虽然同样都具有 940 个 CPU 针脚插孔,但 Socket AM2 与原有的 Socket 940 在针脚定义以及针脚排列方面都不相同,并不能互相兼容。按照 AMD 的规划,Socket AM2 将逐渐取代原有的 Socket 754 和 Socket 939,从而实现桌面平台 CPU 插槽标准的统一。广大主板厂商也迅速跟进,Socket AM2 的配套主板目前也在逐渐增多。如图 2-17 所示。

Socket AM2+是一款过度 CPU 插槽,拥有 940 针脚,支持 CPU 为:Athlon 64、Athlon 64 X2、Opteron、Phenom series:Phenom X4、Phenom X3、Phenom X2

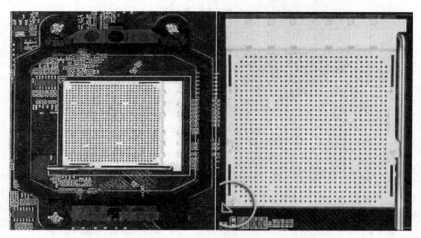

图 2-17   AM2 接口(左)与 AM2+接口(右)对比

④ Socket AM3。2009 年 2 月中,AMD 发布了采用 Socket AM3 接口封装的 Phenom Ⅱ CPU 和 AM3 接口的主板,而 AM3 接口相比 AM2+接口最大的改进是同时提供 DDR2 和 DDR3 内存的支持。换句话说,以后推出的 AM3 接口 CPU 均兼容现有的 AM2+平台,通过刷写最新主板 BIOS,即可用在当前主流的 AM2+主板(如 AMD 770、780G、790GX/FX 等)上,而用户也不必担心升级问题。

Socket AM3 目的是取代 AM2 和 AM2+,拥有 940 针脚,支持 CPU:DDR capable Phenom series、Athlon X2、Sempron LE、Opteron

AM3 与 AM2+两种接口的区别:图 2-18 左是 Socket AM2+接口,拥有 940 个针脚;图 2-18 右是 Socket AM3 接口。红色圈的位置就是针脚不同的部分,可看到 AM3 比 AM2+少两个针脚,也就是 938 针。

AMD 的 CPU 主要采用的是 AM2+和 AM3 接口,AM2 与 AM2+都是 940 针,且 AM2+向下兼容,所以现在基本没有 AM2 的主板了。由于针脚数目不同,Socket AM3 插座没法安装 Socket AM2+或更早的处理器。另一方面 Socket AM3 接口封装的 CPU 仍然可以在 Socket AM2+/AM2 插座上安装。不过 AM3 接口处理器上在 AM2+主板上性能会有损失。

AM3 是 AMD 的最新接口,AM3 的带宽高于 AM2+,并且高很多。AM3 接口的处理器支持 DDR3 内存,而 AM2 与 AM2+接口的处理器都只支持 DDR2 内存。

3. 内存插槽

内存插槽是指主板上所采用的内存插槽类型和数量。主板所支持的内存种类和容量都由内存插槽来决定的。内存插槽的类型主要包括 SIMM、DIMM 和 RIMM。但是说道内存插

图 2-18　AM2＋(左)与 AM3(右)芯片对比

槽,更多的是在说 DIMM(Dual Inline Memory Module,双列直插内存模块)。

　　DIMM 为 168Pin DIMM 结构,金手指每面为 84Pin,金手指上有两个卡口,用来避免插入插槽时,错误将内存反向插入而导致烧毁;DDR DIMM 则采用 184Pin DIMM 结构,金手指每面有 92Pin,金手指上只有一个卡口。卡口数量的不同,是二者最为明显的区别。DDR2 DIMM 为 240pin DIMM 结构,金手指每面有 120Pin,与 DDR DIMM 一样金手指上也只有一个卡口,但是卡口的位置与 DDR2 DIMM 稍微有一些不同。如图 2-19 所示。

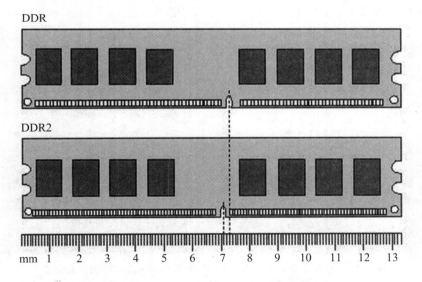

图 2-19　DDR 与 DDR2 金手指缺口比较

　　因此 DDR 内存是插不进 DDR2 DIMM 的,同理 DDR2 内存也是插不进 DDR DIMM 的,因此在一些同时具有 DDR DIMM 和 DDR2 DIMM 的主板上,不会出现将内存插错插槽的问题。以下是几种接口分别支持的内存规格:

　　(1) 同步动态随机存储器(Synchronous DRAM,SDRAM)

　　是以往 PC 100 和 PC 133 规范所广泛使用的内存类型,它的带宽为 64 位,3.3 V 电压,目前产品的最高速度可达 5 ns,与 CPU 使用相同的时钟频率进行数据交换,它的工作频率是与 CPU 的外频同步的,不存在延迟或等待时间。如图 2-20 所示。

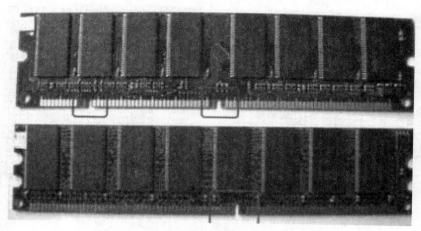

图 2-20　上为 SDRAM 内存,下为 DDR 内存

（2）双倍速率 SDRAM(Dual Date Rate SDRSM,DDR SDRAM 简称 DDR)

由于它在时钟触发沿的上、下沿都能进行数据传输,所以即使在 133 MHz 的总线频率下的带宽也能达到 2.128 GB/s。DDR 不支持 3.3 V 电压的 LVTTL,而是支持 2.5 V 的 SSTL2 标准。

（3）双倍速率 SDRAM 2(Dual Date Rate SDRSM 2,DDR2 SDRAM 简称 DDR2)

是 DDR 的升级版本,支持 1.8 V 的 SSTL3 标准,实际上也是目前大部分用户所采用的 DDR2 内存,支持总线频率由 200 MHz 起跳,带宽更高,发热量明显降低。其他规格、原理还是跟 DDR 保持一致。如图 2-21 所示。

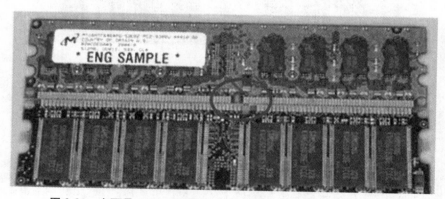

图 2-21　上面是 DDR2 下面是 DDR,很明显 DDR2 的针脚比较密集

DDR2 是 DDR 二代,主要是用来搭配最新的 Intel 775 接口平台和 AMD AM2/2＋平台；DDR3 是目前最新的内存类型,从售价上看大有普及的趋势。内存规范也在不断升级,从早期的 SDRAM 到 DDR SDRAM,发展到现在的 DDR2 与 DDR3,每次升级接口都会有所改变,当然这种改变在外形上不容易发现,在外观上的区别主要是防呆接口的位置,很明显,DDR2 与 DDR3 是不能兼容的,因为根本就插不下。内存槽有不同的颜色区分,如果要组建双通道,您必须使用同样颜色的内存插槽。

目前,DDR3 正在逐渐替代 DDR2 的主流地位,在这新旧接替的时候,有一些主板厂商也推出了 Combo 主板,兼有 DDR2 和 DDR3 插槽。DDR、DDR2、DDR3 三种内存接口比较见

图 2-22 所示。

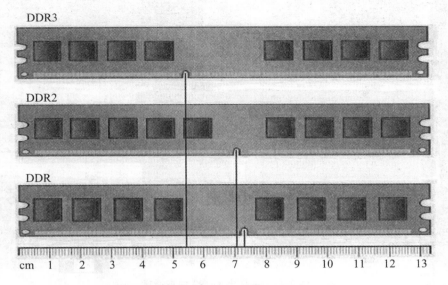

图 2-22　DDR、DDR2 和 DDR3 内存示意图

　　现在主流的内存插槽类型包括 DDR2 和 DDR3 两种。并上以双通道 DDR2 主板居多，单通道 DDR2 主板只能在入门级市场看到，而三通道 DDR3 目前则属于高端平台的专利。如图 2-23 和图 2-24 所示。

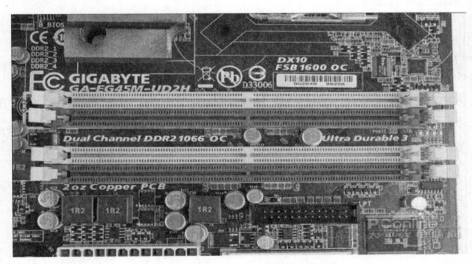

图 2-23　主板上 DDR2 内存插槽

　　AMD 方面，除了少数入门级主板外，一般都提供了双通道内存插槽，比如 785G、790GX 以及 8 系列单芯片主板，而即便是顶级的 790FX 也只提供双通道内存插槽，至于是 DDR2 还是 DDR3，要看主板厂商的行为，一般来讲，如果主板支持 AM3 处理器的话都会提供 DDR3 方案，至少会提供 DDR2/DDR3 双规格。

　　Intel 方面，P43、P45 以及 G4X 系列主板大部分也都提供双通道 DDR2 或者 DDR3 内存插槽。

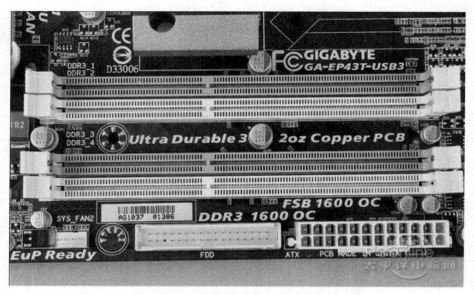

图 2-24　主板上 DDR3 内存插槽

4. AGP 插槽

AGP 插座按照标准设定为 132 根针脚（如图 2-25）。由于各种 AGP 标准的工作电压不同，不同标准的 AGP 插槽中有相应的隔断，用来防止显示卡插错。

（1）AGP 总线的发展

1996 年 7 月，AGP 1.0 问世，也就是 AGP 1X 模式（266 MB/s）和 AGP 2X 模式（533 MB/s），工作频率 66 MHz，工作电压 3.3 V。

1998 年 5 月，AGP 2.0 正式发布，AGP 4X 模式（1.066 GB/s），工作频率 66 MHz，工作电压 1.5 V。

在 AGP 2.0 发布同时，推出 AGP 4X 加强版（AGP Pro），比 AGP 4X 略长一些，可驱动功耗更大（25～110 W），完全兼容 AGP 4X 模式。

图 2-25　AGP 扩展插槽

2002 年 9 月 12 日，Intel 发布 AGP 3.0（AGP 8X 模式），工作频率 533 MHz，工作电压 0.8 V

（2）形形色色的 AGP 插槽

◆ AGP 1X 插座。带宽是 266 MB/s，还没有正式投入市场，见不到符合此规范的产品。

◆ AGP 2X 插座。带宽是 533 MB/s。

◆ AGP 4X 插座。带宽是 1.06 GB/s，是 AGP2X 的 2 倍。

◆ AGP 8X 插座。高达 2.1 GB/s，针对 3D 模型、贴图、阴影、绘图命令以及图像信息流等。

◆ AGP PRO 插座。专业绘图芯片性能超强，但同时耗电量也是大得惊人。AGP PRO

插槽在数据针脚上没有任何改动,仅增加了额外的供电针脚。

5. PCI 插槽(如图 2-26)

图 2-26   PCI 插槽

(1) PCI 32 插槽。工作频率为 33 MHz,总引脚数为 124 条(包含电源、地、保留引脚等)。

(2) PCI 64 插槽。工作频率为 66 MHz,总引脚数为 188 条(包含电源、地、保留引脚等)。

(3) PCI-E X16 插槽,目前主流的显卡都使用该接口。白色长槽为传统的 PCI 接口,也是一个非常经典的接口,拥有 10 多年的历史,接如电视卡之类的各种各样的设备。最短的接口为 PCI-E X1 接口,对于普通用户来说,基于该接口的设备还不多,常见的有外置声卡。如图 2-27 所示。

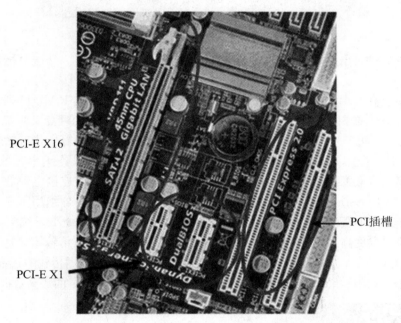

图 2-27   PCI-E X1 和 PCI-E X16 接口

6. ISA 插槽

ISA 插槽是一种老式的功能扩展卡接口,性能不高,已淘汰(如图 2-28)。

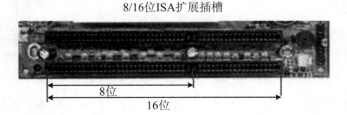

图 2-28   8/16 位 ISA 扩展插槽

A1～A31 及 B1～B31 的 62 线插槽即为 8 位插卡插槽,与 PC/XT 8 位总线完全兼容。
C1～C18 及 D1～D18 为 AT 总线增加的 36 线插槽,和 62 线插槽一起供 16 位插卡使用。

7. IDE 与 SATA 是存储器接口

SATA 与 IDE 是存储器接口,也就是传统的硬盘与光驱的接口。现在主流的 Intel 主板都不提供原生的 IDE 接口支持,但主板厂商为照顾老用户,通过第三方芯片提供支持。新装机的用户不必考虑 IDE 设备了,硬盘与光驱都有 SATA 版本,能提供更高的性能。

(1) IDE 接口。IDE 接口有 40 根针脚,每根针脚都有特定的作用(如图 2-29)。为防止插反,端口上有一个缺口,相应的 IDE 信号线上有一个凸起。

图 2-29 主板上的 IDE 接口

① 在主板上成对出现:主端口标记为:IDE-1,一般为蓝色或黑色。从端口标记为:IDE-2,一般为黑色。

② 有些集成有 IDE RAID 的端口:一般为红色或黄色,可以组成 RAID 阵列。

(2) 串行 ATA 端口(如图 2-30)。使用 SATA(Serial ATA)口的硬盘又叫串口硬盘,串口硬盘是一种完全不同于并行 ATA 的新型硬盘接口类型,由于采用串行方式传输数据而知名。相对于并行 ATA 来说,就具有非常多的优势。首先,Serial ATA 以连续串行的方式传送数据,一次只会传送 1 位数据。这样能减少 SATA 接口的针脚数目,使连接电缆数目变少,效率也会更高。实际上,Serial ATA 仅用四支针脚就能完成所有的工作,分别用于连接电缆、连接地线、发送数据和接收数据,同时这样的架构还能降低系统能耗和减小系统复杂性。其次,Serial ATA 的起点更高、发展潜力更大,Serial ATA 1.0 定义的数据传输率可达150MB/s,这比目前最新的并行 ATA(即 ATA /133)所能达到 133 MB/s 的最高数据传输率还高,而在 Serial ATA 2.0 的数据传输率将达到 300 MB/s,最终 SATA 将实现 600MB/s 的最高数据传输率。

主板上的SATA接口   硬盘电源SATA接口线   SATA接口数据线

图 2-30 SATA 接口、接口线及数据线

SATA 采用串行连接方式,串行 ATA 总线使用嵌入式时钟信号,具备了更强的纠错能力,与以往相比其最大的区别在于能对传输指令(不仅仅是数据)进行检查,如果发现错误会自动矫正,这在很大程度上提高了数据传输的可靠性。串行接口还具有结构简单、支持热插拔的优点。

（3）SATA 3 接口。SATA 已经成为主流的接口,取代了传统的 IDE,目前主流的规范还是 SATA 3.0 Gb/s,但已有很多高端主板开始提供最新的 SATA 3 接口,速度达到 6.0 Gb/s。如上图,SATA3 接口用白色与 SATA2 接口区分(如图 2-31)。

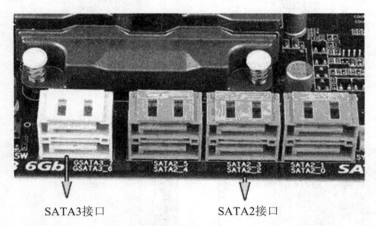

SATA3接口　　　　　　SATA2接口

图 2-31　SATA2 和 SATA3 接口

8. 软盘驱动器端口

在主板上只有一个,有 34 根针脚,有防插反结构(如图 2-32)。现在的主流主板已不再有此接口。

图 2-32　主板上的软盘驱动器接口

9. 电源端口

为主板的工作提供动力,位于 CPU 插座或内存槽旁。

（1）AT 电源端口。白色不透明的,有 12 只引脚(如图 2-33)。现在基本被淘汰了。

两个插头的黑线并在一起

插入方向

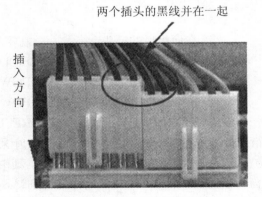

图 2-33　早先的 AT 电源接口

（2）ATX 电源端口。白色半透明的长方体，有 20 只引脚（如图 2-34）。

图 2-34   主板上 ATX 电源接口

（3）四针、八针方形端口（如图 2-35）。为高功耗的 CPU 提供充足的电力。

图 2-35   4PIN CPU 供电接口与 8PIN CPU 供电接口

随着 CPU 的功耗的升高，单靠 CPU 接口的供电方式已经不能满足需求，因此早在 Pentium 4 时代就引入了一个 4PIN 的 12 V 接口，给 CPU 提供辅助供电。在服务器平台，由于对供电要求更高，所以很早就引入更强的 8PIN 12V 接口，而现在一些主流的主板也使用了 8PIN CPU 供电接口，提供更大的电流，更好保证 CPU 的稳定性。

这就产生疑问了，一些电源只提供 4PIN 接口，没提供 8PIN，两者能兼容吗？答案是可以的，如果电源上只有 4PIN 12 V 接口，接在 8PIN 的主板上是完全没问题的，该接口使用放呆设计，只有一边可以接入。另外虽然有 4PIN 转 8PIN 的转接线，但由于是同一条线路输出，转接与否效果是完全一样的。

10. 各种前面板端口

在面板前	在面板后的插头	在主板上插座
硬盘指示灯——————>HDD LED————>		HDD LED
电源指示灯——————>POWER LED————>		POWER LED 或 PWR LED
电源开关——————>POWER SW————>		POWER SW 或 PWR SW
复位开关——————>RESEST SW————>		RESEST SW 或 RST SW

图 2-36 为较早主机箱面板与主板连接控制线接头，图 2-37 中彩色的针脚位是机箱接线部分。接线时注意正负位，一般黑色/白色为负，其他颜色为正。其中 PW 表示电源开关，RES 表示重启键，HD 表示硬盘指示灯，PWR_LED 表示电源灯，SPEAK 表示 PC 喇叭。MSG 表示信息指示灯，与机箱的 HD_LED 相连来表现 IDE，或 SATA 总线是否有数据通过。

图 2-36　较早主机箱面板控制线

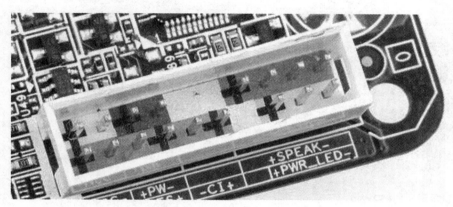

图 2-37　主板上相应的机箱面板控制线接口

随着计算机技术的发展,现在生产的主机箱都将前面板控制箱及 USB 控制线集成在一起,方便了用户连接。

11. 主板背端各种接口

(1) 老式主板常见接口

① PS/2 端口。是由 IBM 公司开发的接口标准,用来连接鼠标或键盘。它是一个 6 针的圆形端口(如图 2-38)。

② 串行通信端口(串口或 COM 口)。用来连接串行通信设备(Modem、鼠标)。在一个传输周期中每次只能传输 1bit 的数据。遵守 RS-232 或 RS-422 标准。

　　鼠标接口

键盘接口

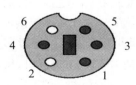

PS/2鼠标端口

图 2-38　PS/2 标准接口

③ 并行通信端口(并口或 LPT 口,如图 2-39)。用来连接打印机、扫描仪等外设。在一个传输周期中每次能传输一个字节的数据。它是一个 25 针的接头(型号为 DB-25)。

并行通信标准:EPP(Enhanced Parallel Port,增强型并行端口)和 ECP(Extended Capabilities Port,扩展功能端口)。

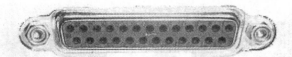

图 2-39   LPT 并行接口

（2）目前流行的主板除上述接口外，又增加了许多实用接口（如图 2-40）。

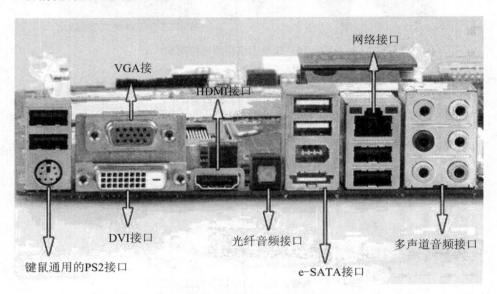

图 2-40   整合主板的外部接口

① VGA、DVI 和 HDMI 都是视频接口，用于连接显示器。VGA 是传输模拟信号，DVI 和 HDMI 能传输数字信号，支持 1080P 全高清视频。与 DVI 相比，HDMI 主要优势是能够同时传输音频数据，在视频数据的传输上没有差别。另外，还有一种新兴的视频接口叫 "DisplayPort" 接口，简称 DP 接口，同样能够传输音频。

图 2-40 中还有一个光纤音频接口，很多人仅知道是光纤接口，但不知做什么用的，是否能插光纤网线？答案是否定的。该接口仅为高端音频设备传输音频信号。

② e-SATA 并不是一种独立的外部接口技术标准，简单来说 e-SATA 就是 SATA 的外接式界面，拥有 e-SATA 接口的电脑，可以把 SATA 设备直接从外部连接到系统当中，而不用打开机箱，但由于 e-SATA 本身并不带供电，因此也需要 SATA 设备也需要外接电源，这样的话还是要打开机箱，因此对普通用户也没多大用处。

e-SATA 上面是 IEEE 1394 接口，IEEE 1394 接口最大的优势是接口带宽比较高，其在生活中应用最多是高端摄影器材，这部分应用人群本来就少；加上更多用户采用 USB 接口来传输储存卡上的数据。因此，对于绝大部用户来说，IEEE 1394 接口也很少用上。

图 2-41 下端的两个接口并不是 e-SATA，而是 USB 2.0 与 e-SATA 结合的 USB PLUS 接口，外观上比 e-SATA 更厚点，其原理图见图 2-42。USB PLUS 接口是爱国者 2009 年发布的，目的是解决 e-SATA 没有提供供电的缺陷。

通过与 USB 接口结合，获得 5 V 供电和 3.0 GB/s 的传输速度。同时，它也可以单独接 USB 接口或 e-SATA 接口，十分灵活，因此如今也很受欢迎。

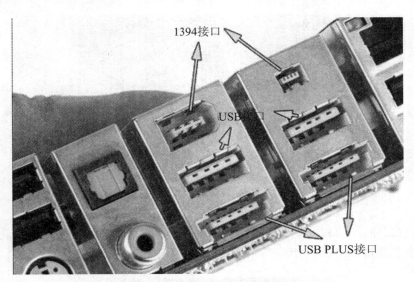

图 2-41　USB 2.0 与 e-SATA 结合的 USB PLUS 接口

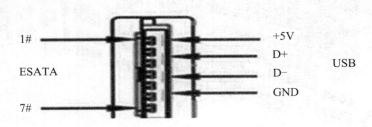

图 2-42　USB PLUS 原理图

众所周知,USB 2.0 的理论速度是 480 Mbps,而 SATA2 接口也已经是 3 Gbps,USB 2.0 早已成技术瓶颈。而 USB 3.0 的理论速度是 4.8 Gbps,也就是说性能提升了 10 倍。目前一些主板厂商已经推出了多款带 USB 3.0 接口的主板(如图 2-43、2-44)。

图 2-43　非整合主板的外部接口

另外,从有些主板上还能看到 LPT 并行接口(如图 2-45 中很长的粉红色接口)和 COM 串行接口(9 针绿色接口)。串行接口,简称串口,也就是 COM 接口,是采用串行通信协议的扩展

图 2-44　非整合主板上的 USB2.0 和 3.0 接口

接口。并行接口,简称并口,也就是 LPT 接口,是采用并行通信协议的扩展接口。这两个接口的功能基本上已经被 USB 所取代,普通用户没必要用到。

图 2-45　基本被淘汰的打印机 LPT 接口和 COM 接口仍存在一些主板上

（4）音频接口：

音频接口部分的定义如下表 2-1 所示：

接口	2 声道	4 声道	6 声道	8 声道
蓝色	声道输入	声道输入	声道输入	声道输入
绿色	声道输出	前置扬声器输出	前置扬声器输出	前置扬声器输出
粉红色	麦克风输入	麦克风输入	麦克风输入	麦克风输入
橙色			中置和重低音	中置和重低音
黑色		后置扬声器输出	后置扬声器输出	后置扬声器输出
灰色				侧置扬声器输出

而需要注意的一点是,目前主流主板集成的多声道声卡,想要打开多声道模式输出功能,必需先要正确安装音频驱动后,再加以正确设置,才能获得多声道模式输出。

12. BIOS 芯片

一块主板性能优越与否,很大程度上取决于主板上的 BIOS 管理功能是否先进。

BIOS:Basic Input Output System,基本输入输出系统。

BIOS 实际是一组被固化到电脑中,为电脑提供最低级最直接的硬件控制的程序,这组程序包括系统的启动引导代码、系统加电自检程序 POST(Power On Self Test)、系统硬件配置程序(BIOS Setup 或 CMOS Setup)、基本硬件驱动程序(如键盘、低分辨率显示、软盘、硬盘、通信接口等)以及 BIOS 的输入输出管理程序等,它是连通软件程序和硬件设备之间的枢纽。

工作原理:在微机加电之前,CPU 的指令地址指向 ROM BIOS 的系统启动引导代码。加电后,CPU 便首先自动执行引导代码,并开始运行 BIOS 程序,使 BIOS 获得系统控制权。BIOS 的 POST 程序根据 CMOS 存储芯片中的硬件配置数据逐一检测 CPU、内存、显示卡、键盘、软盘驱动器和硬盘等,如果各个部分均正常,则引导程序就去引导磁盘操作系统(DOS、Windows 等)。

BIOS 芯片类型:

A. 早期的 BIOS 芯片为 ROM BIOS,要能通过特殊设备烧录在 EPROM 内。

B. 目前主板采用 Flash ROM(闪存芯片),可通过专门软件进行修改。

BIOS 厂商:AMI 公司和 AWARD 公司(如图 2-46)。

Award BIOS   AMI BIOS

图 2-46   BIOS 芯片

13. 供电模块

位于 CPU 插座的左侧或上侧,为主板及其上插接的各种板卡提供稳定的电力支持。直接影响主机系统运行的稳定性。如图 2-47 所示。

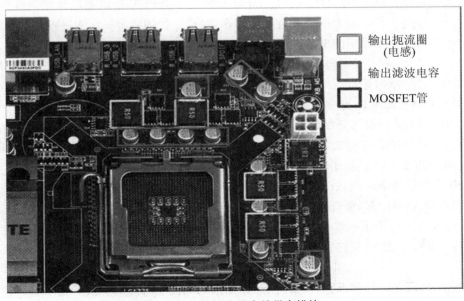

图 2-47   为板卡供电的供电模块

(1) 相数独立设计。随着供电设计的不断完善,处理器供电电路已经从过去的 N 相供电发展成独立供电,即 N+1 相。AMD 主板是率先采用这种供电的,早几年就已经有 N+1 相供电系统,分别为 CPU 核心和处理器内部的内存控制器供电。Intel 主板一直沿用的传统的供电系统(事实上由于处理器内部只有 CPU 核心)。在酷睿 i 系处理器的推出之后,由于 CPU 内封装了 GPU,并包含内存控制器、PCI-E 总线等北桥功能,因此相对应的主板供电设计发生了巨大的变化。

为了满足酷睿 i3 处理器的供电需要,H55 主板处理器供电的设计更为严格。除了保证 CPU 核心的供电需求外,GPU 核心、内存控制器(原北桥功能)同样需要独立的供电电路,N+1+1 相电路设计随即产生。

那么什么是 N+1+1 多相独立供电呢? 即所谓的"N+1+1"相供电设计,是其中"1"组供电专供内存控制器(原北桥功能电路)使用,让三级缓存、HT 总线和内存控制器与核心使用不同的电压;另一个"1"组供电给处理器内部 GPU 核心供电;另外的"N"组供电则为处理器服务。

以微星 H55M-E33 主板的供电电路为例,这款主板采用了典型的 3+1+1 多相独立供电设计,一个"1"是为了给处理器集成的 PCI-E 总线、内存控制器等北桥工作供电,而另一个"1"是为了给独立的 GPU 核心供电,3 相供电为 CPU 核心供电。

显然这样的设计更能满足酷睿 i3 处理器的需要。在使用整合显卡时,酷睿 i3 530 处理器的 TDP 为 73 W,其默认电压为 1.2 V,那么供电电流大致为 60 A 左右,采用 4+1+1 多相独立供电设计,也就是说 4 相供电每相通过的电流约 15 A,而由标准的供电元件设计来看,每相供电电路经过的电流在 20 A 以下就是非常优秀的设计了。

一个完整的供电系统有 PWM 控制器芯片、MOSFET 驱动芯片(IC)、每相的 MOSFET、每相的电感、供电电容等。

(2) 场效应管(MOSFET)。一般被叫做 MOS 管。MOSFET 应用于电流的放大,由于 MOSFET 的输入阻抗很高,因此 MOSFET 非常适合用作阻抗变换。常用于多级放大器的输入级作阻抗变换,同时用作可变电阻,以获得恒流源。MOSFET 在供电电路里表现为受到栅极电压控制的开关。每相的上桥和下桥轮番导通,对这一相的输出扼流圈进行充电和放电,这样就在输出端得到一个稳定的电压。

MOSFET 应该是主板用料中被使用最稳定的电子器件,由于 ST 和 ON 的三脚 MOS 供货稳定,性能稳定,所以是目前厂商最常采用的产品。不过也有主板厂商提出了不同的用料方案,一种是八脚 MOSFET,另一种是 DRMOS。

八脚 MOSFET 在大部分参数上与传统 3 脚 MOS 差距不大,最主要的优势在于拥有超低的内阻值。其典型内阻值有 $3.2m\Omega$,与目前市场上使用量最大的 ST 和 ON 的 3 脚 MOS 相比降幅达到 60% 以上。正是由于内阻较小,八脚 MOSFET 拥有更低的发热量。

DRMOS 与传统 MOSFET 差别较大。在结构上 DRMOS 将传统 MOSFET 供电中分离的两组 MOS 管和驱动 IC 整合在一片芯片中。因此 DRMOS 能在主板高负荷运作时,比其他厂牌同级主板有更高的用电效率,减少能源浪费,进而达到省电的效果。此外,系统在高负荷运作时,DRMOS 芯片的发热量低,减少了热能产生,自然也降低了风扇噪音,增加系统稳定性。

(3) 输出扼流圈。俗称电感它的作用是让输出的电流尽可能的平滑。由于每相供电一般配备一个电感,因此我们一般通过电感数量来判断主板的供电相数。主板领域,常见的电感有线圈电感、半封闭电感和全封闭电感。

2001 年～2004 年前后主板使用的全部为线圈电感。线圈电感有一个很大的缺点——高频噪音。当 CPU 需要极高的电流量时,线圈、金属棒都处于满载的状态,产生的磁力让两者互相干扰而震动,因而产生高频的噪音,音量依负载程度而不同,从人耳听不到 10 分贝,到没有人受得了的 30 分贝都有可能。

影响电感性能的主要是线圈和磁芯。新型的铁素体全封闭电感采用的是线径很粗的线圈和高导磁率、不易饱和的新型磁芯,所以不需要很多的绕线圈数就可以得到足够的磁通量,因此被越来越多的主板生产商所采用。

(4) 电容。与电感的工作性质基本相同,电容的功能主要是过滤掉供电电流中不需要的杂波。2001 年主板的供电电路中主要使用的是电解电容,但从 2005 年 Intel 发出倡议,所有搭配 Intel 处理器的主板需在供电部分采用固态电容之后。各大厂商纷纷响应 Intel 的呼吁,固态电容的风潮随之席卷开来,最终延续到全固态电容成为好主板的一项重要指标。

从电解电容升级到固态电容最大优势是避免了电容漏液问题的发生。固态电容即有机半导体固态聚合物电容器,具有高频低阻抗(10 毫欧)、高温稳定(−50 度～＋125 度)、快速放电、减小体积、无漏液,等特点。在 85 ℃的工作环境中,寿命最高可达 40,000 小时。

升级固态电容带来的成本提升也是非常明显的,因此如今的中低端主板仍大量使用电解电容。

固态电容尚不能避免爆浆问题的出现,因此在某些 MINI-ITX 型主板或高端主板采用了更加豪华的钽电容供电用料。

2.4　主板芯片组

主板芯片组(Chipset,简称:芯片组)是主板的灵魂和核心,是 CPU 和其他周边设备运作的桥梁。如果说中央处理器(CPU)是整个电脑系统的大脑,那么芯片组将是整个身体的心脏。对于主板而言,芯片组几乎决定了这块主板的功能,进而影响到整个电脑系统性能的发挥,芯片组是主板的灵魂。芯片组性能的优劣,决定了主板性能的好坏与级别的高低。

芯片组主要由北桥芯片和南桥芯片组成。

2.4.1　主板芯片组的作用

1. 芯片组的作用

主板芯片组几乎决定着主板的全部功能,其中 CPU 的类型、主板的系统总线频率,内存类型、容量和性能,显卡插槽规格是由芯片组中的北桥芯片决定的;而扩展槽的种类与数量、扩展接口的类型和数量(如 USB 2.0/1.1,IEEE 1394,串口,并口,笔记本的 VGA 输出接口)等,是由芯片组的南桥决定的。还有些芯片组由于纳入了 3D 加速显示(集成显示芯片)、AC'97 声音解码等功能,还决定着计算机系统的显示性能和音频播放性能等。现在的芯片组,是由过去 286 时代的所谓超大规模集成电路:门阵列控制芯片演变而来的。芯片组的分类,按用途可分为服务器/工作站,台式机、笔记本等类型,按芯片数量可分为单芯片芯片组,标准的南、北桥芯片组和多芯片芯片组(主要用于高档服务器/工作站),按整合程度的高低,还可分为整合型芯片组和非整合型芯片组等等。

2. 芯片组的功能

◆ 提供了对 CPU 的支持；

◆ 提供了内存管理功能；

◆ 提供了对系统高速缓存的支持；

◆ 提供了对 I/O 支持；

◆ 高度集成的芯片组，大大的提高了系统芯片的可靠性，减少了故障，降低了生产成本。

3. 北桥芯片

北桥芯片(North Bridge)是主板芯片组中起主导作用的最重要的组成部分，也称为主桥(Host Bridge)。一般来说，芯片组的名称就是以北桥芯片的名称来命名的，例如英特尔845E芯片组的北桥芯片是82845E，875P 芯片组的北桥芯片是82875P 等等。北桥芯片负责与CPU 的联系并控制内存、AGP、PCI 数据在北桥内部传输，提供对 CPU 的类型和主频、系统的前端总线频率、内存的类型(SDRAM，DDR SDRAM 以及 RDRAM 等等)和最大容量、ISA/PCI/AGP 插槽、ECC 纠错等支持，整合型芯片组的北桥芯片还集成了显示核心。北桥芯片就是主板上离 CPU 最近的芯片，这主要是考虑到北桥芯片与处理器之间的通信最密切，为了提高通信性能而缩短传输距离。因为北桥芯片的数据处理量非常大，发热量也越来越大，所以现在的北桥芯片都覆盖着散热片用来加强北桥芯片的散热，有些主板的北桥芯片还会配合风扇进行散热。因为北桥芯片的主要功能是控制内存，而内存标准与处理器一样变化比较频繁，所以不同芯片组中北桥芯片是肯定不同的，当然这并不是说所采用的内存技术就完全不一样，而是不同的芯片组北桥芯片间肯定在一些地方有差别。

北桥芯片

南桥芯片

图 2-48　南、北桥芯片在主板上的位置

上图 2-48 中，主板中间紧靠着 CPU 插槽，上面覆盖着银白色散热片的芯片就是主板的北桥芯片，摘掉散热片后如图 2-49 所示。

上图 2-48 中，主板中间靠下的那个较大的芯片，就是主板的南桥芯片，放大后效果如图 2-50所示。

由于已经发布的 AMD K8 核心的 CPU 将内存控制器集成在了 CPU 内部，于是支持 K8芯片组的北桥芯片变得简化多了，甚至还能采用单芯片芯片组结构。这也许将是一种大趋势，北桥芯片的功能会逐渐单一化，为了简化主板结构、提高主板的集成度，也许以后主流的芯片组很有可能变成南北桥合一的单芯片形式(事实上 SIS 老早就发布了不少单芯片芯片组)。

图 2-49 北桥芯片

图 2-50 南桥芯片

4. 南桥芯片

南桥芯片(South Bridge)是主板芯片组的重要组成部分,一般位于主板上离 CPU 插槽较远的下方,PCI 插槽的附近,这种布局是考虑到它所连接的 I/O 总线较多,离处理器远一点有利于布线。相对于北桥芯片来说,其数据处理量并不算大,所以南桥芯片一般都没有覆盖散热片。南桥芯片不与处理器直接相连,而是通过一定的方式(不同厂商各种芯片组有所不同,例如英特尔的英特尔 Hub Architecture 以 及 SIS 的 Multi-Threaded"妙渠")与北桥芯片相连。

南桥芯片负责 I/O 总线之间的通信,如 PCI 总线、USB、LAN、ATA、SATA、音频控制器、键盘控制器、实时时钟控制器、高级电源管理等,这些技术一般相对来说比较稳定,所以不同芯片组中可能南桥芯片是一样的,不同的只是北桥芯片。所以现在主板芯片组中北桥芯片的数量要远远多于南桥芯片。例如早期英特尔不同架构的芯片组 Socket 7 的 430TX 和 Slot 1 的 440LX 其南桥芯片都采用 82317AB,而近两年的芯片组 845E/845G/845GE/845PE 等配置都采用 ICH4 南桥芯片,但也能搭配 ICH2 南桥芯片。更有甚者,有些主板厂家生产的少数产品采用的南北桥是不同芯片组公司的产品,例如以前升级的 KG7-RAID 主板,北桥采用了 AMD 760,南桥则是 VIA 686B。

南桥芯片的发展方向主要是集成更多的功能,例如网卡、RAID、IEEE 1394、甚至 WI-FI 无线网络等等。

5. 单芯片组

自 AMD 发布 Athlon 64 开始,可以发现 K8 平台几乎所有主板都采用单芯片设计,而不是传统的南北桥设计。究其原因,是 Athlon 64 的一个很重要的创新,就是其首创性地在 CPU 内部集成了内存控制器。主板采用单芯片设计。

优点:

(1) 传统的双芯片主板,内存控制器都是在主板芯片组的北桥芯片中设计集成的。AMD 这样的设计带来的好处是,相对于传统的北桥芯片中的内存控制器,AMD 的 CPU 集成控制器减短了 CPU 与内存间的通讯路径,从而大大减低了 CPU 与内存间数据传输的延迟,从技术网站的测试可以看出其内存到 CPU 的延迟仅为传统设计的一半甚至不到一半。

(2) 由于 CPU 集成了内存控制器,北桥芯片的功能就减少了,使之与南桥整合成单芯片。这样减低了南北桥间数据传输的延迟,也使主板厂商的开发设计难度降低,加快芯片组的开发进度,制造成本也得以更好的控制。

缺点:

(1) 由于CPU内置了内存控制器,内存的选择是看CPU了,并不是看主板芯片组。面对种类变更频繁的内存技术,CPU内置内存控制器就显得很不灵活。传统的双芯片主板,厂商只需要北桥集成相应的内存控制器,就可以适应种类变更频繁的内存技术。起初AMD的CPU内置的内存控制器,且为DDR内存控制器,由于DDR2逐渐成为主流内存,AMD之后就推出了AM2插槽的CPU,与AM1插槽的CPU比较,就只对CPU内置的内存控制器进行了技术改新。现在AM2插槽的CPU支持DDR2 533、DDR2 667、DDR2 800的内存。

(2) 单芯片主板,由于集成度大幅度提高(特别是带集成显卡的单芯片),良品率低,单芯片的发热量往往非常厉害,以nVIDIA的nForce 4和nForce 5为例,nVIDIA要求主板厂商一定用使用高品质散热片,并强烈建议采用主动散热,这在客观上提高了成本且不利于稳定性。另外一个十分明显的特点是,单芯片的电气性能略有下降,使得产品的超频表现受到影响。与此同时,单芯片固有的低良品率劣势也影响着芯片组厂商。当初,SiS就是因为发现单芯片复杂性高、很难提高良品率,甚至没有给性能提升带来任何好处,因此果断地放弃了这一发展方向。

(3) 众所周知,低端市场在DIY市场中所占的份额是最大的,而在低端配置中采用板载显卡是降低整机成本的有效途径。除了少量具有板载显存的主板(ATI曾经推出带有板载显存的主板设计,但由于成本太高很快就退出了市场),一般板载显卡是需要通过动态共享内存作为显存使用的。传统的双芯片主板只要通过北桥访问内存获得数据,又由于板载显卡和内存控制器是同个芯片,延迟比较短。而单芯片主板的CPU内置了内存控制器,板载显卡访问内存要先通过前端总线访问CPU,最后才能访问到内存读取数据,而且板载显卡和内存控制器分离,这无疑使延迟时间大为增加,影响了板载显卡的性能。

(4) CPU内置内存控制器,会使CPU的面积、能耗、发热量增大,导致电气性能下降。

其实在芯片组的发展历史中Intel第一个开始提出单芯片概念,但是随后人们发现所谓的ICH就是南桥芯片,只不过Intel在当时意识到要提高南北桥连接带宽而推出中央加速架构。真正推行单芯片技术的还是SiS——SiS在设计支持K7的SiS 730、745芯片时,就将南桥和北桥整合到了一起,之间采用了Multi-threaded I/O Link技术,带宽1.2 GB/s。与此同时,ALI也推出过不少单芯片的芯片组。

2.4.2　芯片组生产商

到目前为止,能够生产芯片组的厂家有INTEL(美国英特尔)、VIA(中国台湾威盛)、SiS(中国台湾矽统)、ULI(中国台湾宇力)、ALi(中国台湾扬智)、AMD(美国超微)、nVIDIA(美国英伟达)、ATI(加拿大冶天已被AMD收购)、ServerWorks(美国)、IBM(美国)、HP(美国)等为数不多的几家,其中以英特尔和AMD以及nVIDIA的芯片组最为常见。

在台式机方面,英特尔和AMD的芯片组占有最大的市场份额,而且产品线齐全,高、中、低端以及整合型产品都有,其它的芯片组厂商VIA、SIS、ULI以及nVIDIA几家加起来都只能占有比较小的市场份额,除nVIDIA之外的其它厂家主要是在中低端和整合领域,nVIDIA则只具有中、高端产品,缺乏低端产品,产品线都不完整。VIA以前却占有AMD平台芯片组最大的市场份额,但现在却受到后起之秀nVIDIA的强劲挑战,后者凭借其nForce 2、nForce 3以及现在的nForce 4系列芯片组的强大性能,成为AMD平台最优秀的芯片组产品,进而从 VIA 手里夺得了许多市场份额,目前已经成为 AMD 平台上市场占用率最大的芯片组厂商,而 SIS 与 ULI 依旧是扮演配角,主要是在中、低端和整合领域。

　　笔记本方面,英特尔平台具有绝对的优势,英特尔笔记本芯片组也占据了最大的市场份额,其它厂家都只能扮演配角以及为市场份额极小的 AMD 平台设计产品。

　　服务器/工作站方面,英特尔平台更具绝对的优势地位,英特尔的服务器/工作站芯片组产品占据着绝大多数的市场份额,但在基于英特尔架构的高端多路服务器领域方面,IBM 和 HP 却具有绝对的优势,例如 IBM 的 XA32 以及 HP 的 F8 都是非常优秀的高端多路服务器芯片组产品,但都是只应用在本公司的服务器产品上;而 AMD 服务器/工作站平台由于市场份额较小,以前主要都是采用 AMD 芯片组产品,现在也有部分开始采用 nVIDIA 的产品。

2.4.3　常见主板芯片组简介

1. 英特尔的芯片组

　　Intel 目前主流的芯片组是 H55、P55/45/43、G45 等,这些芯片组支持目前流行的 core2 及 45 nm 处理器。支持 1333 前端总线,支持 DDR 2 及 DDR 3。Intel 5 系列芯片组支持最新的 LGA 1156 处理器。以前的芯片组有 845,865,945 等等都是支持奔 4 处理器的 Intel 芯片组。除了 Intel 最新的 3 系列芯片组最新以外,一般都是数字越大,芯片组越新。另外普通芯片组(加字母 P G 等)是指在台式机上使用的芯片组,而在笔记本上使用的芯片组一般会再加 M(Mobile)的。

2. Intel 芯片组分类以及命名规则

　　(1) 从 845 系列到 915 系列以前

　　◆ PE 是主流版本,无集成显卡,支持当时主流的 FSB 和内存,支持 AGP 插槽。

　　◆ E 并非简化版本,而应该是进化版本,比较特殊的是,带 E 后缀的只有 845E 这一款,其相对于 845D 是增加了 533 MHz FSB 支持,而相对于 845G 之类则是增加了对 ECC 内存的支持,所以 845E 常用于入门级服务器。

　　◆ G 是主流的集成显卡的芯片组,而且支持 AGP 插槽,其余参数与 PE 类似。

　　◆ GV 和 GL 则是集成显卡的简化版芯片组,并不支持 AGP 插槽,其余参数 GV 则与 G 相同,GL 则有所缩水。

　　◆ GE 相对于 G 则是集成显卡的进化版芯片组,同样支持 AGP 插槽。

　　P 有两种情况,一种是增强版,例如 875P;另一种则是简化版,例如 865P。

　　(2) 915 系列及之后

　　◆ P 是主流版本,无集成显卡,支持当时主流的 FSB 和内存,支持 PCI-E X16 插槽。

　　◆ PL 相对于 P 则是简化版本,在支持的 FSB 和内存上有所缩水,无集成显卡,但同样支持 PCI-E X16。

　　◆ G 是主流的集成显卡芯片组,而且支持 PCI-E X16 插槽,其余参数与 P 类似。

　　◆ GV 和 GL 则是集成显卡的简化版芯片组,并不支持 PCI-E X16 插槽,其余参数 GV 则与 G 相同,GL 则有所缩水。

　　◆ X 和 XE 相对于 P 则是增强版本,无集成显卡,支持 PCI-E X16 插槽。

　　总的说来,Intel 芯片组的命名方式没有什么严格的规则,但大致上就是上述情况。

　　(3) 从 965 系列之后,Intel 采用新的命名规则

　　把芯片组功能的字母从后缀改为前缀。例如 P965 和 G965 等等。并且针对不同的用途进行了细分。

　　◆ P 是面向个人用户的主流芯片组版本,无集成显卡,支持主流的 FSB 和内存,支持 PCI-E X16 插槽。

　　◆ G 是面向个人用户的主流的集成显卡芯片组,支持 PCI-E X16 插槽,其余参数与 P 系列类似。

　　Intel 芯片组往往分系列,例如 845、865、915、945、975 等,同系列各个型号用字母来区分,命名有一定规则,掌握这些规则,可以在一定程度上快速了解芯片组的定位和特点。

　　(4) 芯片组的现状

　　◆ 高性能芯片组:X58;X48;X38;975X;955X。

　　◆ 主流桌面芯片组:H57、Q57、Q45、Q43、P55、P45、P43、G45 等。

Intel 高端芯片组

　　以"X"开头的 Intel 芯片组,都是每一代的旗舰平台,规格性能都很强大。

　　① X38:X38 芯片组使用的是 X38+ICH9 系列芯片组,支持 Intel LGA 775 封装的系列处理器,支持 DDR2 和 DDR3 双通道内存,最高可以提供两条 PCI-E 16X 插槽,以实现显卡交火。南桥芯片方面,ICH9 芯片提供的 SATA 接口仅为 4 个,并且也不支持 RAID 模式,ICH9R 的为 6 个,同时可以支持硬盘 RAID 0,1,5,10 模式。

　　② X48:X48 芯片组主板是目前 LGA 775 封装处理器的顶级平台,性能非常强大,当然,在价格方面也是比较贵,能够提供目前 LGA 775 平台最强的接口规格。但是当新一代的旗舰平台 X58 平台出现以后,X48 平台的光芒就减弱了许多,也使得 X48 主板的价格开始下降。

　　X48 芯片组可以原生提供两个 PCI-E 2.0 16X 的插槽,支持显卡交火,并且还可以将支持 XMP 技术的 DDR3 内存超频到 1600 MHz 的频率水平,并且支持 1600 MHz 前端总线,是目前 LGA 775 平台的最强主板。南桥芯片使用的是 ICH9(R)系列芯片组,不过市售的 X48 主板一般都是使用的 ICH9R 芯片组,该芯片组和目前最先进的 ICH10R 芯片组的性能相同,提供了同样数量的接口,支持的 RAID 模式等也都相同,同样支持千兆网卡。

　　③ X58:X58 是目前最新的一代旗舰平台的芯片组,性能上非常强大,不仅支持显卡交火,同时还可以支持 SLI,这是 SLI 首次被授权在 Intel 的芯片组主板上,并且,X58 芯片组主板支持的 Intel 的 LGA 1366 封装的新一代旗舰处理器,也不再集成内存控制器,X58 主板和现在的 LGA 775 封装的处理器并不兼容,所以,在处理器方面仅能够支持 Core i7 处理器。当然,现在 X58 芯片组主板的价格普遍比较贵。

　　X58 芯片组支持 PCI-E 2.0 规范,北桥芯片提供了 32 条 PCI-E 通道,可以实现 16+16、16+8+8、8+8+8+8 多种模式的显卡交火或 SLI,同时,内存方面,X58 芯片组也不再集成内存控制器,内存不再直接连接北桥芯片,而是处理器集成内存控制器,处理器直接连接内存,根据处理器的不同,可以支持 3 通道 1066 MHz 或 1333 MHz 的 DDR 3 内存,同时,也可以超频到 1600 MHz,性能非常强大。

　　并且,X58 芯片组也抛弃了了前端总线设计,使用了速度更快的 QPI 总线设计,使得数据的传输速度更快。

　　南桥方面,使用的是和 P45 芯片组相同的 ICH10 系列南桥芯片,不过,目前的 X58 主板都是使用的 ICH10R 南桥芯片,以获得更好的性能。

主流桌面芯片组

H55、H57、Q57、Q45、Q43、P55、P45、P43、G45 等。

（1）对应早期的 Intel P3、Celeron 1/2/3、Tulatin、VIA C3 等 CPU 其代表芯片组有：Intel 815EP/EPT、VIA 694X/T、SIS 630/S 等。

支持 Intel P3、Celeron1/2 全系列 CPU，其中 815ET 支持 Tulatin P3 和 Celeron 3，支持 2～3 条 SDRAM 内存，支持 AGP 4X 显卡，支持 ATA100 及 USB1.1，内存及磁盘性能很好。

（2）对应 Intel Pentium 4 CPU 支持的代表芯片组有：

① Intel 845D。最高支持 533 MHz 外频（需超频），支持 Intel 400 MHz、533 MHz 外频的全系列 Pentium 4 CPU、支持超线程技术，支持 4 条 DDR 266 内存，支持 AGP 4X，支持 ATA 100 及 USB 1.1，内存及磁盘性能很好。

② Intel 845E/G。标准支持 533 MHz 外频，支持 Intel 400 MHz、533 MHz 外频的全系 Pentium 4 CPU，支持超线程技术，支持 3 条 D945GTDR 333 内存，支持 AGP 4X，支持 ATA 100 及 USB 2.0，内存及磁盘性能很好。其中 845 G 集成显卡，最大共享 64 MB 系统内存。

③ Intel 845PE/GE。最高支持 800 MHz（需超频），支持 Intel 全系列 Pentium 4 CPU，支持超线程技术，支持 3 条 DDR 333 内存，支持 AGP 4X，支持 ATA 100 及 USB 2.0，内存及磁盘性能很好。其中 845GE 集成显卡，最大共享 64 MB 系统内存。

④ Intel 865P/PE/G。标准支持 800 MHz 外频，支持 Intel 全系列的 Pentium 4 CPU，支持超线技术，支持 4 条 DDR 400 内存并能以双通道方式运行，支持 AGP 8X，支持 2 个串行 ATA 150 技术及 8 个 USB 2.0 技术，内存及磁盘性能很好。若配备 ICH5-R 南桥则支持串行硬盘陈列，其中 865G 集成显卡，965P 不支持 800 MHz 外频，不支持内存及双通道方式运行。

⑤ VIA PX/PM 333、SIS 645/650、SIS 648、VIA PX400。标准支持 533 MHz 外频，支持 Intel 400 MHz、533 MHz 外频的全系列 Pentium 4 CPU，支持超线程技术，支持 4 条 DDR 333 内存，支持 AGP 4X，支持 ATA 133 及 USB 2.0，内存及磁盘性能一般。其中 PM 333 集成显卡，最大共享内存 64 MB 系统内存。

3. AMD 芯片组

AMD 为用户从高到低规划出了一个层次分明的芯片组产品布局，从低端到高端，用户都可以找到适合自己的产品，图 2-51 为一款 AMD 芯片。

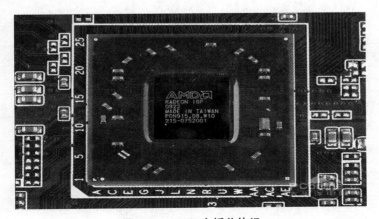

图 2-51　AMD 主板芯片组

除了对常规性能的支持以外，主板芯片组对超频也会有一定的影响，例如 AMD 在 SB 710

和 SB 750 南桥芯片中提供了 ACC 功能的支持,可以帮助支持这一功能的系列处理器达到更高外频,即可以提供更强的超频性能。

图 2-52　多卡交火

　　如果用户对显卡性能要求很高,一块显卡已经不能满足需要,那么一款可以支持多张显卡(如上图 2-52 所示)同时运行的主板就显得很重要。而能否支持多少张显卡同时运行,这与主板芯片组有很大关系。

　　① AMD 7 系列集成芯片组:引爆主流 PC 机的革命,它带来了前所未有的 DirectX 10 游戏和开箱即用的全高清影院级体验。

　　② AMD 7 系列独立芯片组:采用 AMD 790FX 和 AMD 790GX 芯片组的主板构成了"Dragon"系列平台的主干。AMD 7 系列芯片组设计用于 AMD 羿龙真四核处理器及下一代显卡。性能、扩展性和个性化与采用了最新技术的创新成果和有效设计完美融合。

　　③ AMD 8-系列芯片提供的特性和性能能够大大丰富您的视觉和行为体验,包括通过 ATI Radeon 显卡提供下一代游戏体验以及卓越的高清视频体验,并支持最新的设备技术,使您的电脑变成强大的数字媒体平台。

　　最新 AMD 8-系列芯片性能之比较见表 2-2 和表 2-3。

表 2-2　AMD 8 系列芯片组特性对比表

特性名称	870	880G	890GX	890FX
PCI Express® 技术 2.0	1x16	1x16	1x16 或 2x8	2x16 或 4x8
ATI CrossFireX™ 技术			是	是
Microsoft® DirectX® 10.1		是	是	
通用视频解码器(UVD)2		是	是	
ATI Stream 技术		是	是	
ATI Powerplay		是	是	
千兆位以太网	是	是	是	是
SATA 6GB/s	是	可用	是	是

表 2-3　各项特性的功能与优点

特　性	功　能	优　点
Microsoft® DirectX® 10.1	硬件支持 Shader Model 4.1 等最新 3D 显卡特性。	尽享超凡的游戏性能、惊艳的 3D 视觉效果和动态交互。
通用视频解码器 (UVD)2	专门解码并播放蓝光及其他高清内容的硬件,支持 MPEG2、VC-1 和 H.264 格式。1,2	支持最新的高清特性,可帮助改善图像质量,不占用 CPU 资源,带来完美的高清视觉体验。1,2
硬件画中画	支持蓝光™1.1 播放 dual-stream 画中画 (PiP,Picture in Picture)功能。1,2	享用支持特殊"Bonus"特性的最新蓝光™1.1 技术,例如以 PiP 格式呈现的导演旁白。1,2
高品质视频缩放	使用后处理算法,在观看高清视频过程中,可以增强标准和低分辨率视频和电影效果。1	以接近高清的品质观看标准 DVD 电影。1
动态对比度	播放视频画面时动态调节对比度和亮度。	呈现出具有一致的锐化及鲜明程度的图像。
ATI Stream 技术	一套先进的硬件和软件技术,能够使 AMD 图形处理器(GPU)与系统的中央处理器(CPU)协同工作,加速处理图形以及其他大量应用。3,4	使更加平衡的平台能够以前所未有的速度运行要求苛刻的计算任务。3,4
加速代码转换	加速标准及高清视频到其他各种格式的转换,以便用于不同的消费电子设备。	提供超快的代码转换速度,优于 CPU 单独进行代码转换时的表现。
ATI PowerPlay™	AMD 显卡电源管理技术使图形处理器能够根据需要做出响应,并在不需要时降低功耗。4	降低系统功耗,使电脑更节能。4
HDMI 1.3	HDMI 1.3 是一种音频/视频混合接口,其音频和视频功能均有所提高。3,4	可与您的 HDTV 相连,可观看电视、蓝光和其他高清视频,具有环绕声效果
DisplayPort	一种数字显示接口,支持最新的图形和 LCD 技术。1,4	可与超高分辨率显示器或全 1080p HDTV 相连,尽享高品质视频内容。1,4
超传输总线™3.0 技术	超传输总线™3.0 技术特别支持高达 20.6GB/s 的传输速率,可实现高性能 I/O 带宽。	庞大的带宽有助于减少系统瓶颈,实现更出色的性能。
PCI Express® 2.0 技术	与早期的 PCI Express 技术相比带宽加倍,使性能得以提高。	庞大的 I/O 带宽可实现快速图形性能
GPU-Plex 技术	可扩展的双引擎技术,集成于单个芯片上,支持在单 x16 链路上实现灵活的多显卡配置。	专用于 ATI CrossFireX™技术,使其运行更流畅,提供精彩的图形体验
ATI CrossFireX™ 技术	可实现极致可扩展图形性能,具有获得广泛认可的基础架构和高性能专用内存。	极致多 GPU 性能,能够满足游戏时的电源要求

续表

特　　性	功　　能	优　　点
SATA 6Gbps	支持采用新 SATA 6Gbps 技术的下一代硬盘和 SSD	快速文件传输和应用性能
千兆位以太网	高速网络性能	快速下载及连接
AMD RAIDXpert	RAID 安装工具可远程使用	通过定制获得额外性能或更高的稳定性。

2.4.4　笔记本芯片组

1. 英特尔芯片组

现在大多数笔记本都是采用英特尔公司生产的主板芯片组,最常见的有 PM55、GS45、PM45、GM45、PM965、GM965、GS/GL40 等(在配置表中经常看到 GS45＋ICH9M,其中 ICH9M 是南桥芯片的名称)。

下面简要介绍几款芯片组的性能特点:

(1) Intel PM55。是英特尔公司近期发布的超高速笔记本电脑芯片组,这个型号主要是对应最新的英特尔酷睿 i7 移动版而设计。

(2) Intel GM/PM45。这是目前最常见的笔记本芯片组名称,在市面上见到的大部分本本都是采用这个型号的芯片组,可以说是一个大众型号。

(3) Intel GM/PM965。是 Intel 对应迅驰移动计算技术 Santa Rosa 平台的主板芯片组型号,是一个逐渐被技术和市场淘汰的"夕阳"芯片组型号。

(4) Intel GS/GL40 是 GM45 的"缩水"版本,GS40 支持双通道 DDR3-667/800 与 DDR2-667/800 内存,800 MHz 系统总线、PCI Express * X1 I/O 端口、串行 ATA 以及高速 USB 2.0 连接,支持 DX10 和清晰视频技术,支持英特尔矩阵存储技术 7.0,支持存储子系统的增强性能、电源管理和数据保护能力;GL40 在很多规格上做了精简,比如仅支持 667 MHz 前端总线,DDR2/3 最高频率 667 MHz、最大容量 4 GB,整合图形核心频率虽然较高 380 MHz,但没有高清硬件解码支持,只保留了 Vista Premium 和 Clear Video,另外还不支持 VT、TXT、AMT 等技术。

2. AMD 与 nVIDIA 公司的芯片组产品

AMD 公司与 nVIDIA 公司在芯片组市场的份额没有英特尔公司的那么大,但是他们仍然是不可忽视的芯片组生产厂商,AMD 公司目前的主要芯片组型号主要有 M780G 和 M690 两个;nVIDIA 公司主要是基于 ION(翼扬,也译作离子)平台的 MCP79 芯片组,这个芯片组搭载了 Geforce 9400 显示芯片,是 nVIDIA 比较有代表性的型号。

AMD M780G 芯片组整合了 ATI Radeon HD 3200 显卡的 AMD M780G 芯片组,为移动平台提供强大的、身临其境的体验。支持最新的 DirectX 10 特效,HT 3.0,PCIE 2.0,同时支持高清视频硬件解码功能;通过笔记本电脑进入令人震撼的高清娱乐和 DirectX 10 游戏的世界。其独特的低功耗设计,充分利用最新的能效技术延长本本电池续航时间。

AMD M690 系列芯片组能在当今的图形和视频应用中提供出色的性能。AMD M690 系列芯片组与最新的 AMD 移动处理器相结合,为 AMD 笔记本电脑提供 Windows Vista premium 体验以及更长的电池续航时间。

ION 翼扬平台 MCP79 芯片组将南北桥和图形核心整合在一起,节省了不少空间,本机搭载了一块 nVIDIA Geforce 9400 M 显示核心,内建 64 MB 独立显存,可通过 nVIDIA TurboCache 最高共享 256 MB 显存,拥有 64 位总线位宽和 16 个流处理器,同时支持 DX10、PureVideo HD、CUDA 等显示技术,可实现高清视频硬解码和简单 3D 游戏的需求。

思考与练习

1. 主板上主要有哪些主要部件,请列出?
2. 主板按尺寸大小可以分为哪几种结构?
3. 如何理解总线带宽、总线位宽和总线工作频率。
4. I/O 总线主要是包括系统总线、ISA 总线、PCI 总线和 AGP 总线吗?
5. IEEE1394 总线主要有哪些性能特点。
6. USB 总线主要有哪些性能特点。
7. 请列出不同类型的 CPU 插座及相互对应的 CPU。
8. 请对鼠标的引脚进行定义。
9. 请列举各种 BIOS 芯片的用途。
10. 分别列出南、北桥芯片在主板中所起的作用。
11. 请列出常见主板芯片组的型号。

第 3 章　中央处理器(CPU)

中央处理器(Central Processing Unit,CPU),是电子计算机的主要设备之一。其功能主要是解释计算机指令以及处理计算机软件中的数据。所谓的计算机的可编程性主要是指对CPU 的编程。

CPU、内部存储器和输入/输出设备是计算机的三大核心部件。

针对不同用户的不同需求、不同应用范围,CPU 被设计成各不相同的类型,即分为嵌入式和通用式、微控制式。

◆ 嵌入式 CPU 主要用于运行面向特定领域的专用程序,配备轻量级操作系统,其应用极其广泛,像移动电话、DVD、机顶盒等都是使用嵌入式 CPU。

◆ 微控制式 CPU 主要用于汽车空调、自动机械等自控设备领域。

◆ 通用式 CPU 追求高性能,主要用于高性能个人计算机系统(即 PC 台式机)、服务器(工作站)以及笔记本三种。

台式机的CPU,就是大部分场合所提到的应用于 PC 机的 CPU,平常所说 Intel 的奔腾 4、赛扬、AMD 及 AthlonXP 等等,都属于此类 CPU。

3.1　CPU 的发展历程

3.1.1　Intel CPU 的发展历程

1. 4004

1971 年 11 月 15 日,成立 3 年的 Intel 公司推出了世界上第一个微处理器(4004CPU),4位微处理器,10 微米的工艺,16 针 DIP 封装,尺寸为 3×4 mm,共有 2300 个晶体管,工作频率为 108 kHz,每秒运算 6 万次。

2. 8008

1972 年,Intel 推出第一个 8 位的微处理器(8008),共有 3500 个晶体管,10 微米工艺,内存空间为 16 KB,工作频率为 200 kHz。

3. 8080

1974 年,第一个真正的微处理器诞生(8080),共有 6000 个晶体管,6 微米工艺,内存空间为 64 KB,工作频率为 2 MHz。

其他公司生产的 CPU:Zilog 公司的增强型 Z80;摩托罗拉公司的 6800;Intel 公司在 1976年的增强型 8085。

4. 8086

1978 年推出 16 位微处理器(8086),共有 29000 个晶体管,3 微米工艺,最大内存空间为1 MB,工作频率为 4.77 MHz。同年,Intel 又推出 16 位 8088 CPU。

1980 年 PC 形成市场,IBM 公司推出以 8088 为微处器的 IBM PC(以及随后的 PC XT)。

5. 80186/80188

1980 年诞生的 80186/80188 CPU 与 8086/8088 CPU 的内部结构相似。

6. 80286

1982 年,Intel 公司推出是基于 X86 体系结构,共有 13400 个晶体管,1.5 微米工艺,工作频率为 6～25 MHz。

1984 年,16 位 PC 市场迅速扩张,IBM 以 Intel 80286 为 CPU 架构,推出了 PC AT。

7. 80386

1985 年诞生的 80386 CPU(简称 386),2 微米工艺,共有 275000 个晶体管,32 位,支持最大 4 GB 内存,工作频率从 16 MHz 开始,可外接 64～128 KB。

1989 年,Intel 以最新的 1 微米工艺开发 386SX,而原先的 386 改名为 386DX。386DX 和 386SX 的差别在于:

(1) 386DX。内部寄存器、外部数据与内存总线皆为 32 位,执行速度也比较快。

(2) 386SX。内部寄存器为 32 位,但外部数据总线为 16 位。

8. 80486

1989 年,Intel 推出 80486 CPU(简称 486),0.8 微米工艺,共有 120 万个晶体管,支持最大 4 GB 内存,486 的指令系统与 8086/8088/286/386 兼容。芯片内部包括 8KB Cahe 和浮点运算单元 FPU。

9. Pentium(奔腾)

1993 年 3 月,Intel 推出 Pentium CPU,共有 310 万个晶体管。

◆ 采用超标量技术;

◆ 首次运用两个独立的高线缓存;

◆ 采用 Socket 5 IA32 架构。

第一代 Pentium 产品,工作频率为 60 MHz 和 66 MHz,0.8 微米工艺,核心电压 5 V,Socket5 插座。

一年后 Intel 推出改良产品,代号 P54C,共有 330 万个晶体管,早期的 Pentium 75/120,采用 0.6 微米工艺,后期的 Pentium 120,采用 0.35 微米工艺,电压 3.3 V,Socket7 插座。

10. Pentium Pro(高能奔腾)

1995 年,推出了 Pentium Pro CPU,共有 550 万个晶体管,0.35 微米工艺,工作频率为 150～200 MHz,带有三条独立管线,地址总线拓宽到 36 位,支持 64 GB 内存寻址。

Intel 首次将二级缓存整合到 CPU 上,不直接处理 X86 指令,而将 X86 指令转换为 RISC 指令再执行。

11. Pentium MMX(多能奔腾)

1996 年推出 Pentium 系列的改进版本,代号为 P55C,就是 Pentium MMX。增加了内片 16 KB 数据缓存和 16 KB 指令缓存、4 路写缓存以及分支预测单元和返回堆技术,新增了 57 条 MMX 多媒体指令。

MMX 技术(Multi Media Extension,多媒体扩展指令集),专门用来处理音频、视频等数据,可以大大缩短了 CPU 在处理多媒体数据时的等待时间。

Pentium MMX 系列频率只有几种:166/200/233 MHz;32 KB 一级缓存;核心电压 2.8 V;倍频分别为 2.5X、3X、3.5X;Socket 7 插座。

12. 移动式 Pentium CPU

专为笔记本计算机设计，0.25 微米工艺，CPU 时钟频率超过 200 MHz，结合指令集和 32 KB L1 的高速缓存。

13. Pentium 2(奔腾 2)

1997 年推出 Pentium 2 CPU（即 P2），共有 750 万个晶体管，0.35 微米工艺，支持最大 64 GB内存，工作频率为 200～500 MHz

从 Pentium 2 开始，Intel 细分产品线，针对市场上的中、低、高端用户，分别推出相应的 Pentium(奔腾)、Celeron(赛扬)、Xeon(至强)。

（1）Pentium 2 系列。

① Klamath。1997 年 5 月 7 日发布，是 Pentium 2 家族的第一款处理器，0.35 微米工艺，工作电压 2.8 V，时钟频率为 233～300 MHz，系统总线频率为 66 MHz，带有 256 KB 或512 KB 的二级缓存，采用 Slot 1 架构。

② Deschutes。1998 年 1 月 26 日发布，是最后一个正式用于处理器的 Pentium 2 内核。0.25 微米工艺，工作电压 2.0 V，内核频率提高到 266～450 MHz，系统总线频率为 66～100 MHz，一级缓存为 32 KB，二级缓存为 512 KB，采用 Slot 1 架构。

（2）Celeron 系列。

① Covington。1998 年 4 月 15 日，是 Celeron 家族的第一款产品，定位在低端市场，接口为 Slot 1 架构。采用 Deschues 内核，0.25 微米工艺，工作电压为 2.0 V，工作频率为 266～300 MHz，总线频率为 66 MHz 有一级缓存 32 KB，没有配有二级缓存（没有二级缓存而引起了很大争议）。

② Mendocino。1998 年 8 月 8 日，是 Celeron 家族的第二款产品，吸取 Covinton 的教训。集成了 128 KB 的二级缓存，时钟频率为 300～350 MHz，系统总线频率为 66 MHz，拥有 Slot 1 和 Socket 370 两个系列产品。Slot 1 的 Mendocino 采用 0.25 微米工艺，核心电压为 2.0 V，时钟频率为 300～433 MHz。Socket 370 的 Mendocino 采用 0.22 微米工艺，时钟频率为 300～533 MHz。

③ Dixon。是 Celeron 时代的第二篇章，专为低价格笔记本电脑设计，采用 0.25 微米工艺，一级缓存为 32 KB，二级缓存为 256 KB，时钟频率为 300 MHz 和 500 MHz，系统总线频率为 66 MHz。

14. Pentium 3(奔腾 3)

1999 年推出 Pentium3，共有 2800 万个晶体管，0.25 微米工艺，沿用第六代（P2）处理器的系统架构。

（1）Katmai。是 Pentium3 的第一代产品，增加了 SSE(Streaming SIMD Extensions)指令，还增加了 MMX 指令。采用 0.25 微米工艺，时钟频率为 450～600 MHz，采用 Slot 1 封装，512 KB 二级缓存位于卡匣内的电路板上。

（2）Coppermine(Slot)。1999 年 10 月底，Intel 正式发布代号为"Coppermine"，前端总线为 133 MHz，最高达 1 GHz，全新的核心设计（内置 256KB 与 CPU 主频同步运行的二级缓存），0.18 微米工艺，共有 2800 万个晶体管。

（3）Coppermine(Socket370)。1999 年底，推出 FC-PGA 370 封装的 Coppermine CPU，内置全速 256KB 二级缓存。

Coppermine 新增加的特性有：

① 内置全速 256 KB 二级缓存,Intel 公司这种新的二级缓存为"高级传输高速缓存";

② 以 FC-PGA370 方式封装便于高性能 Pentium 3 处理器的小型化;

③ 集成度极高,工作电压更低,功耗更低,散热更少,更适用于移动计算;

④ 更高的后端总线传输带宽。

15．Coppermine 128KB(Celeron 2)

是对 Celeron 家族产品的扩展,采用了 Coppermine 处理器的内核,内置 128 KB 二级缓存,第一款对 SSE 支持的 Celeron CPU。

16．Pentium 4

2000 年 11 月 21 日,Intel 发布了 Pentium 4 CPU,代号为 Willamette,0.18 微米铝导线工艺,配合低温半导体介质技术制成。基于 Intel 的 NetBurst 微架构,应用领域包括网络广播、网络视频流、图片处理、视频剪辑、语音、3D、CSD、游戏、多媒体、多任务环境等。

从 P4 开始,Intel 已经不再每一两年就推出全新命名的中央处理器芯片(CPU),反而一再使用 Pentium 4 这个名字,这样就导致了 Pentium 4 这个家族有一堆兄弟姊妹。Penitum 4 有许多制程,Willamette 为 P4 最早的产品,其中还包括 Socket 423 这个跟之后都不兼容的封装(因为引脚数不同),正是因为不能升级而且只能使用 Rambus 这种内存规格,所以此款销售并不怎么好。

Socket423 是与 slot1 接口同样短命的一个产物,它从 2000 年 10 月推出到 2001 年 8 月仅仅使用了不到一年。多数用户最后都升级到了更成熟的 Socket478 平台,采用 Socket423 接口的 CPU 只有一款,即 Willamette 核心的奔腾四处理器。最终这款处理器在市场上的销售情况远低于预期,但在同期 Intel 的市场份额还有所增长,Pentium 4 和 Netburst 的发布给了人们很大的鼓舞,直到 Intel 的 3.8 GHz 主频的处理器采用的还是这种架构。在新的处理器中还应用了一系列的新技术例如支持快速视频流编码的 SSE2 指令集等。

随着处理器主频和内部集成晶体管数目的增加,处理器消耗的能量也开始大大增加。为了满足处理器所需要的巨大电能,因为奔腾四处理器的功率达到了 72W,因此它需要在主板上附设额外的电源接口来满足处理器的供电需要,而由于发热量的增加,一个散热风扇也成了一个必需品。Intel 主推的与奔腾四搭配的平台是 850 平台,双通道的 Rambus 内存达到了前所未有的 2.5 GB/s 的内存数据带宽,但是由于 Rambus 内存价格昂贵所以使得早期 P4 平台相当昂贵。而由于契约的限制 Intel 又无法使用当时已经出现在市场上的 DDR 内存。

尽管新的奔四处理器相当成熟,当时在市场上的销量仍然不尽如人意,主要原因就是昂贵的 RDRAM 内存。虽然后来 Intel 推出了 845 解决方案使得用户可以使用 SDR 内存,但是 SDR 内存的数据传输速率显然不能够让人满意。尽管当时市场上已经出现了 DDR 内存,但由于协议问题 Intel 不能使用这种廉价的解决方案。

经过了漫长的等待,Intel 终于和 Rambus 达成了协议,随后 Intel 推出了 845D 和 845GD 两种基于 DDR 内存平台的芯片组。虽然 DDR 相对 SDR 数据带宽增加了一倍,但是相对于 Rambus 还是有所不足,直到双通道 DDR 内存的出现才解决了这一问题。

17．2002～2004 年：超线程 P4 处理器

2002 年 11 月 14 日,英特尔在全新奔 4 处理器 3.06 GHz 上推出其创新超线程(HT)技术。超线程(HT)技术支持全新级别的高性能台式机,同时快速运行多个计算应用,或为采用多线程的单独软件程序提供更多性能。超线程(HT)技术可将电脑性能提升达 25%。除了为台式机用户引入超线程(HT)技术外,英特尔在推出英特尔奔腾 4 处理器 3.06 GHz 时达到了一个电脑里程碑。这是第一款商用微处理器,运行速率为每秒 30 亿周期,并且采用当时业界最先进的 0.13 微米制程制作。

英特尔发布前端总线为 533 MHz 的 Pentium 4 3.06 GHz 处理器,采用了 0.13 微米工艺技术,提供 L2 cache 为 512 K 的二级缓存,核心由 5500 万个晶体管组成。时隔一年,英特尔发布了支持超线程(HT)技术的 P4 处理器至尊版 3.20 GHz。基于这一全新处理器的高性能电脑专为高端游戏玩家和计算爱好者而设计,现已由全球的系统制造商全面推出。英特尔奔腾 4 处理器至尊版采用英特尔的 0.13 微米制程构建而成,具备 512 KB 二级高速缓存、2 MB 三级高速缓存和 800 MHz 系统总线速度。

P4 处理器至尊版 3.20 GHz。该处理器可兼容现有的英特尔 865 和英特尔 875 芯片组家族产品以及标准系统内存。2MB 三级高速缓存可以预先加载图形帧缓冲区或视频帧,以满足处理器随后的要求,使在访问内存和 I/O 设备时实现更高的吞吐率和更快的帧带率。最终,这可带来更逼真的游戏效果和改进的视频编辑性能。增强的 CPU 性能还可支持软件厂商创建完善的软件物理引擎,从而带来栩栩如生的人物动作和人工智能,使电脑控制的人物更加形象、逼真。

半年之后,2004 年 6 月,英特尔发布了 P4 3.4 GHz 处理器,该处理器支持超线程(HT)技术,采用 0.13 微米制程,具备 512 KB 二级高速缓存、2 MB 三级高速缓存和 800 MHz 系统前端总线速度。

Northwood 是第二代产品,采用 0.13 微米制程,具有电压低、体积小、温度低的优点。接着就是 Prescott(0.09 微米),虽然这技术很新,不过由于效能提升并不明显,而且有过热的问题。后来英特尔又推出 Hyper Threading 技术,大大增加工作效率,让 P4 又成为市场宠儿。英特尔之后又推出 Extreme Edition、含有 Prestonia(原本给服务器用的 Xeon 核心)以及 Gallatin(0.13 微米 Northwood 外频提升改良版)核心的 CPU。现在市场上的高阶 Pentium 4 则是 Socket LGA 775 的 Prescott 为主。

18. 2005～2006 年:双核处理器

2005 年 4 月,英特尔的第一款双核处理器平台包括采用英特尔 955X 高速芯片组、主频为 3.2 GHz 的英特尔奔腾处理器至尊版 840,此款产品的问世标志着一个新时代来临了。双核和多核处理器设计用于在一枚处理器中集成两个或多个完整执行内核,以支持同时管理多项活动。英特尔超线程(HT)技术能够使一个执行内核发挥两枚逻辑处理器的作用,因此与该技术结合使用时,英特尔奔腾处理器至尊版 840 能够充分利用以前可能被闲置的资源,同时处理四个软件线程。

5 月,带有两个处理内核的英特尔奔腾 D 处理器随英特尔 945 高速芯片组家族一同推出,可带来某些消费电子产品的特性,例如:环绕立体声音频、高清晰度视频和增强图形功能。2006 年 1 月,英特尔发布了 Pentium D 9XX 系列处理器,包括了支持 VT 虚拟化技术的 Pentium D 960(3.60 GHz)、950(3.40 GHz)和不支持 VT 的 Pentium D 945(3.4 GHz)、925(3 GHz)(注:925 不支持 VT 虚拟化技术)和 915(2.80 GHz)。

2006 年 7 月,英特尔公司今天面向家用和商用个人电脑与笔记本电脑,发布了十款全新英特尔酷睿 2 双核处理器和英特尔酷睿至尊处理器。英特尔酷睿 2 双核处理器家族包括五款专门针对企业、家庭、工作站和玩家(如高端游戏玩家)而定制的台式机处理器,以及五款专门针对移动生活而定制的处理器。这些英特尔酷睿 2 双核处理器设计用于提供出色的能效表现,并更快速地运行多种复杂应用,支持用户改进各种任务的处理,例如:更流畅地观看和播放高清晰度视频;在电子商务交易过程中更好地保护电脑及其资产;以及提供更耐久的电池使用时间和更加纤巧时尚的笔记本电脑外形。

全新处理器可实现高达 40% 的性能提升,其能效比最出色的英特尔奔腾处理器高出 40%。英特尔酷睿 2 双核处理器包含 2.91 亿个晶体管。不过,Pentium D 谈不上是一套完美的双核架构,Intel 只是将两个完全独立的 CPU 核心做在一枚芯片上,通过同一条前端总线与芯片组相连。两个核心缺乏必要的协同和资源共享能力,而且还必须频繁地对二级缓存作同步化刷新动作,以避免两个核心的工作步调出问题。从这个意义上说,Pentium D 带来的进步并没有人们预想得那么大。

19. 英特尔酷睿处理器

全新英特尔酷睿处理器家族目前共有三种性能等级。

(1) 英特尔酷睿 i3 处理器。作为英特尔全新处理器家族的第一档处理器,i3 处理器采用了:

◆ 英特尔超线程(HT)技术。支持处理器的每枚内核同时处理两项任务,为您提供智能多任务处理所需的性能。并且电脑不会因为同时运行多个应用而影响运行速度和您的工作效率。

◆ 英特尔高清显卡(HD Graphics)技术。英特尔高清显卡(HD Graphics)可为您带来更清晰的图像、更丰富的色彩以及更逼真的音频和视频,打造视觉体验的巅峰。还可欣赏由 Windows 7 全面支持的高清晰度电影和互联网视频、畅玩热门的游戏作品。所有特性均为内置,无需再额外添加视频卡。

① 台式机。英特尔酷睿 i3 各型号参数见表 3-1。

表 3-1　英特尔酷睿 i3 各型号参数

型号	步进	主频	GPU 频率	二级缓存	三级缓存	总线速度	TDP	插槽
i3-530	C2/K0	2.93GHz	733MHz	256KB×2	4MB	2.5GT/s	73W	1156
i3-540	C2/K0	3.06GHz	733MHz	256KB×2	4MB	2.5GT/s	73W	1156
i3-550	K0	3.2GHz	733MHz	256KB×2	4MB	2.5GT/s	73W	1156
i3-560	K0	3.33GHz	733MHz	256KB×2	4MB	2.5GT/s	73W	1156

② 笔记本。英特尔酷睿 i3 各型号参数见表 3-2

表 3-2　英特尔酷睿 i3 各型号参数

型号	步进	主频	GPU 频率	二级缓存	三级缓存	总线速度	TDP	插槽
i3-330M	C2/K0	2.13GHz	500-667MHz	256KB×2	3MB	2.5GT/s	35W	1288
i3-330E	C2/K0	2.13GHz	500-667MHz	256KB×2	3MB	2.5GT/s	35W	1288
i3-350M	C2/K0	2.26GHz	500-667MHz	256KB×2	3MB	2.5GT/s	35W	1288
i3-370M	K0	2.4GHz	500-667MHz	256KB×2	3MB	2.5GT/s	35W	1288
i3-380M	K0	2.53GHz	500-667MHz	256KB×2	3MB	2.5GT/s	35W	1288
i3-330UM	K0	1.2GHz	166-500MHz	256KB×2	3MB	2.5GT/s	18W	1288

（2）英特尔酷睿 i5 处理器。英特尔睿频加速技术：

睿频加速帮助电脑在需要额外性能时自动加快处理器速度——这就是支持加速的睿频加速功能。

◆ 英特尔超线程（HT）技术：

4 路多任务处理支持每枚内核同时处理两项应用，提供智能多任务处理所需的性能。无论同时打开多少应用，运行速度不会受到丝毫的影响。

◆ 英特尔高清显卡（HD Graphics）技术：

① 笔记本。英特尔酷睿 i5 各型号参数见表 3-3。

表 3-3　英特尔酷睿 i5 各型号参数

处理器号	智能高速缓存	基本频率	最大频率	DDR3 速度	超线程技术	内核数
i5-430M	3 MB	2.26 GHz	2.533 GHz	1066/800 MHz	是	2
i5-520M	3 MB	2.4 GHz	2.93 GHz	1066/800 MHz	是	2
i5-520UM	3 MB	1.06 GHz	1.86 GHz	800 MHz	是	2
i5-540M	3 MB	2.53 GHz	3.06 GHz	1066/800 MHz	是	2

② 台式机。英特尔酷睿 i5 各型号参数见表 3-4。

表 3-4　英特尔酷睿 i5 各型号参数

处理器	内核/线程	时钟速度	智能高速缓存	芯片	睿频加速技术	超线程（HT）技术	高清显卡（HD Graphics）技术
标准电压处理器							
i5-540M		2.53GHz	3MB	32 纳米	是	是	是
i5-520M	2 个内核/4 条线程	2.40GHz	3MB	32 纳米	是	是	是
i5-430M		2.26GHz	3MB	32 纳米	是	是	是
超低电压处理器							
i5-520UM		1.06GHz	3MB	32 纳米	是	是	是
i5-750S		2.40GHz	8MB	45 纳米	是	无	无
i5-750		2.66GHz	8MB	45 纳米	是	无	无
i5-670	2 个内核/4 条线程	3.46GHz	4MB	32 纳米	是	是	是
i5-661		3.33GHz	4MB	32 纳米	是	是	是
i5-660		3.33GHz	4MB	32 纳米	是	是	是
i5-650		3.20GHz	4MB	32 纳米	是	是	是

（3）英特尔酷睿 i7 处理器。Core i7 更大的高速缓存与更高的频率完美结合，为您带来超凡的性能，满足您更苛刻任务的需求。

◆ 英特尔睿频加速技术：

当电脑需要额外性能时 Core i7 将自动启动加速功能。

◆ 英特尔超线程(HT)技术:

Core i7 拥有 8 路或 4 路多任务处理,支持处理器的每枚内核同时处理两项应用,为您提供智能多任务处理所需的更高性能。

① 笔记本。英特尔酷睿 i7 各型号参数见表 3-5。

表 3-5　英特尔酷睿 i7 各型号参数

处理器型号	智能高速缓存	基本频率	最大功率	DDR3 速度	内置 HD 显卡	内核数
i7-840QM	8MB	1.86GHz	45W	DDR3-1066/1333MHz	无	4
i7-820QM	8MB	1.73GHz	45W	DDR3-1066/1333MHz	无	4
i7-740QM	6MB	1.73GHz	45W	DDR3-1066/1333MHz	无	4
i7-720QM	6MB	1.6GHz	45W	DDR3-1066/1333MHz	无	4
i7-680UM	4MB	1.46GHz	18W	DDR3-800MHz	是	2
i7-660UM	4MB	1.33GHz	18W	DDR3-800MHz	是	2
i7-660UE	4MB Invalid	1.33GHz	18W	DDR3-800MHz	是	2
i7-660LM	4MB	2.26GHz	25W	DDR3-800/1066MHz	是	2
i7-640UM	4MB	1.2GHz	18W	DDR3-800MHz	是	2
i7-640M	4MB	2.8GHz	35W	DDR3-800/1066MHz	是	2
i7-640LM	4MB	2.13GHz	25W	DDR3-800/1066MHz	是	2
i7-620UM	4MB	1.06GHz	18W	DDR3-800MHz	是	2
i7-620UE	4MB	1.06GHz	18W	DDR3-800MHz	是	2
i7-620M	4MB	2.66GHz	35W	DDR3-800/1066MHz	是	2
i7-620LM	4MB	2GHz	25W	DDR3-800/1066MHz	是	2
i7-620LE	4MB	2GHz	25W	DDR3-800/1066MHz	是	2
i7-610E	4MB	2.53GHz	35W	DDR3-800/1066MHz	是	2

② 台式机。英特尔酷睿 i7 各型号参数见表 3-6。

表 3-6　英特尔酷睿 i7 各型号参数

型号	制程纳米	线程	TDP	主频	睿频	总线类型	总线频率	三级缓存	内存支持	倍频
i7-860	45	四核八线程	95W	2.80GHz	3.46GHz	DMI	2.5GT/s	8MB	DDR3-1066/1333 双通道	锁定
i7-860S	45	四核八线程	82W	2.53GHz	3.46GHz	DMI	2.5GT/s	8MB	DDR3-1066/1333 双通道	锁定
i7-870	45	四核八线程	95W	2.93GHz	3.6GHz	DMI	2.5GT/s	8MB	DDR3-1066/1333 双通道	锁定
i7-875K	45	四核八线程	95W	2.93GHz	3.6GHz	DMI	2.5GT/s	8MB	DDR3-1066/1333 双通道	开放
i7-880	45	四核八线程	95W	3.06GHz	3.73GHz	DMI	2.5GT/s	8MB	DDR3-1066/1333 双通道	锁定

型号	制程纳米	线程	TDP	主频	睿频	总线类型	总线频率	三级缓存	内存支持	倍频
i7-920	45	四核八线程	130W	2.66GHz	2.93GHz	QPI	4.8GT/s	8MB	DDR3-800/1066 三通道	锁定
i7-930	45	四核八线程	130W	2.80GHz	3.06GHz	QPI	4.8GT/s	8MB	DDR3-800/1066 三通道	锁定
i7-940	45	四核八线程	130W	2.93GHz	3.2GHz	QPI	4.8GT/s	8MB	DDR3-800/1066 三通道	锁定
i7-950	45	四核八线程	130W	3.06GHz	3.33GHz	QPI	4.8GT/s	8MB	DDR3-800/1066 三通道	锁定
i7-960	45	四核八线程	130W	3.2GHz	3.46GHz	QPI	4.8GT/s	8MB	DDR3-800/1066 三通道	锁定
i7-965 至尊版	45	四核八线程	130W	3.2GHz	3.46GHz	QPI	6.4GT/s	8MB	DDR3-800/1066 三通道	开放
i7-975 至尊版	45	四核八线程	130W	3.33GHz	3.6GHz	QPI	6.4GT/s	8MB	DDR3-800/1066 三通道	开放
i7-980X 至尊版	32	六核十二线程	130W	3.33GHz	3.6GHz	QPI	6.4GT/s	12MB	DDR3-1333 三通道	开放

3.1.2　AMD CPU 的发展历程

1. K5

是 AMD 的第一款处理器,支持 Socket5 架构,AMD 的 PR 速率为 75～166 MHz,系统总线频率为 55～66 MHz,具有 24 KB 的一级缓存,二级缓存是主板上的。

2. K6

1997 年 4 月,推出 K6,采用 0.35 微米工艺,工作频率在 166～233 MHz 之间不等,基于对 686 处理器的研究开发,新增了 MMX 指令集,一级缓存为 64 KB。

此后不久,AMD 推出了移动型 K6,工作频率在 266 MHz 及 300 MHz,前端总线速度 (FSB)为 66 MHz,采用 0.25 微米工艺。

3. K6-2

1998 年 4 月推出,支持新的指令集——3D Now! 及 100 MHz 的前端总线频率(FSB),最初的时钟频率为 266 MHz,后增到 475 MHz,带有 64 KB 的一级缓存,二级缓存位于主板上 (容量为 512～2 MB 之间,与系统总线频率同步)。

此款 CPU 还具有两种型号:

第 1 种:工作于 266、300、350、366 MHz;

第 2 种:工作于 380、400、450、475 MHz。

4. K6-3

1999 年 2 月,是 AMD 推出的第一款将二级缓存整合在处理器芯片中的产品,采用

Socket 架构,400 MHz 及 450 MHz,带一级缓存 64 KB,内置二级缓存 256 KB(与 CPU 同步),在主板上的三级缓存 512 KB~2 MB 之间(与系统总线同步)。

5. K6-2+

2000 年推出移动版本 CPU,是第一款基于 Socket7,采用 0.18 微米工艺,最低时钟频率为 533 MHz,带有与 CPU 同步的 128 KB 二级缓存。

6. K6-3+

是 AMD 在 K6-3 后推出的加强性产品,采用 0.18 微米工艺,并带有 256 KB 二级缓存。

7. K7(Athlon)

是借鉴了 DEC 公司的 Alpha 处理器结构,新系统总线称为 Alpha EV6 总线,允许主板支持 2 个 CPU,初始频率为 200 MHz,现在已达 400 MHz。采用 Slot A 架构,处理器命名为 "Athlon",时钟频率为 500 MHz~1.2 GHz 之间。一级缓存为 128 KB,二级缓存 512 KB,支持 MMX 指令集(对 K6-3 的 3D Now!)。

8. Thunderbird(雷鸟)

2000 年中发布了第二个 Athlon 核心的 Thunderbird,采用 0.18 微米工艺,采用 Socket A 架构,二级缓存为 256 KB(与 CPU 同步),主频为 1 GHz。

9. Athlon XP

2001 年 10 月,推出桌面系统的 Athlon XP 处理器,采用 Palomino 核心,共有 3750 万只晶体管,0.18 微米铜导线工艺,稳定的 Socket A 架构,支持 DDR 内存。

Athlon XP 的核心类型:

Athlon XP 有 4 种不同的核心类型,但都有共同之处。都采用 Socket A 接口而且都采用 PR 标称值标注。

(1) Palomino。这是最早的 Athlon XP 的核心,采用 0.18 um 制造工艺,核心电压为 1.75 V 左右,二级缓存为 256 KB,封装方式采用 OPGA,前端总线频率为 266 MHz。

(2) Thoroughbred。这是第一种采用 0.13 um 制造工艺的 Athlon XP 核心,又分为 Thoroughbred-A 和 Thoroughbred-B 两种版本,核心电压 1.65 V~1.75 V 左右,二级缓存为 256 KB,封装方式采用 OPGA,前端总线频率为 266 MHz 和 333 MHz。

(3) Thorton。采用 0.13 um 制造工艺,核心电压 1.65 V 左右,二级缓存为 256 KB,封装方式采用 OPGA,前端总线频率为 333 MHz。可以看作是屏蔽了一半二级缓存的 Barton。

(4) Barton。采用 0.13 um 制造工艺,核心电压 1.65 V 左右,二级缓存为 512 KB,封装方式采用 OPGA,前端总线频率为 333 MHz 和 400 MHz。

10. 新 Duron 的核心类型

AppleBred 采用 0.13 um 制造工艺,核心电压 1.5V 左右,二级缓存为 64 KB,封装方式采用 OPGA,前端总线频率为 266 MHz。没有采用 PR 标称值标注而以实际频率标注,有 1.4 GHz、1.6 GHz 和 1.8 GHz 三种。

11. Athlon 64 系列 CPU 的核心类型

Sledgehammer 是 AMD 服务器 CPU 的核心,是 64 位 CPU,一般为 940 接口,0.13 微米工艺。Sledgehammer 功能强大,集成三条 HyperTransprot 总线,核心使用 12 级流水线,128 K 一级缓存、集成 1 M 二级缓存,可以用于单路到 8 路 CPU 服务器。Sledgehammer 集成内存控制器,比起传统上位于北桥的内存控制器有更小的延时,支持双通道 DDR 内存,由于是服务器 CPU,当然支持 ECC 校验。

（1）Clawhammer。采用 0.13 um 制造工艺，核心电压 1.5 V 左右，二级缓存为 1 MB，封装方式采用 mPGA，采用 Hyper Transport 总线，内置 1 个 128 bit 的内存控制器。采用 Socket 754、Socket 940 和 Socket 939 接口。

（2）Newcastle。其与 Clawhammer 的最主要区别就是二级缓存降为 512 KB（这也是 AMD 为了市场需要和加快推广 64 位 CPU 而采取的相对低价政策的结果），其他性能基本相同。

（3）Wincheste。Wincheste 是比较新的 AMD Athlon 64CPU 核心，是 64 位 CPU，一般为 939 接口，0.09 微米制造工艺。这种核心使用 200 MHz 外频，支持 1GHyper Transprot 总线，512 K 二级缓存，性价比较好。Wincheste 集成双通道内存控制器，支持双通道 DDR 内存，由于使用新的工艺，Wincheste 的发热量比旧的 Athlon 小，性能也有所提升。

（4）Troy。Troy 是 AMD 第一个使用 90nm 制造工艺的 Opteron 核心。Troy 核心是在 Sledgehammer 基础上增添了多项新技术而来的，通常为 940 针脚，拥有 128 K 一级缓存和 1 MB（1,024 KB）二级缓存。同样使用 200 MHz 外频，支持 1GHyper Transprot 总线，集成了内存控制器，支持双通道 DDR400 内存，并且可以支持 ECC 内存。此外，Troy 核心还提供了对 SSE-3 的支持，和 Intel 的 Xeon 相同，总的来说，Troy 是一款不错的 CPU 核心。

（5）Venice。Venice 核心是在 Wincheste 核心的基础上演变而来，其技术参数和 Wincheste 基本相同：一样基于 X86-64 架构、整合双通道内存控制器、512 KB L2 缓存、90 nm 制造工艺、200 MHz 外频，支持 1GHyper Transprot 总线。Venice 的变化主要有三方面：一是使用了 Dual Stress Liner（简称 DSL）技术，可以将半导体晶体管的响应速度提高 24%，这样是 CPU 有更大的频率空间，更容易超频；二是提供了对 SSE-3 的支持，和 Intel 的 CPU 相同；三是进一步改良了内存控制器，一定程度上增加处理器的性能，更主要的是增加内存控制器对不同 DIMM 模块和不同配置的兼容性。此外 Venice 核心还使用了动态电压，不同的 CPU 可能会有不同的电压。

（6）SanDiego。SanDiego 核心与 Venice 一样是在 Wincheste 核心的基础上演变而来，其技术参数和 Venice 非常接近，Venice 拥有的新技术、新功能，SanDiego 核心一样拥有。不过 AMD 公司将 SanDiego 核心定位到顶级 Athlon 64 处理器之上，甚至用于服务器 CPU。可以将 SanDiego 看作是 Venice 核心的高级版本，只不过缓存容量由 512 KB 提升到了 1 MB。当然由于 L2 缓存增加，SanDiego 核心的内核尺寸也有所增加，从 Venice 核心的 84 平方毫米增加到 115 平方毫米，当然价格也更高昂。

12. 闪龙系列 CPU 的核心类型

（1）Paris。Paris 核心是 Barton 核心的继任者，主要用于 AMD 的闪龙，早期的 754 接口闪龙部分使用 Paris 核心。Paris 采用 90 nm 制造工艺，支持 iSSE2 指令集，一般为 256 KB 二级缓存，200 MHz 外频。Paris 核心是 32 位 CPU，来源于 K8 核心，因此也具备了内存控制单元。CPU 内建内存控制器的主要优点在于内存控制器可以以 CPU 频率运行，比起传统上位于北桥的内存控制器有更小的延时。使用 Paris 核心的闪龙与 Socket A 接口闪龙 CPU 相比，性能得到明显提升。

（2）Palermo。Palermo 核心目前主要用于 AMD 的闪龙 CPU，使用 Socket 754 接口、90 nm 制造工艺，1.4 V 左右电压，200 MHz 外频，128 KB 或者 256 KB 二级缓存。Palermo 核心源于 K8 的 Wincheste 核心，新的 E6 步进版本已经支持 64 位。除了拥有与 AMD 高端处理器相同的内部架构，还具备了 EVP、Cool'n'Quiet;和 Hyper Transport 等 AMD 独有的技术，

为广大用户带来更"冷静"、更高计算能力的优秀处理器。由于脱胎与 Athlon 64 处理器,所以 Palermo 同样具备了内存控制单元。CPU 内建内存控制器的主要优点在于内存控制器可以以 CPU 频率运行,比起传统上位于北桥的内存控制器有更小的延时。

13. Athlon 64 X2 系列双核心 CPU 的核心类型

Athlon 64 X2 系列双核心 CPU 的核心类型主要有 Manchester 和 Toledo,两者十分相似,差别仅在于二级缓存。

14. 四核 AMD Opteron 处理器介绍

最新推出的四核 AMD Opteron 处理器采用了直连架构,能够为各种规模企业提供重要的虚拟化功能、处理能力、性能和效率。

增强型四核 AMD Opteron 处理器是采用直连架构的第三代 AMD Opteron 处理器。采用直连架构的 AMD Opteron 处理器,通过减小延迟和改进性能,能够为现在和未来的技术提供支持,如虚拟化、网络托管、流式传输环境和数据库等,从而提供高性能来满足您业务发展的需要。

(1) 采用直连架构的 AMD 64 处理器。直连架构将处理器、内存控制器和 I/O 与 CPU 直接连接起来,有助于提高系统的性能和效率。

(2) 设计同时支持 32 位和 64 位计算。将迁移的成本降到最低,并使当前投资的效益最大化。

(3) 集成的 DDR2 内存控制器。通过大幅度降低内存延迟提高应用的性能。

(4) 提高内存带宽和性能以满足计算需求。Hyper Transport(超传输)技术为每个处理器提供达到峰值的带宽——降低 I/O 瓶颈。

(5) 采用独立动态核心技术的增强型 AMD PowerNow! 技术。支持处理器和核心根据使用情况和负载以不同的电压和频率运行,降低数据中心的功耗和总拥有成本。

提供更精细的电源管理性能,降低处理器能耗。

通过关闭不用的逻辑电路可以降低内存控制器的功耗,进而减少总功耗。

(6) Dual Dynamic Power Management(双动态电源管理)。提供更精细的电源管理性能,降低处理器能耗。

为核心和内存控制器提供独立的电源,降低功耗并优化性能,为在核心和内存控制器中节能创造更多机会。

(7) AMD CoolCore 技术。通过关闭处理器中不用的部分降低处理器能耗。比如,在从内存中读数据时,内存控制器可以关闭写逻辑,有助于降低系统能耗。

该技术中的各种功能都是自动化的,无需驱动程序或 BIOS 的支持。

在单时钟周期内可以关闭或启动电源,节能的同时不影响性能。

15. AMD Smart Fetch Technology(智能预取技术)

通过让闲置的核心进入"停止"状态,使其在闲置的时间里消耗更少的电力,进而降低功耗。

在闲置核心进入"停止"状态前,将 L1 和 L2 缓存中的数据转移到 L3 缓存中。闲置核心的内容可以从共享的 L3 缓存中获取,这样可以使闲置核心保持"停止"状态。

(1) 采用快速虚拟化索引的 AMD 虚拟化(AMD-V)

◆ 通过让虚拟机直接管理内存,减少管理程序的干预以及相关的日常管理开支,大幅度提高虚拟化应用的性能;

◆ 提高在不同虚拟机间切换的效率，有助于提高性能；

◆ 高效地对虚拟机进行隔离，以确保运行安全。

（2）采用 AMD Memory Optimizer（内存优化器）技术的集成 DDR2 DRAM 控制器可以将 128 位的内存通道分割为 2 个独立的 64 位内存通道，以提高内存访问效率。

（3）扩大内存缓冲区以提高吞吐量

◆ 采用突发写技术（Write bursting）以最大程度地降低读/写转换，提高吞吐量；

◆ 优化 DRAM 分页算法，智能化地预测并从主内存获取所需数据，提高吞吐量；

◆ 核心预取器可以从 L1 缓存直接获取数据，以降低延迟并节约 L2 带宽。

（4）AMD 平衡智能缓存

◆ 更大的共享 3 级缓存在核心之间高效地共享数据，有助于降低主内存的延迟；

◆ 每个核心专用的 1 级和 2 级缓存消除了共享 2 级缓存所产生的缓存污染，有助于提高虚拟化环境和大型数据库的性能；

◆ 第三代 AMD 皓龙处理器的 1 级缓存，每个周期处理的负载数量是第二代 AMD 皓龙处理器的 2 倍，有助于保持 CPU 核心的满负荷运行。

（5）AMD 宽浮点加速器

128 位 SSE 浮点性能，支持每个处理器的每个核心在每个时钟周期中同时执行最多 4 个 flops（是以前 AMD 皓龙处理器浮点计算速度的 4 倍），大幅度提高计算密集型应用和工作站应用的性能。

与以前的 AMD 皓龙处理器相比，取指令带宽、数据缓存带宽和内存控制器到缓存的带宽等全部翻番，有助于保持 128 位浮点管线的满负荷。

16. AMD 开核

（1）什么是开核

开核就是 AMD 公司在生产四核的工程中，生产出来的核心不是每个都达到技术要求，为了降低成本和 CPU 的功耗，于是厂家将没有达到要求的核心屏蔽掉，就有了原生四核架构的双核和三核 CPU。开核的意思就是把被屏蔽掉的核心打开。双核的钱买四核何乐而不为呢？很多 CPU 本身是四核或六核但厂商为了控制市场强行关闭了一个或两个内核当做低端产品销售。这样，开核就好理解了，就是用其他技术手段破解，开启原本就有但是被屏蔽的物理内核。开核要求主板支持，且有不少开后不稳定，还可能伴随着高温、高能耗等各种问题。但是开核后 CPU 在性能上的提升还是很诱人的。

（2）开核的条件要求

① 必须采用南桥是 SB710 或 SB750 的 AMD 7 系列主板。并且主板的 BIOS 中要有 ACC 选项（ACC 全称 Advanced Clock Calibration，AMD 在 SB750/SB710 南桥芯片中新加入的辅助超频功能，还具有破解 CPU 核心的额外作用。）。

② 必须采用特定编号的 CPU，如 8450 必须是第一批上市的那个批次。710,720 可以是 0904 批次，而 550 以 0913,0919,0922 批次开核成功得多。

③ 有哪些支持开核的 CPU。开核是 AMD 独有的。可以开核的 CPU 目前有：

AMD 羿龙 X3 8450、AMD 羿龙 X3 8750、AMD 羿龙 X3 8600、AMD 羿龙 IIX3 720、AMD 羿龙 IIX3 710。

（3）开核对主板有什么要求

开核配置的必要条件是主板必须要拥有 ACC 功能，主板最好选择一些专为开核做过优化设计的品牌,不然你开核成功了,稳定性可不敢保证,部分主板为了保证开核成功率和稳定性,例如微星和技嘉,BIOS 里有个"EC Firmwar"选项,将 EC Firmwar 的参数设定为 Special 或者 Hybrid,而华硕有个 Unleashing Mode 释放模式选项 Enable 后会出现 Active CPU Cores 激活选项,也就是所谓的核心选择调节核心数,如果你开核后,发现不稳定,那你可以逐步关闭每个核心来进行测试,看看哪个核心有问题,有问题的就关掉该核心。

打开 ACC 等几个选项就可以开四核了,关闭这几个选项就可以屏蔽掉那两个核心。完全可以恢复。开核失败也不会废,所以只能采用双核或三核。

开核需要特定的一些主板支持,而且对 BIOS 版本有要求。开核主要是强制打开主板的 CPU 高级校验功能,使屏蔽的核心工作。即使不成功也可以调回来,就算不能进系统也可以取下主板电池恢复 BIOS 原始设置。

3.1.3　AMD 双核和英特尔双核的不同之处

1. 不同的构架

双核处理器是指在一个处理器上集成两个运算核心,从而提高计算能力。"双核"的概念最早是由 IBM、HP、Sun 等支持 RISC 架构的高端服务器厂商提出的,不过由于 RISC 架构的服务器价格高、应用面窄,没有引起广泛的注意。

现在"双核"的概念,主要是指基于 X86 开放架构的双核技术。在这方面,起领导地位的厂商主要有 AMD 和 Intel 两家。其中,两家的思路又有不同。AMD 从一开始设计时就考虑到了对多核心的支持。所有组件都直接连接到 CPU,消除系统架构方面的挑战和瓶颈。两个处理器核心直接连接到同一个内核上,核心之间以芯片速度通信,进一步降低了处理器之间的延迟。而 Intel 采用多个核心共享前端总线的方式。专家认为,AMD 的架构相对更容易实现双核以至多核,Intel 的架构会遇到多个内核争用总线资源的瓶颈问题。

2. AMD 和 Intel 不同的体系结构

双核与双芯(Dual Core Vs. Dual CPU):

AMD 和 Intel 的双核技术在物理结构上也有很大不同之处(如图 3-1)。AMD 将两个内核做在一个 Die(内核)上,通过直连架构连接起来,集成度更高。Intel 则是采用两个独立的内核封装在一起,因此有人将 Intel 的方案称为"双芯",认为 AMD 的方案才是真正的"双核"。

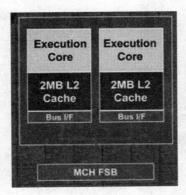 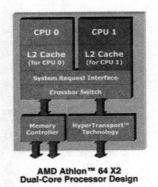

图 3-1　Intel(左)与 AMD(右)双核结构示意图

从用户端的角度来看,AMD 的方案能够使双核 CPU 的管脚、功耗等指标跟单核 CPU 保持一致,从单核升级到双核,不需要更换电源、芯片组、散热系统和主板,只需要刷新 BIOS 软件即可,这对于主板厂商、计算机厂商和最终用户的投资保护是非常有利的。客户可以利用其现有的 90 纳米基础设施,通过 BIOS 更改移植到基于双核心的系统。计算机厂商可以轻松地提供同一硬件的单核心与双核心版本,使那些既想提高性能又想保持 IT 环境稳定性的客户能够在不中断业务的情况下升级到双核心。在一个机架密度较高的环境中,通过在保持电源与基础设施投资不变的情况下移植到双核心,客户的系统性能将得到巨大的提升。在同样的系统占地空间上,通过使用双核心处理器,客户将获得更高水平的计算能力和性能。

3.1.4 Intel 与 AMD CPU 产品比较(见图 3-2)

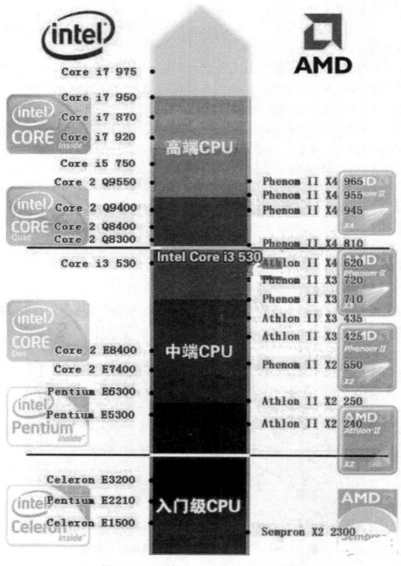

图 3-2　Intel 与 AMD CPU 产品天梯图

3.2　CPU 的工作原理

3.2.1　CPU 的基本构成

CPU 的内部结构可分为:控制单元、逻辑运算单元、存储单元(包括内部总线和缓冲器)三大部分。

1. 指令高速缓存

是芯片上的指令仓库,这样微处理器就不必停下来查找计算机的内存中的指令。这种快速方式加快了处理速度。

2. 控制单元

它负责整个处理过程。根据来自译码单元的指令,它会生成控制信号,告诉运算逻辑单元(ALU)和寄存器如何运算、对什么进行运算以及怎样对结果时处理。

3. 运算逻辑单元(ALU)

是芯片的智能部件,能够执行加、减、乘、除等各种命令。此外,它还知道如何读取逻辑命令,如或、与、非。来自控制单元的讯息将告诉运算逻辑单元应该做些什么,然后运算单元将寄存器中提取数据。以完成任务。

4. 寄存器

是运算逻辑单元(ALU)为完成控制单元请求的任务所使用的数据的小型存储区域(数据可以来自高速缓存、内存、控制单元)。

5. 预取单元

根据命令或将要执行的任务决定,何时开始从指令高速缓存或计算机内存中获取数据和指令。当指令到达时,预取单元最重要任务是确保所有指令均按正确的排列,以发送到译码单元。

6. 数据高速缓存

存储来自译码单元专门标记的数据,以备运算逻辑单元使用,同时还准备了分配到计算机不同部分的最终结果。

7. 译码单元

是将复杂的机器语言指令解译运算逻辑单元(ALU)和寄存器能够理解的简单格式。

8. 总线单元

是指令从计算机内存流进和流出的处理器的地方。

3.2.2　CPU 的工作原理

从控制单元开始,CPU 就开始了正式工作,中间的过程是通过逻辑运算单元来进行运算处理,交到存储单元代表工作结束。首先,指令指针会通知 CPU,将要执行的指令放置在内存中的存储位置。因为内存中的每个存储单元都有编号(称为地址),可以根据这些地址把数据取出,通过地址总线送到控制单元中,指令译码器从指令寄存器 IR 中拿来指令,翻译成 CPU 可以执行的形式,然后决定完成该指令需要哪些必要的操作,它将告诉算术逻辑单元(ALU)什么时候计算,告诉指令读取器什么时候取数值,告诉指令译码器什么时候翻译指令等等。

　　根据对指令类型的分析和特殊工作状态的需要,CPU 设置了六种工作周期,分别用六个触发器来表示它们的状态,任一时刻只许一个触发器为 1,表示 CPU 所处周期状态,即指令执行过程中的某个阶段。

1. 取指周期(FC)

　　CPU 在 FC 中完成取指所需要的操作。每条指令都必须经历取指周期 FC,在 FC 中完成的操作与指令操作码无关的公共操作。但 FC 结束后转向哪个周期则与本周期中取出的指令类型有关。

2. 源周期(SC)

　　CPU 在 SC 中完成取源操作数所需的操作。如指令需要源操作数,则进入 SC。在 SC 中根据指令寄存器 IR 的源地址信息,形成源地址,读取源操作数。

3. 目的周期(DC)

　　如果 CPU 需要获得目的操作数或形成目的地址,则进入 DC。在 DC 中根据 IR 中的目的地址信息进行相应操作。

4. 执行周期(EC)

　　CPU 在取得操作数后,则进入 EC,这也是每条指令都经历的最后一个工作阶段。在 EC 中将依据 IR 中的操作码执行相应操作,如传递、算术运算、逻辑运算、形成转移地址等。

5. 中断响应周期(IC)

　　CPU 除了考虑指令正常执行,还应考虑对外部中断请求的处理。CPU 在响应中断请求后,进入中断响应周期 IC。在 IC 中将直接依靠硬件进行保存断点、关中断、转中断服务程序入口等操作,IC 结束转入取指周期,开始执行中断服务程序。

6. DMA 传送周期(DMAC)

　　CPU 响应 DMA 请求后,进入 DMAC 中,CPU 交出系统总线的控制权,由 DMA 控制器控制系统总线,实现主存与外围设备之间的数据直接传送。因此对 CPU 来说,DMAC 是一个空操作周期。

　　CPU 控制流程,描述了工作周期状态变化情况,如图 3-3 所示。

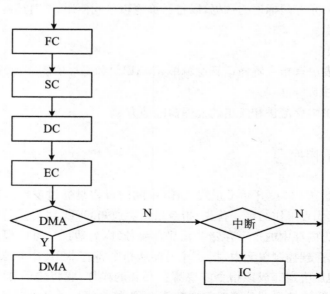

图 3-3　CPU 工作原理示意图

　　为了简化控制逻辑,限制在一条指令结束是判断有无 DMA 请求,若有请求,将插入 DMAC;如果在一个 DMAC 结束前又提出新的 DMA 请求,则连续安排若干 DMA 传送周期。

　　如果没有 DMA 请求,则继续判断有无中断请求,若有则进入 IC。在 IC 中完成需的操作后向新的 FC,这表明进入中断服务程序。

3.3　CPU 的主要技术参数

3.3.1　位、字节和字长

1. 位

　　二进制数系统中,每个 0 或 1 就是一位(bit),位是表示电子信号的最小单位 bit,常用英文小写字母 b 表示。

2. 字节

　　一个字节(Byte)是由 8 个位所组成,可代表一个字符(A~Z)、数字(0~9)或符号(,.?!% &.+_*/),是数据存储的基本单位 Btye 常用英文字母 B 表示。

$$1\ Byte = 8\ bit \qquad 1\ KB = 1024\ Byte$$

3. 字长

　　字长是指 CPU 在单位时间内能一次处理的二进制数的位数叫字长。能处理字长为 8 位数据的 CPU 通常就叫 8 位的 CPU。同样 32 位的 CPU 就能在单位时间内处理字长为 32 位的二进制数据。当前的 CPU 大都是 32 位的 CPU,但是字长的增加是 CPU 发展的一个趋势。AMD 已推出 64 位的 CPU-Atlon64。

3.3.2　主频

　　主频也叫时钟频率,单位是 MHz 或 GHz,用来表示 CPU 的运算速度。CPU 的主频等于外频×倍频系数。很多人以为 CPU 的主频指的是 CPU 运行的速度,实际上这个认识是很片面的。CPU 的主频表示在 CPU 内数字脉冲信号震荡的速度,与 CPU 实际的运算能力是没有直接关系的。当然,主频和实际的运算速度是有关的,但是目前还没有一个确定的公式能够实现两者之间的数值关系,而且 CPU 的运算速度还要看 CPU 的流水线的各方面的性能指标。由于主频并不直接代表运算速度,所以在一定情况下,很可能会出现主频较高的 CPU 实际运算速度较低的现象。因此主频仅仅是 CPU 性能表现的一个方面,而不代表 CPU 的整体性能。

3.3.3　外频

　　外频是 CPU 的基准频率,单位也是 MHz。外频是 CPU 与主板之间同步运行的速度,而且目前的绝大部分电脑系统中外频也是内存与主板之间的同步运行的速度,在这种方式下,可以理解为 CPU 的外频直接与内存相连通,实现两者间的同步运行状态。外频与前端总线

(FSB)频率很容易被混为一谈。

3.3.4 前端总线(FSB)频率

前端总线(FSB)频率(即总线频率)是直接影响 CPU 与内存直接数据交换速度。由于数据传输最大带宽取决于所有同时传输的数据的宽度和传输频率,即数据带宽=(总线频率×数据带宽)/8。外频与前端总线(FSB)频率的区别:前端总线的速度指的是数据传输的速度,外频是 CPU 与主板之间同步运行的速度。也就是说,100 MHz 外频特指数字脉冲信号在每秒钟震荡一千万次;而 100 MHz 前端总线指的是每秒钟 CPU 可接收的数据传输量是

$$100\ \text{MHz}\times 64\ \text{bit}\div 8\ \text{Byte/bit}=800\ \text{MB/s}$$

3.3.5 倍频系数

倍频系数是指 CPU 主频与外频之间的相对比例关系。在相同的外频下,倍频越高 CPU 的频率也越高。但实际上,在相同外频的前提下,高倍频的 CPU 本身意义并不大。这是因为 CPU 与系统之间数据传输速度是有限的,一味追求高倍频而得到高主频的 CPU 就会出现明显的"瓶颈"效应——CPU 从系统中得到数据的极限速度不能够满足 CPU 运算的速度。

3.3.6 缓存

缓存是指可以进行高速数据交换的存储器,它先于内存与 CPU 交换数据,因此速度很快。L1Cache(一级缓存)是 CPU 第一层高速缓存。内置的 L1 高速缓存的容量和结构对 CPU 的性能影响较大,不过高速缓冲存储器均由静态 RAM 组成,结构较复杂,在 CPU 管芯面积不能太大的情况下,L1 级高速缓存的容量不可能做得太大。一般 L1 缓存的容量通常在 32~256KB。

L2Cache(二级缓存)是 CPU 的第二层高速缓存,分内部和外部两种芯片。内部的芯片二级缓存运行速度与主频相同,而外部的二级缓存则只有主频的一半。L2 高速缓存容量也会影响 CPU 的性能,原则是越大越好,现在家庭用 CPU 容量最大的是 512 KB,而服务器和工作站上用 CPU 的 L2 高速缓存更高达 1 MB~3 MB。

3.3.7 CPU 扩展指令集

CPU 扩展指令集指的是 CPU 增加的多媒体或者是 3D 处理指令,这些扩展指令可以提高 CPU 处理多媒体和 3D 图形的能力。著名的有 MMX(多媒体扩展指令)、SSE(因特网数据流单指令扩展)和 3DNow! 指令集。

3.3.8 CPU 内核和 I/O 工作电压

从 586CPU 开始,CPU 的工作电压分为内核电压和 I/O 电压两种。其中内核电压的大小是根据 CPU 的生产工艺而定,一般制作工艺越小,内核工作电压越低;I/O 电压一般都在

1.6～3 V。低电压能解决耗电过大和发热过高的问题。

3.3.9　制造工艺

指在硅材料上生产 CPU 时内部各元器材的连接线宽度,一般用微米表示。微米值越小制作工艺越先进,CPU 可以达到的频率越高,集成的晶体管就可以更多。目前 Intel 的 P4 和 AMD 的 XP 都已经达到了 0.13 微米的制作工艺,以后将达到 0.09 微米的制作工艺。

3.3.10　协处理器

协处理器主要的功能是负责浮点运算。在 486 以前的 CPU 内没有内置协处理器。现在 CPU 的浮点运算(协处理器)往往对多媒体指令进行优化(如:Intel 的 1996 年 Pentium MMX CPU 的 MMX 指令集和最新 Pentium 4 全新的 SSE2 指令集)。

3.3.11　超标量流水线技术

流水线:在 CPU 中由 5～6 个不同功能的电路单元组成一条指令处理流水线,然后将一条 X86 指令分成 5～6 步后再由这些电路单元分别执行,这样就能实现在一个 CPU 时钟周期完成多条指令,因此提高 CPU 的运算速度。

超标量流水线:指某型 CPU 内部的流水线超过通常的 5～6 步以上。

超标量:是指在一个时钟周期内 CPU 可以执行一条以上的指令。

3.3.12　乱序执行和分支预测

乱序执行:是指 CPU 采用了允许将多条指令不按程序规定的顺序分开发送给各相电路单元处理的技术。

分支:是指程序运行时需要改变的节点,分支又分为:无条件分支和有条件分支。无条件分支只需 CPU 按指令顺序执行,有条件分支必须根据处理结果再决定程序运行方向是否改变。因此需要"分支预测"技术处理的是条件分支。

3.4　CPU 的生产流程

3.4.1　主流 CPU 的生产工艺

CPU 的制作过程非常复杂。以下简要说明 CPU 的制作流程(如图 3-4 所示):

1. 切割晶圆

用机器从单晶硅上切割下一片事先确定规格的硅晶片,并将其划分成多个细小的区域,每个区域都将成为一个 CPU 的内核。

2. 影印

在经过热处理得到硅氧化物层上涂上一种光阻物质,紫外线透过印制着 CPU 复印电路结构图样的查模板照射基片,被紫外线照射的地方光阻物质溶解。

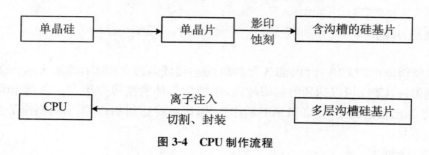

图 3-4　CPU 制作流程

3. 蚀刻

用溶剂将紫外线照射过的光阻物清除,然后再采用化学处理方式,把没有覆盖光阻物质部分的硅化物氧化物层刻掉。然后把所有的光阻物清除,就得到了有沟的硅基片。

4. 分层

加工新的一层电路,再次生长硅氧化物,然后沉积一层多晶硅,涂敷光阻物质,重复影印、蚀刻过程,得到含晶硅和硅氧化物的沟槽结构。

5. 离子注入

通过离子的轰击,使得暴露的硅基片局部掺杂,从而改变这些区域的导电状态,形成门路。然后的步骤就是不断重复以上的过程。

一个完整的 CPU 内核包含大约 20 层,层间留出窗口,填充金属以保持各层电路的连通。完成最后的测试工作后,切割硅片成单个 CPU 核心并进行封装,一个 CPU 便制造出来了。

3.4.2　封装形式

封装——是指安装半导体集成电路中芯片用的外壳,它起着安放、固定、密封、保护芯片和增强导热性能的作用。

芯片的封装技术已经历了好几代,从 DIP、QFP、PGA、BGA、CSP、MCM,技术指标一代比一代先进,包括该芯片面积与封装面积之比越来越接近,适用频率越来越高,耐温性能越来越好,引脚数增多,引脚间距减小,重量减小,可靠性提高,使用更加方便等等。

1. DIP 封装(Dual In-line Package,双列直插封装)

20 世纪 70 年代流行的是 DIP 封装,DIP 封装结构具有以下特点:

① 适合 PCB 的穿孔安装;

② 比 TO 型封装电报易于对 PCB 布线;

③ 操作方便。

DIP 封装结构形式有:

多层陶瓷双列直插式 DIP、单层陶瓷双列直插式 DIP、引线框架式 DIP(玻璃陶瓷封装接式,塑料包装结构式,陶瓷低熔玻璃封装式)等。

2. 载体封装

20 世纪 80 年代出现了芯片载体封装。其中有:

① 陶瓷无引线芯片载体(LCCC,Leadless Ceramic Chip Carrier);

② 塑料有引线芯片载体(PLCC,Plastic Leaded Chip Carrier);

③ 小尺寸封装(SOP,Small Outlne Package);

④ 塑料四边引出扁平封装(PQFP,Plasstic Quad Flat Package);

⑤ 以 0.5 mm 焊区中心距、208 根 I/O 引脚 QFP(Quad flat Package,四边引出扁平封装)封装的 CPU。

QFP 的特点:

① 用 SMT 表面安装技术在 PCB 上安装布线;

② 封装外形尺寸小,寄生参数减小,适合高频应用;

③ 操作方便;

④ 可靠性高。

3. BGA 封装(Ball Grid Array Package,球栅阵列封装)

20 世纪 90 年代,随着集成技术的进步、设备的改进和深亚微米技术的使用。新增了新的方式——球栅阵列封装。成了 CPU、南北桥等 VLSI 芯片的选择。

BGA 的特点:

① I/O 引脚数虽然增多,但引脚间距远大于 QFP,从而提高了组装成品率;

② 虽然它的功耗增加,但 BGA 能用可控塌陷芯片法焊接,简称 C4 焊接;

③ 厚度比 QFP 减小,信号传输延迟小,使用频率大大提高;

④ 寄生参数减小,信号传输延迟小,使用频率大大提高;

⑤ 组装可用共面焊接,可靠性高;

⑥ BGA 封装仍与 QFP、PGA 一样,占用基板面积过大。

4. 面向未来的封装技术

1994 年 9 月,日本三菱电气研究出一种芯片面积/封装面积=1:1.1 的封装结构。其封装外形尺寸只比裸芯片大一点点。命名为:"芯片尺寸封装",简称 CSP(Chip Size Package 或 Chip Scale Package)。

CSP 封装具有的特点:

① 满足了 LSI 芯片出脚不断增加的需要;

② 解决了 IC 裸芯片不能进行交流参数测度和老化筛选的问题;

③ 封装面积缩小到 BGA 的 1/4 甚至 1/10,延迟时间大大缩小。

能否将高集成度、高性能、高可靠的 CSP 芯片或专用集成电路芯片在高密度多层互联基板上用表面安装技术(SMT)组装成为多种多样电子组件、子系统或系统。因此产生多芯片组件 MCM(Multi Chip Model)。

MCM 的特点有:

① 封装延迟时间缩小,易于实现组件高速化;

② 缩小整机/组件组装尺寸和重量,一般体积减小 1/4,重量减轻 1/3;

③ 可造性大大提高。

3.5 CPU 的新技术

3.5.1 制造工艺

制造工艺的微米是指 IC 内电路与电路之间的距离。制造工艺的趋势是向密集度愈高的方向发展。密度愈高的 IC 电路设计，意味着在同样大小面积的 IC 中，可以拥有密度更高、功能更复杂的电路设计。现在主要的 180 nm、130 nm、90 nm、65 nm、45 nm。最近 Inter 已经有 32 nm 的制造工艺的酷睿 i3/i5 系列了。

而 AMD 则表示、自己的产品将会直接跳过 32 nm 工艺（2010 年第三季度生产少许 32 nm 产品、如 Orochi、Llano）于 2011 年中期初发布 28 nm 的产品（名称未定）

3.5.2　指令集

1. CISC 指令集

CISC 指令集，也称为复杂指令集，英文名是 CISC，（Complex Instruction Set Computer 的缩写）。在 CISC 微处理器中，程序的各条指令是按顺序串行执行的，每条指令中的各个操作也是按顺序串行执行的。顺序执行的优点是控制简单，但计算机各部分的利用率不高，执行速度慢。其实它是英特尔生产的 X86 系列（也就是 IA-32 架构）CPU 及其兼容 CPU，如 AMD、VIA 的。即使是现在新起的 X86-64（也被成 AMD 64）都是属于 CISC 的范畴。

要知道什么是指令集还要从当今的 X86 架构的 CPU 说起。X86 指令集是 Intel 为其第一块 16 位 CPU（i8086）专门开发的，IBM1981 年推出的世界第一台 PC 机中的 CPU-i8088（i8086 简化版）使用的也是 X86 指令，同时电脑中为提高浮点数据处理能力而增加了 X87 芯片，以后就将 X86 指令集和 X87 指令集统称为 X86 指令集。

虽然随着 CPU 技术的不断发展，Intel 陆续研制出更新型的 i80386、i80486 直到过去的 PII 至强、PIII 至强、Pentium 3，Pentium 4 系列，最后到今天的酷睿 2 系列、至强（不包括至强 Nocona），但为了保证电脑能继续运行以往开发的各类应用程序以保护和继承丰富的软件资源，所以 Intel 公司所生产的所有 CPU 仍然继续使用 X86 指令集，所以它的 CPU 仍属于 X86 系列。由于 Intel X86 系列及其兼容 CPU（如 AMD Athlon MP、）都使用 X86 指令集，所以就形成了今天庞大的 X86 系列及兼容 CPU 阵容。X86CPU 目前主要有 intel 的服务器 CPU 和 AMD 的服务器 CPU 两类。

2. RISC 指令集

RISC 是英文"Reduced Instruction Set Computing"的缩写，中文意思是"精简指令集"。它是在 CISC 指令系统基础上发展起来的，有人对 CISC 机进行测试表明，各种指令的使用频度相当悬殊，最常使用的是一些比较简单的指令，它们仅占指令总数的 20%，但在程序中出现的频度却占 80%。复杂的指令系统必然增加微处理器的复杂性，使处理器的研制时间长，成本高。并且复杂指令需要复杂的操作，必然会降低计算机的速度。基于上述原因，20 世纪 80 年代 RISC 型 CPU 诞生了，相对于 CISC 型 CPU，RISC 型 CPU 不仅精简了指令系统，还采用了一种叫做"超标量和超流水线结构"，大大增加了并行处理能力。RISC 指令集是高性能 CPU 的发展方向。它与传统的 CISC（复杂指令集）相对。相比而言，RISC 的指令格式统一，种类比较少，寻址方式也比复杂指令集少。当然处理速度就提高很多了。目前在中高档服务器中普遍采用这一指令系统的 CPU，特别是高档服务器全都采用 RISC 指令系统的 CPU。RISC 指令系统更加适合高档服务器的操作系统 UNIX，现在 Linux 也属于类似 UNIX 的操作系统。RISC 型 CPU 与 Intel 和 AMD 的 CPU 在软件和硬件上都不兼容。

目前，在中高档服务器中采用 RISC 指令的 CPU 主要有以下几类：PowerPC 处理器、SPARC 处理器、PA-RISC 处理器、MIPS 处理器、Alpha 处理器。

3.5.3　IA-64

EPIC(Explicitly Parallel Instruction Computers,精确并行指令计算机)是否是 RISC 和 CISC 体系的继承者的争论已经有很多,单以 EPIC 体系来说,它更像 Intel 的处理器迈向 RISC 体系的重要步骤。从理论上说,EPIC 体系设计的 CPU,在相同的主机配置下,处理 Windows 的应用软件比基于 Unix 下的应用软件要好得多。

Intel 采用 EPIC 技术的服务器 CPU 是安腾 Itanium(开发代号即 Merced)。它是 64 位处理器,也是 IA-64 系列中的第一款。微软也已开发了代号为 Windows 64 的操作系统,在软件上加以支持。在 Intel 采用了 X86 指令集之后,它又转而寻求更先进的 64-bit 微处理器,Intel 这样做的原因是,它们想摆脱容量巨大的 X86 架构,从而引入精力充沛而又功能强大的指令集,于是采用 EPIC 指令集的 IA-64 架构便诞生了。IA-64 在很多方面来说,都比 X86 有了长足的进步。突破了传统 IA32 架构的许多限制,在数据的处理能力,系统的稳定性、安全性、可用性、可观理性等方面获得了突破性的提高。

IA-64 微处理器最大的缺陷是它们缺乏与 X86 的兼容,而 Intel 为了 IA-64 处理器能够更好地运行两个朝代的软件,它在 IA-64 处理器上(Itanium、Itanium2⋯⋯)引入了 X86-to-IA-64 的解码器,这样就能够把 X86 指令翻译为 IA-64 指令。这个解码器并不是最有效率的解码器,也不是运行 X86 代码的最好途径(最好的途径是直接在 X86 处理器上运行 X86 代码),因此 Itanium 和 Itanium2 在运行 X86 应用程序时候的性能非常糟糕。这也成为 X86-64 产生的根本原因。

3.5.4　X86-64(AMD64/EM64T)

AMD 公司设计,可以在同一时间内处理 64 位的整数运算,并兼容于 X86-32 架构。其中支持 64 位逻辑定址,同时提供转换为 32 位定址选项;但数据操作指令默认为 32 位和 8 位,提供转换成 64 位和 16 位的选项;支持常规用途寄存器,如果是 32 位运算操作,就要将结果扩展成完整的 64 位。这样,指令中有"直接执行"和"转换执行"的区别,其指令字段是 8 位或 32 位,可以避免字段过长。

X86-64(也叫 AMD64)的产生也并非空穴来风,X86 处理器的 32 bit 寻址空间限制在4 GB 内存,而 IA-64 的处理器又不能兼容 X86。AMD 充分考虑顾客的需求,加强 X86 指令集的功能,使这套指令集可同时支持 64 位的运算模式,因此 AMD 把它们的结构称之为 X86-64。在技术上 AMD 在 X86-64 架构中为了进行 64 位运算,AMD 为其引入了新增了 R8-R15 通用寄存器作为原有 X86 处理器寄存器的扩充,但在而在 32 位环境下并不完全使用到这些寄存器。原来的寄存器诸如 EAX、EBX 也由 32 位扩张至 64 位。在 SSE 单元中新加入了 8 个新寄存器以提供对 SSE2 的支持。寄存器数量的增加将带来性能的提升。与此同时,为了同时支持 32 和 64 位代码及寄存器,X86-64 架构允许处理器工作在以下两种模式:Long Mode(长模式)和 Legacy Mode(遗传模式),Long 模式又分为两种子模式(64bit 模式和 Compatibility mode 兼容模式)。该标准已经被引进在 AMD 服务器处理器中的 Opteron 处理器。

而今年也推出了支持 64 位的 EM64T 技术,再还没被正式命名为 EM64T 之前是 IA32E,这是英特尔 64 位扩展技术的名字,用来区别 X86 指令集。Intel 的 EM64T 支持 64 位 sub-mode,和 AMD 的 X86-64 技术类似,采用 64 位的线性平面寻址,加入 8 个新的通用寄存器(GPRs),还增加 8 个寄存器支持 SSE 指令。与 AMD 相类似,Intel 的 64 位技术将兼容 IA32 和 IA32E,只有在运行 64 位操作系统下的时候,才将会采用 IA32E。IA32E 将由 2 个 sub-mode 组成:64 位 sub-mode 和 32 位 sub-mode,同 AMD 64 一样是向下兼容的。Intel 的 EM64T 将完全兼容 AMD 的 X86-64 技术。现在 Nocona 处理器已经加入了一些 64 位技术,Intel 的 Pentium 4E 处理器也支持 64 位技术。

应该说,这两者都是兼容 X86 指令集的 64 位微处理器架构,但 EM64T 与 AMD 64 还是有一些不一样的地方,AMD 64 处理器中的 NX 位在 Intel 的处理器中将没有提供。

3.5.5　超流水线与超标量

在解释超流水线与超标量前,先了解流水线(Pipeline)。流水线是 Intel 首次在 486 芯片中开始使用的。流水线的工作方式就像工业生产上的装配流水线。在 CPU 中由 5～6 个不同功能的电路单元组成一条指令处理流水线,然后将一条 X86 指令分成 5～6 步后再由这些电路单元分别执行,这样就能实现在一个 CPU 时钟周期完成一条指令,因此提高 CPU 的运算速度。经典奔腾每条整数流水线都分为四级流水,即指令预取、译码、执行、写回结果,浮点流水又分为八级流水。

超标量是通过内置多条流水线来同时执行多个处理器,其实质是以空间换取时间。而超流水线是通过细化流水、提高主频,使得在一个机器周期内完成一个甚至多个操作,其实质是以时间换取空间。例如 Pentium 4 的流水线就长达 20 级。将流水线设计的步(级)越长,其完成一条指令的速度越快,因此才能适应工作主频更高的 CPU。但是流水线过长也带来了一定副作用,很可能会出现主频较高的 CPU 实际运算速度较低的现象,Intel 的奔腾 4 就出现了这种情况,虽然它的主频可以高达 1.4 G 以上,但其运算性能却远远比不上 AMD 1.2 G 的速龙甚至奔腾Ⅲ。

3.5.6　封装形式

CPU 封装是采用特定的材料将 CPU 芯片或 CPU 模块固化在其中以防损坏的保护措施,一般必须在封装后 CPU 才能交付用户使用。CPU 的封装方式取决于 CPU 安装形式和器件集成设计,从大的分类来看通常采用 Socket 插座进行安装的 CPU 使用 PGA(栅格阵列)方式封装,而采用 Slot x 槽安装的 CPU 则全部采用 SEC(单边接插盒)的形式封装。现在还有PLGA(Plastic Land Grid Array)、OLGA(Organic Land Grid Array)等封装技术。由于市场竞争日益激烈,目前 CPU 封装技术的发展方向以节约成本为主。

3.5.7　多线程

同时多线程 Simultaneous Multithreading,简称 SMT。SMT 可通过复制处理器上的结构状态,让同一个处理器上的多个线程同步执行并共享处理器的执行资源,可最大限度地实现宽发射、乱序的超标量处理,提高处理器运算部件的利用率,缓和由于数据相关或 Cache 未命中带来的访问内存延时。当没有多个线程可用时,SMT 处理器几乎和传统的宽发射超标量处理器一样。SMT 最具吸引力的是只需小规模改变处理器核心的设计,几乎不用增加额外的成本就可以显著地提升效能。多线程技术则可以为高速的运算核心准备更多的待处理数据,减少运算核心的闲置时间。这对于桌面低端系统来说无疑十分具有吸引力。Intel 从 3.06 GHz Pentium 4 开始,所有处理器都将支持 SMT 技术。

3.5.8　多核心

多核心,也指单芯片多处理器(Chip Multiprocessors,简称 CMP)。CMP 是由美国斯坦福大学提出的,其思想是将大规模并行处理器中的 SMP(对称多处理器)集成到同一芯片内,各个处理器并行执行不同的进程。与 CMP 比较,SMT 处理器结构的灵活性比较突出。但是,当半导体工艺进入 0.18 微米以后,线延时已经超过了门延迟,要求微处理器的设计通过划分许多规模更小、局部性更好的基本单元结构来进行。相比之下,由于 CMP 结构已经被划分成多个处理器核来设计,每个核都比较简单,有利于优化设计,因此更有发展前途。目前,IBM 的 Power 4 芯片和 Sun 的 MAJC 5200 芯片都采用了 CMP 结构。多核处理器可以在处理器内部共享缓存,提高缓存利用率,同时简化多处理器系统设计的复杂度。Intel 和 AMD 的新型处理器也将融入 CMP 结构。新安腾处理器开发代码为 Montecito,采用双核心设计,拥有最少 18 MB 片内缓存,采取 90 nm 工艺制造,它的设计绝对称得上是对当今芯片业的挑战。它的每个单独的核心都拥有独立的 L1,L2 和 L3 cache,包含大约 10 亿支晶体管。

3.5.9　SMP

SMP(Symmetric Multi-Processing,对称多处理结构的简称),是指在一个计算机上汇集了一组处理器(多 CPU),各 CPU 之间共享内存子系统以及总线结构。在这种技术的支持下,一个服务器系统可以同时运行多个处理器,并共享内存和其他的主机资源。像双至强,也就是所说的二路,这是在对称处理器系统中最常见的一种(至强 MP 可以支持到四路,AMD Opteron 可以支持1~8 路)。也有少数是 16 路的。但是一般来讲,SMP 结构的机器可扩展性较差,很难做到 100 个以上多处理器,常规的一般是 8 个到 16 个,不过这对于多数的用户来说已经够用了。在高性能服务器和工作站级主板架构中最为常见,像 UNIX 服务器可支持最多 256 个 CPU 的系统。

构建一套 SMP 系统的必要条件是:支持 SMP 的硬件包括主板和 CPU;支持 SMP 的系统平台,再就是支持 SMP 的应用软件。为了能够使得 SMP 系统发挥高效的性能,操作系统必须支持 SMP 系统,如 WINNT、LINUX 以及 UNIX 等等 32 位操作系统。即能够进行多任务和多线程处理。多任务是指操作系统能够在同一时间让不同的 CPU 完成不同的任务;多线程是指操作系统能够使得不同的 CPU 并行的完成同一个任务。

要组建 SMP 系统,对所选的 CPU 有很高的要求,首先、CPU 内部必须内置 APIC(Advanced Programmable Interrupt Controllers)单元。Intel 多处理规范的核心就是高级可编程中断控制器(Advanced Programmable Interrupt Controllers-APICs)的使用;再次,相同的产品型号,同样类型的 CPU 核心,完全相同的运行频率;最后,尽可能保持相同的产品序列编号,因为两个生产批次的 CPU 作为双处理器运行的时候,有可能会发生一颗 CPU 负担过高,而另一颗负担很少的情况,无法发挥最大性能,更糟糕的是可能导致死机。

3.5.10　NUMA 技术

NUMA 即非一致访问分布共享存储技术,它是由若干通过高速专用网络连接起来的独立节点构成的系统,各个节点可以是单个的 CPU 或是 SMP 系统。在 NUMA 中,Cache 的一致性有多种解决方案,需要操作系统和特殊软件的支持。现以 Sequent 公司 NUMA 系统为例。这里有 3 个 SMP 模块用高速专用网络联起来,组成一个节点,每个节点可以有 12 个 CPU。像 Sequent 的系统最多可以达到 64 个 CPU 甚至 256 个 CPU。显然,这是在 SMP 的基础上,再用 NUMA 的技术加以扩展,是这两种技术的结合。

3.5.11　乱序执行技术

乱序执行(out-of-orderexecution),是指 CPU 允许将多条指令不按程序规定的顺序分开发送给各相应电路单元处理的技术。这样将根据个电路单元的状态和各指令能否提前执行的具体情况分析后,将能提前执行的指令立即发送给相应电路单元执行,在这期间不按规定顺序执行指令,然后由重新排列单元将各执行单元结果按指令顺序重新排列。采用乱序执行技术的目的是为了使 CPU 内部电路满负荷运转并相应提高了 CPU 的运行程序的速度。分枝技术:(branch)指令进行运算时需要等待结果,一般无条件分枝只需要按指令顺序执行,而条件分枝必须根据处理后的结果,再决定是否按原先顺序进行。

3.5.12　CPU 内部的内存控制器

许多应用程序拥有更为复杂的读取模式(几乎是随机地,特别是当 cache hit 不可预测的时候),并且没有有效地利用带宽。典型的这类应用程序就是业务处理软件,即使拥有如乱序执行(out of order execution)这样的 CPU 特性,也会受内存延迟的限制。这样 CPU 必须得等到运算所需数据被除数装载完成才能执行指令(无论这些数据来自 CPU cache 还是主内存系统)。当前低段系统的内存延迟大约是 120~150 ns,而 CPU 速度则达到了 3 GHz 以上,一次单独的内存请求可能会浪费 200~300 次 CPU 循环。即使在缓存命中率(cache hit rate)达到 99% 的情况下,CPU 也可能会花 50% 的时间来等待内存请求的结束—比如因为内存延迟的缘故。

你可以看到 Opteron 整合的内存控制器,它的延迟,与芯片组支持双通道 DDR 内存控制器的延迟相比来说,是要低很多的。英特尔也按照计划的那样在处理器内部整合内存控制器,这样导致北桥芯片将变得不那么重要。但改变了处理器访问主存的方式,有助于提高带宽、降低内存延时和提升处理器性

制造工艺:现在 CPU 的制造工艺是 45 纳米,新近上市最新的 I5I 可以达到 32 纳米,在将来的 CPU 制造工艺可以达到 24 纳米。

3.6　CPU 的散热系统

根据 CPU 用散热器的工作原理不同可分为:风冷式、水冷式、半导体制冷、液态氮制冷

等,最常用的散热器采用风冷式和热管散热式。

(1) 水冷式。比较危险,一旦设备漏水,后果不堪设想。

(2) 半导体制冷。功耗大,如使用不当,会适得其反,且冷、热温差形成的凝露,会造成设备短路。

(3) 液态氮制冷。是发烧友级产品,成本最高,效果最好。

3.6.1 风冷散热器的外部结构

风冷散热器主要由散热块、风扇和扣具构成,如图 3-5 所示。其中,风扇的电源插头大多是两芯的,一红一黑,红色为+12 V,黑色为地线。有些风扇电源插头是 3 芯的,是在原来两线基础上加入了一条蓝线(或白线),主要用于侦测风扇的转速。

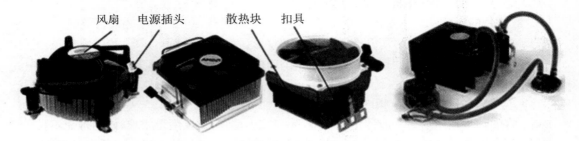

图 3-5　不同类型的风扇

3.6.2 热管散热器的外部结构

热管散热器分为无风扇被动式和有风扇主动式散热器两种,其结构如图 3-6 所示。

图 3-6　热管散热器

3.6.3 风扇的主要参数

1. 风扇功率

风扇功率是影响风扇散热效果的一个重要条件,一般情况下,功耗越大,风扇的风力越强劲，散热效果越好。

风扇的功率＝12 V×电流。

2. 风扇转速

转速的大小直接影响到风扇功率的大小。风扇的转速越高，它向 CPU 输送的风量就越大，冷却效果越好。

选择 CPU 风扇时，应根据 CPU 的发热量决定，最好选择转速在 3500～5200 r/min 之间的风扇。

3. 风扇口径

在允许的范围内，风扇口径越大出风量也就越大，风力作用面也就越大。

4. 散热片材料

（1）散热片的作用。是扩展 CPU 表面积，从而提高 CPU 的热量散发速度。

（2）导热性能较好的材料。黄金、银、铜、铝。

5. 散热片的形状

（1）普通的散热片。是多了几个叶片的"韭"字形。

（2）高档的散热片。使用铝模经过车床车削而成，车削后的形状呈多个齿状柱体。

6. 风扇噪声

功率越大，转速也就越快，噪声也越大。

（1）含油轴承式风扇。一般低价的风扇，噪声较小，散热效果满足要求，使用寿命不长。

（2）滚珠轴承式风扇。在中、高档产品使用，更好的散热效果，噪声稍大，价格略高。

3.7 笔 记 本 CPU

3.7.1 迅驰简介

英文缩写：Centrino，中文译名：英特尔迅驰移动计算技术

2003 年，Intel 正式宣布推出无线移动计算技术的品牌：Intel Centrino Mobile Technology 迅驰移动计算技术.Centrino 代表了英特尔为笔记本电脑提供的最佳技术，基于全新的移动处理器微架结构和无线连接功能，并在电池寿命，轻薄外形和移动性能方面具有增强特性。

Centrino 的名字由来于 Center（中央）和 Neutrino（微中子）的结合，代表一种微小，快速，且功能强大的装置。

迅驰是移动计算技术是英特尔公司针对手提电脑提出的无线移动计算技术解决方案，它包括：

（1）一个 Intel 的移动处理器。

（2）Intel 的配套芯片组 852 PM/GM，855 PM/GM（Carmel），910 PM/GM，915 PM/GM（Sonoma），940 PM/GM，945 PM/GM（Napa），960 PM/GM，965 PM/GM（Santa Rosa），PM/GM40，PM/GM45（Montevina）。

（3）Intel 的 802.11（Wi-Fi）无线联网网卡。

（4）英特尔迅盘（可选）。

3.7.2　迅驰移动计算技术

迅驰的概念:英特尔迅驰移动计算技术是英特尔最出色的笔记本电脑技术。它不仅仅是一枚处理器,同时还具备集成的无线局域网能力,卓越的移动计算性能,并在便于携带的轻、薄笔记本电脑外形中提供了耐久的电池使用时间。这些组件包括英特尔奔腾 M 处理器,移动式英特尔 915 高速芯片组家族或英特尔 855 芯片组家族,英特尔 PRO/无线网卡家族等。

3.7.3　主要特点

1. 集成无线局域网能力

凭借英特尔迅驰移动计算技术的集成无线局域网能力,无需使用线缆、板卡和天线。借助英特尔迅驰移动计算技术的 Wi-Fi 认证技术,可以通过无线互联网和网络连接访问信息和进行现场交流。遍布全球的许多公共 Wi-Fi 网络(称为"无线热点")都可以提供这种连接能力。此外,英特尔迅驰移动计算技术设计用于支持广泛的工业无线局域网(WLAN)安全标准和领先的第三方安全解决方案(如思科兼容性扩展),因此可以确定数据已经得到最新的无线安全标准的保护。此外,英特尔还将与思科等厂商合作,共同为领先的第三方安全解决方案提供支持。

2. 卓越的移动计算性能

面对现在的多任务处理移动计算生活,在远离家庭或办公室的时候,同样希望获得出色的移动计算性能。鉴于移动计算应用变得越来越复杂,并且要求速度更快、效率更高的计算性能,英特尔迅驰移动计算技术经过专门设计,旨在以更低能耗提供更快的指令执行速度,进而全面满足新兴和未来应用的需求。英特尔迅驰移动计算技术中支持出色移动计算性能的一些主要特性包括:微操作融合,能够将操作合并,从而减少执行指令所需要的时间和能量。节能型二级高速缓存和增强的数据预取能力可减少片外内存访问次数,并提高二级高速缓存内有效数据的可用性。先进的指令预测能力将分析过去的行为并预测将来可能需要哪些操作,从而消除 CPU 重复处理。专用堆栈管理器能够通过执行普通的"管家"职能来改进处理效率。

3. 支持耐久的电池使用时间

英特尔迅驰移动计算技术可提供出色的移动计算性能,同时借助下列节能技术支持耐久的电池使用时间,智能电力分配技术可将系统电源分配给处理器需求最高的应用。全新的节能晶体管技术可以优化能量的使用和消耗,以便降低 CPU 的能耗。增强的英特尔 SpeedStep 技术支持可以动态增强应用性能和电力利用率。

4. 种类繁多的笔记本电脑设计

英特尔迅驰移动计算技术能支持从轻薄型到全尺寸型等最新的笔记本电脑设计。为了将高性能处理器集成到最新的纤巧和超纤巧的笔记本电脑、平板电脑及其它领先的电脑设计中,英特尔迅驰移动计算技术使用 Micro FCPGA(倒装针栅格阵列)和 FCBGA(倒装球栅格阵列)技术,来支持专门为更薄、更轻的笔记本电脑设计而优化的封装处理器芯片。全新笔记本电脑更小巧的外形设计需要专门考虑降低能耗,以控制散热量。为了满足这一要求,英特尔迅驰移动计算技术采用低压(LV)和超低压(ULV)技术,支持处理器以更低的电压运行,从而降低平板和超纤巧设计笔记本电脑的散热量。

　　2003 年 1 月 9 日,英特尔正式宣布即将推出的无线移动计算技术的品牌名称:迅驰移动计算技术。

　　2003 年 3 月,一代平台代号 Carmel。

　　2005 年 1 月,二代平台代号 sonoma。

　　2006 年 1 月,三代平台代号 napa。

　　2006 年 8 月,三代平台组件 Napa Refresh。

　　2007 年 5 月,四代平台代号 Santa Rosa。

　　2007 年 12 月,四代平台组件 Santa Rosa Refresh。

　　2008 年 7 月迅驰 2(有人称迅驰 5)Montevina。

　　2009 年,迅驰 3(Centrino 3,可以认为是第 6 代迅驰),代号 Calpella。

3.7.4　多核 AMD 平台笔记本

　　纵观目前笔记本市场上玲琅满目的机型,Intel 平台依然拥有绝大部分的份额。确实,AMD 处理器以超高的性价比以及超强的可玩性俘获了不少电脑发烧友的心,然而 AMD 平台的高发热量一直令许多消费者有所顾忌。随着 AMD 自身发展战略的调整,在发布了多款采用更小纳米工艺的三核甚至四核处理器后,在降低功耗提升性能的同时,平台化的概念逐渐显现,越来越多的被应用到笔记本当中。如图 3-7 所示。

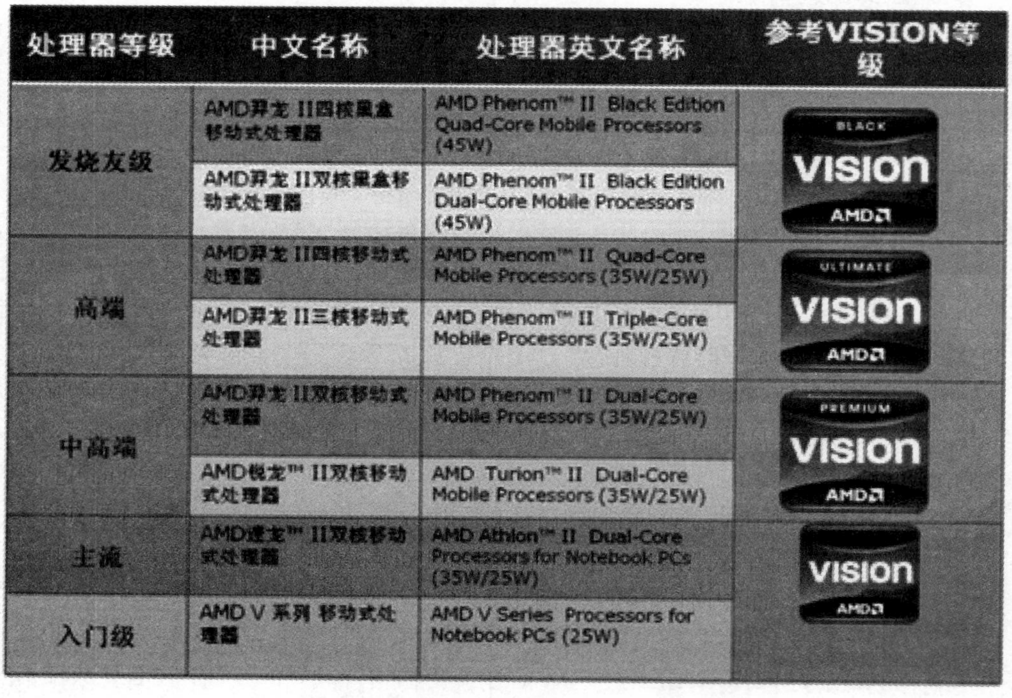

处理器等级	中文名称	处理器英文名称	参考VISION等级
发烧友级	AMD羿龙 II四核黑盒移动式处理器	AMD Phenom™ II Black Edition Quad-Core Mobile Processors (45W)	BLACK VISION AMD
	AMD羿龙 II双核黑盒移动式处理器	AMD Phenom™ II Black Edition Dual-Core Mobile Processors (45W)	
高端	AMD羿龙 II四核移动式处理器	AMD Phenom™ II Quad-Core Mobile Processors (35W/25W)	ULTIMATE VISION AMD
	AMD羿龙 II三核移动式处理器	AMD Phenom™ II Triple-Core Mobile Processors (35W/25W)	
中高端	AMD羿龙 II双核移动式处理器	AMD Phenom™ II Dual-Core Mobile Processors (35W/25W)	PREMIUM VISION AMD
	AMD悦龙™ II双核移动式处理器	AMD Turion™ II Dual-Core Mobile Processors (35W/25W)	
主流	AMD速龙™ II双核移动式处理器	AMD Athlon™ II Dual-Core Processors for Notebook PCs (35W/25W)	VISION AMD
入门级	AMD V 系列 移动式处理器	AMD V Series Processors for Notebook PCs (25W)	

图 3-7　最新 AMD 多核主流笔记本平台处理器

　　AMD 继收购 ATI 以来,给用户带来了全新的 VISION 视觉平台,同时掌握 CPU 与 GPU 两大电脑部件核心技术的 AMD 能够使处理器与显卡之间更好的磨合,在游戏性能和高清硬解方面相比 Intel 平台占有优势。

　　VISION 视觉平台分为 VISION、VISION Premium(豪华版)、VISION Ultimate(至尊版)以及 VISION Black (发烧友版)四个等级,它是 AMD 面向消费类 PC 的全新平台品牌,同样也是依托于 AMD 的 3A 组合(CPU+GPU+芯片组)平台优势,VISION 技术将带给你丰富而全面的计算、游戏和娱乐的全新应用体验,可以发挥出比普通平台更强的性能。它还将彻底改变传统 PC 的选购模式,通过淡化 PC 配置信息,强调消费者的应用需求,以整合平台解决方案为核心的方式使用户得到全新的体验。消费者可以根据自己的需求简单的选择适合自己的平台即可,简单明了的设计理念使用户不必费尽周折的去了解笔记本各个部件的性能。

思考与练习

　　1. 简述 CPU 各种封装结构的特点。

　　2. 简述 Intel CPU 的发展历程。

　　3. 简述 Pentium 4 处理器具有逻辑部件的功能与作用。

　　4. AMD Athlon XP 处理器具有哪些特点?

　　5. 请用 AMD 官方公式换算出 Barton 核心、总线频率为 400MHz 的 Athlon XP 3200+的实际频率。

　　6. 简述 CPU 的基本结构和工作原理。

　　7. 根据对指令类型的分析和特殊工作状态的需要,CPU 设置了哪六种工作周期?

　　8. 简述超标量流水线技术、乱序执行和分支预测在 CPU 数据处理上所起的作用。

　　9. 简述 CPU 的制作流程。

　　10. CPU 的封装方式有哪几种?

　　11. CPU 风扇分哪几类?

　　12. CPU 风扇有哪些参数性能?

　　13. 简述笔记本电脑 CPU 的主要特点。

第 4 章 内　　存

　　系统内部存储器简称为内存,是一组或多组具有数据输入、输出和数据存储功能的集成电路,是 CPU 能够直接访问的存储器,又称为主存储器、主存。它负责存储当前运行的程序指令和数据,并通过高速的系统总线,直接供 CPU 进行处理,因此必须是由高速集成电路存储器组成。CPU、外围芯片组、内存和总线接口这些最基本的部分组成计算机的主机,而内存的容量、速度和可靠性等指标都直接关系到系统的性能。

　　在计算机开始工作时,首先从外部存储器将指定的文件(程序指令和数据)装入内存,然后 CPU 非常频繁地直接访问内存,执行程序指令,进行数据运算和系统控制等操作,完成特定的任务,并将最终的结果以文件的形式再保存到外存上。

4.1　内存的分类

4.1.1　按内存的工作原理分类

　　从内存的工作原理角度分为只读存储器(ROM,Read Only Memory)和随机存取存储器(RAM,Random Access Memory)。

1. 只读存储器 ROM

　　ROM(Read Only Memory)即只读存储器。它的特点是只能读不能写,即它存储的内容不会被改写,并且关机后也不会丢失。因此 ROM 被用来存放开机就要执行的 BIOS 程序。

　　BIOS(Basic Input Output System)即基本输入输出系统,它是微机系统的最基础程序,它"固化"在主板上的 ROM 芯片中,加电开机后首先执行 BIOS,并引导系统进入正常工作状态。所谓"固化"是说 BIOS 程序是以物理的方式保存在 ROM 芯片中的,即使关机也不会丢失,所以也叫做 ROM BIOS。

　　(1)可编程只读存储器(PROM)。PROM(Programmable ROM)即可编程 ROM。它允许用户根据自己的需要,利用专门的写 ROM 设备写入内容,但只允许写一次,使用起来仍不方便。

　　(2)可擦除可编程只读存储器(EPROM)。EPROM(Erasable Programmable ROM)即可擦除可编程 ROM。它允许用户根据自己的需要,利用专门的 EPROM 写入器改写其内容,可以多次改写,更新程序比较方便。因此在早期的 PC 机中都使用 EPROM 作为 BIOS 程序的存储器。

　　EPROM 的外形见图 4-1,芯片中央有一个窗口,程序就是通过它来写入的,程序写入完毕要用不透明的标签贴住,如果揭掉标签,用紫外线照射 EPROM 的窗口,EPROM 中的内容就会丢失。

　　(3)电可擦除可编程只读存储器(EEPROM)。EEPROM(Electrical EPROM)即电可擦除可编程 ROM。外形如图 4-1 所示,目前的主板都使用 EEPROM 保存 BIOS。EEPROM 存储器也叫做闪速存储器(Flash ROM),简称为闪存 BIOS。闪存的特点是程序改写、升级方便,只需在机器正常运行的情况下,使用专门的应用程序,将来自厂家的最新版本的 BIOS 写入闪存即可。闪存 ROM 的擦除条件是加上 12 V 电压,这可以在主板上用跳线设置成高电压的擦除写入状态。因此目前主板的 BIOS 升级是容易而及时的,由此主板可以充分发挥最佳效能。

EPROM BIOS　　　　　　　　　　　　EEPROM (Flash ROM) BIOS

图 4-1　EPROM BIOS 和 EEPROM BIOS

闪存 BIOS 也有致命弱点,它很容易被 CIH 类的病毒改写破坏,致使主板瘫痪。为此,在主板上采取了硬件跳线禁止写闪存 BIOS、软件 COMS 设置禁止写闪存 BIOS 和双 BIOS 闪存芯片等保护性措施。

(4) 闪速只读存储器(Flash Memory)。Flash Memory 闪速存储器是近几年才出现的一种 EEPROM 存储器的新型替代产品,属于 EEPROM 类型,是一种快擦写不挥发存储器,可以在线进行擦除和重写。Flash Memory 既有 ROM 的特点,又有很高的存取速度,而且易于擦除和重写,功耗很小。由于 Flash Memory 的独特优点,586 计算机及其以后的主板上均采用 Flash ROM BIOS,使得 BIOS 升级非常方便。

2. 随机存取存储器(RAM)

RAM(Random Access Memory)即随机读写存储器。内存主要由 RAM 存储器芯片构成,按芯片类型和在系统中作用的差别,RAM 又可分为 DRAM、CMOS RAM、SRAM 和 VRAM 等多种。

(1) 静态 RAM(SRAM)。SRAM(Static RAM)即静态 RAM。SRAM 是由静态 MOS 管构成,它的体积大、集成度比 DRAM 低、容量小(单片为 512 Kbits 到 512 KB),但价格较高。但是它的速度远高于 DRAM,通常为 15 ns(毫微秒)到几个 ns,因此它被用来构成主板的系统高速缓冲存储器(Cache),以解决低速主存与高速 CPU 不匹配的瓶颈问题。

(2) 动态 RAM(DRAM)。DRAM(Dynamic RAM)即动态 RAM,就是通常所说的内存条,它是针对静态 RAM(SRAM)来说的。SRAM 中储存的数据,只要不断电就不会丢失,也不需要进行刷新;而 DRAM 中的数据是需要不断的刷新的。因为它的集成度高(单片容量可达 64 M 位)、价格便宜且可读可写,因此系统内存的主要容量空间是由 DRAM 构成的。

DRAM 芯片的容量大存储单元多,地址线的位数多。为了减少芯片的引脚,就把每个存储单元的地址分为行地址和列地址两部分表示。在对每个存储单元进行读写操作时,地址要分两次输入,首先是行地址,然后是列地址,这显然降低了对存储芯片的访问速度。另外 DRAM 芯片的存储单元是一个电容性电路,系统要定时对存储数据进行额外的刷新,因此,DRAM 芯片的存取速度低,一般为 70 ns(毫微秒)或 60 ns,比 CPU 低许多。

DRAM 芯片的访问方式决定着它的存取速度,按照访问方式 DRAM 可以分为如下几种:

◆ FPM(Fast Page Mode)DRAM 即快速页方式。FPM 的芯片速度可达 70 ns,常用于 486 和 586 主板。

◆ EDO(Extended Data Output)DRAM 即可扩展数据输出方式。EDO 的芯片速度可达 60 ns,常用于 586 和早期 Pentium II 主板。

◆ SDRAM(Synchronous DRAM)即同步 DRAM,所谓"同步"是指这种存储器能与系统总线时钟同步工作。SDRAM 存储器按系统总线(FSB)的时钟分为 66 MHz、100 MHz 和 133 MHz 等多种,后者分别标记为 PC100 和 PC133。SDRAM 芯片的读写速度可达 10 ns,甚至 7 ns,用于 Pentium Ⅱ 以上的主板。

◆ RDRAM(Rambus DRAM)是一种高性能的新型 SDRAM 存储器。它通过一个新型的高速 RamBus 总线传输数据,可以支持 300 MHz 总线时钟,又由于是在时钟信号的上升和下降沿均工作,实际上相当于工作在 600 MHz 上。最新的奔腾四主板以双通道的 4 个 RIMM 插槽支持 RDRAM 内存。

◆ DDR(Double Data Rate)即双数据率 DRAM,它也是一种新型的高速 SDRAM 存储器。它在时钟脉冲的上升和下降沿都进行操作,理论上也是目前 SDRAM 速度的两倍。

(3) VRAM。VRAM(Video RAM)即视频 RAM,是一种专为视频图像处理设计的 RAM,通常安装在显示卡或图形加速卡上,与 DRAM 芯片不同。VRAM 采用双端口设计,这种设计允许同时从处理器向视频存储器和 RAMDAC(数字-模拟转换器)传输数据。VRAM 在外形上与早期 DIP 封装的 DRAM 一样,但它们在性能、用途上是不一样的。

(4) CMOS RAM。CMOS RAM(Complementary Metal Oxide Semiconductor RAM)即互补型金属氧化物半导体 RAM 存储器。由于该类存储器耗电极低,开机时由 PC 电源给 CMOS 芯片供电,关机后即可切换到主板上的小电池供电,使之不丢失存储信息。因此主板上的 CMOS RAM 芯片用于存储不允许丢失但用户可改写的系统 BIOS 硬件配置信息,如软盘驱动器类型、硬盘驱动器类型、显示模式、内存大小和系统工作状态参数等。每当硬件配置改变时,比如更换了硬盘、内存条等,用户必须在开机时按【Del】键,首先运行 BIOS Setup 程序(也叫 CMOS Setup 程序)对相关信息进行修改。每次开机启动时,BIOS 程序都要访问 CMOS 存储芯片,以便正确检测和配置硬件。

CMOS 的电池有 3.6 V 的可充电电池和 3.3 V 的普通 CR2032 钮扣电池等。CMOS RAM 芯片和电池如图 4-2 所示。有些主板的可充电 CMOS 电池做在了 CMOS 元件内部。有些 CMOS 电路也集成到了南桥芯片组内。

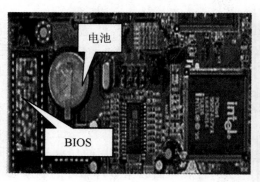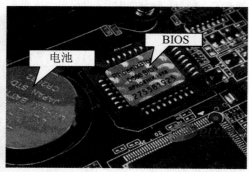

图 4-2　BIOS 芯片和电池

4.1.2　按内存的功能分类

1. 主存储器

主存储器是用来存放程序和数据的 RAM。由于主存储器的容量较大,为了降低费用,减小体积,所以主存储器常采用 DRAM,也就是常说的内存。

2. 高速缓冲存储器(Cache)

Cache,即高速缓冲存储器,是一种位于 CPU 和内存之间,规模较小,但速度很快的缓冲存储器。通常由静态随机存储器 SRAM 组成。Cache 是 386 以上主板必备的存储器,Cache 存储器系统由一组 SRAM 静态存储器芯片和 Cache 存储器控制电路组成。Cache 存储器芯片由 Data Cache 和 TAG Cache 两部分组成。Data Cache 称为数据 Cache,用于存放数据和指令码,字长为 8 位二进制位;TAG Cache 称为标签 Cache(也称目标 Cache),用于存放 Cache 地址标志,字长为 1 位二进制位。

当前使用的计算机中,在 CPU 内部一般包含了两级 Cache 即一级缓存(L1 Cache)和二级缓存(L2 Cache),80486 以及更高档微处理器的一个显著特点是处理器芯片内集成了 Cache,由于这些 Cache 装在芯片内,因此称为片内 Cache。片内 Cache 容量虽然不大,但是非常灵活方便,极大地提高了微处理器的性能,片内 Cache 也称为 L1 Cache,容量通常为 16 KB～128 KB。

由于 486、586 等高档处理器的时钟频率很高,一旦出现 L1 Cache 未命中的情况,性能将明显恶化,在这种情况下采用的办法是在处理器芯片之外再加一级 Cache,称为 L2 Cache。L2 Cache实际上是 CPU 和主存储器之间的真正缓冲。由于系统板上的响应时间远低于 CPU 的速度,如果没有 L2 Cache 就不可能达到 486、586 等高档处理器的理想速度。L2 Cache 的容量通常应比 L1 Cache 大一个数量级以上,在系统设置中,常要求用户确定 L2 Cache 是否安装及其大小等。L2 Cache 的大小一般为 512 KB～2 MB 之间。所谓高速缓存或外部高速缓存,通常就是指 L2 Cache。

在 586 以上档次的微机中,普遍采用 256 KB 或 512 KB 的同步 Cache。所谓同步是指 Cache 和 CPU 采用了相同的时钟周期,以相同的速度同步工作。相对于异步 Cache,同步 Cache 的性能可提高 30% 以上。

在开机时进入 CMOS Setup 的高级设置表,会看到有"Internal Cache"和"External Cache"两个设置项,其中前一项的内部 Cache 指的是 486 或 Pentium CPU 内建的 Cache,常称为"Level1 Cache"或"L1 Cache",而后一项的外部 Cache 指的是 CPU 外部的主板上的 Cache,常称为"Level2 Cache"或"L2 Cache"。

由于 Cache 存取的速度比内存速度快得多,因此使用两级 Cache 后,主机对内存的访问速度得到大幅度地提高。高速缓存技术也用于图形加速卡、硬盘、光驱、扫描仪和数码相机等高速设备。

3. 影射存储器(Shadow RAM)

ROM 的读取速度都比较慢,为了提高 BIOS 读取速度,ROM BIOS 本身提供了将自身程序代码复制到 RAM 上执行的功能,这叫做映象,即 Shadow RAM,可在 CMOS Setup 中加以设置。

Shadow RAM 也称为影子内存,它是为了提高系统效率而采用的一种专用技术。Shadow RAM 所使用的物理芯片仍然是 CMOS BIOS(动态随机存取存储器)芯片,Shadow RAM 占据了系统主存储器的一部分地址空间,其编址范围为 C0000-FFFFF,即为 1 MB 主存储器中的 768 KB 至 1024 KB 区域。这个区域通常也称为内存保留区,用户程序不能直接访问。

Shadow RAM 的功能是用来存放各种 ROM BIOS 的内容,或者说 Shadow RAM 中的内容是 ROM BIOS 的拷贝,因此也把它称为 ROM Shadow(Shadow RAM 的内容是 ROM BIOS

的影子）。

在机器加电时,将自动地把系统 BIOS、显示 BIOS 及其他适配器的 BIOS 装载到 Shadow RAM 的指定区域中,由于 Shadow RAM 的物理编址与对应的 ROM 相同,所以当需要访问 BIOS 时,只需访问 Shadow RAM 即可,而不必再访问 ROM。

通常访问 ROM 的时间在 200 ns 左右,而访问 DRAM 的时间小于 100 ns(最新的 DRAM 芯片访问时间为 60 ns 左右或者更小),在系统运行的过程中,读取 BIOS 中的数据或调用 BIOS 中的程序模块是相当频繁的。很显然,采用了 Shadow 技术后,将大大提高系统的工作效率。

在 1 MB 主存储器地址空间中,640 KB 以下的区域是常规内存,640 KB 至 768 KB 区域保留为显示缓冲区,768 KB 至 1024 KB 区域即为 Shadow RAM 区。在系统设置中,又把这个区域按 16 KB 大小的尺寸分为块,由用户设定是否允许使用。

C0000-C7FFF 这两个 16 KB 块(共 32 KB),通常用作显示卡的 ROM BIOS 的 Shadow 区。C8000-EFFFF 这 10 个 16 KB 块可作为其他适配器的 ROM BIOS 的 Shadow 区。F0000-FFFFF 共 64 KB,规定由系统 ROM BIOS 使用。

需要说明的是,只有当系统配置有 640 KB 以上的内存时才有可能使用 Shadow RAM。在系统内存大于 640 KB 时,用户可在 CMOS 设置中按照 ROM Shadow 分块提示,把超过 640 KB 以上的内存分别设置为"允许"(Enabled)即可。

4.1.3　按内存的接口分类

早期 IBM-PC 机的主存储器都是固定安装在主板上,由许多存储芯片组成的,随着系统对内存容量需求越来越大,已无法在主板有限的空间上排列更多的内存芯片了,因此采用 ISA 总线扩展卡来解决,这就是老式微机的 ISA 内存扩展卡,通常为 384 KB,将内存扩充到 640 KB。ISA 总线的数据线是 16 位,速度慢。

从 386 微机开始,改为在主板上另外专门为 32 位数据总线设计了高速的内存总线和内存扩展插槽。内存的 DRAM 芯片做在称为"内存条"的印刷电路板上,再把内存条插入内存插槽即可连入系统。内存条是由印刷电路板和内存芯片构成,采用存储器芯片的多少由内存条的容量和芯片的数据位数决定。内存条插槽的一种叫做 SIMM(Single In line Memory Module)即单列直插存储器模块,分为 30 线(引脚,又俗称金手指)和 72 线两种标准。另一种叫做 DIMM(Double In line Memory Module)即双列直插存储器模块,为 168 线标准。

30 线的 SIMM 内存扩展插槽提供 8 位数据,必需四个一组(称为 Bank)使用才能提供 32 位数据宽度的主存,它常用于 386 或 486 主板,采用 FP 内存芯片,存取速度为 80 或 70 ns。

72 线的 SIMM 内存扩展插槽可提供 32 位数据,常用于 486 或 586 主板。在 486 机上 72 线内存条可以单条使用,存储芯片通常为 80 ns 的 FPM 内存。而在 586 机上,则应将完全一样的两个 72 线内存条同时使用构成一组(称为 Bank),才能与 Pentium CPU 的 64 位外部数据线相吻合,采用的内存芯片通常为 70 ns 的 FPM 或 60 ns 的 EDO 内存。

168 线的内存扩展可提供 64 位数据宽,因此 168 线内存条单条安装便可与 64 位的 Pentium CPU 外部数据总线相吻合。这类内存条的芯片分为单面安装和两面安装两种,16 M 和 64 M 条常做成单面式,8 M、32 M 和 128 M 条常做成两面式,采用的存储芯片为 10 ns 的 SDRAM(最初也有 EDO 的),常用于 Pentium MMX(多能奔腾)、Pentium Ⅱ 和 Pentium Ⅲ 主板。最初的 DIMM SDRAM 支持 66 MHz 系统总线,目前还有支持 100 MHz 和 133 MHz 高速系统总线的标有 PC100 和 PC133 标记的 SDRAM 内存条。各种内存条的外形结构如图 4-3 所示。

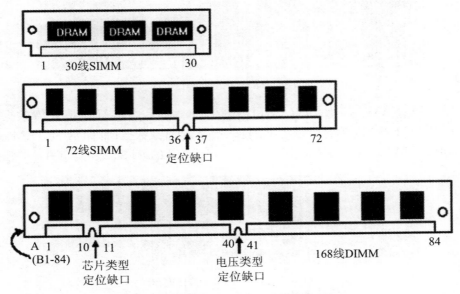

图 4-3 SIMM 和 DIMM 内存条的结构示意图

1. SIMM 接口类型

SIMM(Single In-line Memory Module,单列直插内存模块)。如图 4-4 所示。内存条通过金手指与主板连接,内存条正反两面都带有金手指。金手指可以在两面提供不同的信号,也可以提供相同的信号。SIMM 就是一种两侧金手指都提供相同信号的内存结构,它多用于早期的 FPM 和 EDO DRAM,最初一次只能传输 8 bit 数据,后来逐渐发展出 16 bit、32 bit 的 SIMM 模组。其中,8 bit 和 16 bit SIMM 使用 30 pin 接口,32 bit 的则使用 72pin 接口。在内存发展进入 SDRAM 时代后,SIMM 逐渐被 DIMM 技术取代。

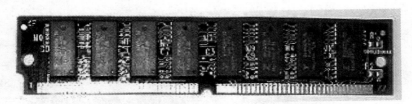

图 4-4 72 针 SIMM 接口内存

2. DIMM 接口类型

DIMM(Double In-Line Memory Module),即双边接触内存模块,这种类型接口内存的插板两边都有内存接口触片。现在计算机上广泛使用的 SDRAM、DDR SDRAM、RDRAM 都属于 DIMM 类型,这种接口模式的内存广泛应用于现在计算机中。

(1) SDRAM。目前流行的 SDRAM(Synchronous DRAM,同步动态随机存储器),是 PC100 和 PC133 规范所广泛使用的内存类型。单边通常为 84 个金属触角(或线),则双边一共有 84×2＝168 线,因此常把这种内存称为 168 线内存。刷新最高速度可达 5 ns,工作电压 3.3 V。而把 72 线的 SIMM 类型内存模块直接称为 72 线内存,DRAM 内存通常为 72 线,

EDO RAM 内存既有 72 线，也有 168 线的，而 SDRAM 内存通常为 168 线的，如图 4-5 所示。

图 4-5　168 针 DIMM 接口内存

（2）DDR SDRAM。DDR SDRAM（Double Data Rate SDRAM）是双倍数据传输率 SDRAM。SDRAM 只在时钟周期的上升沿传输指令、地址或数据；而 DDR SDRAM 在时钟周期的上下沿都传输数据，额定工作电压 2.5 V，与 SDRAM 的模块不兼容，如图 4-6 所示。

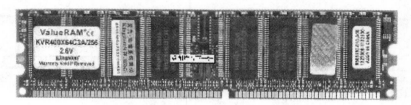

图 4-6　184 针 DIMM 接口内存

（3）RDRAM。RDRAM（Rambus DRAM）是 Rambus 公司开发出的具有系统宽带、芯片到芯片接口设计的新型 DRAM，引脚数为 184，使用 2.5 V 电压，引入 RISC（精简指令集）的技术，带宽为 1.6 GB/s。它通过上升、下降沿分别触发，使原有的 400 MHz 转变为 800 MHz。Rambus 要求 RIMM 槽中必须全部插满，空余的槽要用专用的 Rambus 终结器插满。

4.2　内存条的组成结构

内存条的组成主要有 PCB 板、内存接口（金手指）、内存芯片、内存颗粒位、电容电阻、内存固定缺口、内存脚缺口和 SPD 芯片组成。如图 4-7 所示。

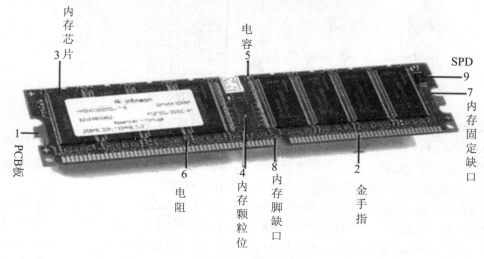

图 4-7　内存结构

图 4-7 中的标注分别对应的组成部分主要功能见表 4-1

表 4-1 内存组成部分说明

标注	部件名称	说明
1	PCB 板	多为绿色,4 层或 6 层的电路板,内部有金属布线,6 层设计要比 4 层的电气性能好,性能更稳定,名牌内存多采用 6 层设计。
2	金手指	金黄色的触点,与主板连接的部分,数据通过"金手指"传输。金手指是铜质导线,易氧化,要定期清理表面的氧化物。
3	内存芯片（内存颗粒）	是内存的灵魂所在,决定着内存的性能、速度、容量等,也叫内存颗粒。市场上内存种类很多,但内存颗粒的型号却并不多,常见的有 Hynix(海力士)、Infineon(英飞凌)、Samsung(三星)、Micron(美光)、Toshiba(东芝)等几种品牌。不同品牌的内存颗粒,速度、性能不尽相同。
4	内存颗粒位	预留的一片内存芯片位置,供其他采用这种封装模式的内存条使用。此处预留的是一个 ECC 校验模块位置。
5	电容	是 PCB 板上必不可少的电子元件之一。一般采用贴片式电容,可以提高内存条的稳定性,提高电气性能。
6	电阻	是 PCB 板上必不可少的电子元件之一,也采用贴片式设计。
7	内存固定缺口	内存插到主板上后,主板内存插槽的两个夹子便扣入该缺口,可以固定内存条。
8	内存脚缺口	防止反插,也可以区分以前的 SDRAM 内存条,以前的 SDRAM 内存有两个缺口,现在的 DDR 内存只有一个缺口
9	SPD	是一个八脚的小芯片,实际上是一个 EEPROM,可擦写存储器。有 256 字节的容量,每一位都代表特定的意思,包括内存的容量、组成结构、性能参数和厂家信息。

4.3 内存条的技术指标

内存条的特性由它的技术参数来描述,内存条的主要技术指标有:

1. 容量

内存容量是指内存的存储单元的数量,单位是字节（Byte）、千字节（KB）和兆字节（MB）。$1 MB = 2^{10} KB = 1024 KB = 2^{20} Byte = 1024 \times 1024 Byte$。内存条容量大小有多种规格,72 线的内存则多为 4 MB、8 MB、16 MB 等;168 线的 SDRAM 内存大多为 64 MB、128 MB、256 MB 等;而 184 线的 DDR 内存一般为 128 MB、256 MB 或 512 MB 等。目前系统内存通常为 256 MB、512 MB、1 G、2 G 或者更大等。

2. 速度

内存速度包括内存芯片的存取速度和内存总线的速度。内存存取速度即读、写内存单元数据的时间,单位是毫微秒(ns)。1 秒(sec.) $= 10^6$ 微秒(μs) $= 10^9$ 毫微秒(ns)。常用内存芯片的速度为几十 ns 到几个 ns,显然数值越小速度越快。内存总线的速度是指 CPU 到内存之间的总线速度,由总线工作时钟决定,如 33 MHz、66 MHz、100 MHz、133 MHz、200 MHz 等,显然数值越大速度约快。所谓 PC-100 和 PC-133 的 SDRAM 内存条,就是指分别满足

100 MHz 和 133 MHz 总线的内存。由于频率和周期互为倒数，10 ns 和 7.5 ns 的内存应分别对应于 100 MHz 和 133 MHz 总线时钟。

3. 内存的校验与纠错

为检验内存在存取过程中是否准确无误，每 8 位容量配备 1 位作为奇偶校验位，配合主板的奇偶校验电路对存取的数据进行正确校验，这需要在内存条上额外加装一块芯片。而在实际使用中，有无奇偶校验位对系统性能没有什么影响，所以目前大多数内存条上已不再加装校验芯片。

奇偶校验（Parity Check）是系统检查数据存取和传输错误的一种最简单的技术。以奇校验为例，它采用附加的 1 bit 校验位来对 8 bit 数据进行查错，规定正确的数据中所含"1"的个数必须为奇数个。

ECC（Error Check and Correct）即错误检测与纠正，它是一种内存数据检验和纠错技术。ECC 是对 8 bit 数据用 4 bit 来进行校验和纠错。带 ECC 的内存稳定可靠，一般用于服务器。

4. 内存的电压

FPM（fast page mode，快速页式）内存和 EDO 内存均使用 5 V 电压，而 SDRAM 则使用 3.3 V 电压，DDR1 使用 2.5 V 电压，DDR2 内存采用 1.8 V 电压，而 DDR3 内存采用 1.8 V 电压。电压的降低，对于降低内存的功耗，减少热量的散发是有积极的意义的，从而为内存稳定工作与未来频率的提高提供了良好的保障。

5. CL

CL 是 CAS Lstency 的缩写，即 CAS 延迟时间，是指内存纵向地址脉冲的反应时间，是在一定频率下衡量不同规范内存的重要标志之一。对于 PC1600 和 PC2100 的内存来说，其规定的 CL 应该为 2，即他读取数据的延迟时间是两个时钟周期。也就是说他必须在 CL＝2R 情况下稳定工作在其工作频率中。

4.4　DDR 内存的介绍

DDR 是现在的主流内存规范，各大芯片组厂商的主流产品全部是支持它的。DDR 全称是 DDR SDRAM（Double Date Rate SDRAM，双倍速率 SDRAM）。严格的说 DDR 应该叫 DDR SDRAM，人们习惯称为 DDR，部分初学者也常看到 DDR SDRAM，就误认为是 SDRAM。DDR 内存是在 SDRAM 内存基础上发展而来的，仍然沿用 SDRAM 生产体系，因此对于内存厂商而言，只需对制造普通 SDRAM 的设备稍加改进，即可实现 DDR 内存的生产，可有效的降低成本。

SDRAM 在一个时钟周期内只传输一次数据，它是在时钟的上升期进行数据传输；而 DDR 内存则是一个时钟周期内传输两次次数据，它能够在时钟的上升期和下降期各传输一次数据，因此称为双倍速率同步动态随机存储器。DDR 内存可以在与 SDRAM 相同的总线频率下达到更高的数据传输率，因而其速度是标准 SDRA 的两倍。

因为 DDR 在一个时钟周期内传输两次次数据，DDR 的内存和 SDRAM 采用一样核心工作频率。现在 DDR 核心工作频率主要有 100 MHz、133 MHz、166 MHz、200 MHz 四种，由于 DDR 内存具有双倍速率传输数据的特性，因此在 DDR 内存的标识上采用了工作频率×2 的方法，也就是 DDR200、DDR266、DDR333 和 DDR400，这个其实 DDR 内存的等效工作频率。

1. DDR1 内存

从外形体积上 DDR 与 SDRAM 相比差别并不大,他们具有同样的尺寸和同样的针脚距离。但 DDR1 为 184 针脚,比 SDRAM 多出了 16 个针脚,主要包含了新的控制、时钟、电源和接地等信号。DDR1 内存采用的是支持 2.5 V 电压,而不是 SDRAM 使用的 3.3 V 电压。DDR1 内存在引脚的缺口上只设计一个缺口,缺口左边 52 引脚,右边 40 引脚。DDR1 内存拥有和 SDRAM 一样的 2 bit 数据预读取能力,则它能将 CPU 传输过来的数据重新排序,同时发送两倍的数据给其他设备。DDR1 内存的等效的频率有 200 MHz、266 MHz、333 MHz、400 MHz,其外形如图 4-8 所示。

图 4-8　DDR1 内存

2. DDR2 内存

DDR2 内存具有单面 120 针脚、双面 240 针脚。引脚缺口和 DDR1 内存一样,只有一个缺口,缺口左边 64 引脚,右边 56 引脚。内存颗粒为正方形或者长方形,工作电压 1.8V,其数据传输方式和 DDR1 内存基本相同,但是 DDR2 内存拥有 4 bit 数据预读取能力,所以数据传输率是是核心工作频率的 4 倍,DDR1 内存的 2 倍,所以在和工作频率还是的 133 MHz、166 MHz、200 MHz 情况下,DDR2 内存工作频率可达到 533 MHz、667 MHz、800 MHz,其外形如图 4-9 所示。

图 4-9　DDR2 内存

3. DDR3 内存

DDR3 内存具有单面 120 针脚、双面 240 针脚。引脚缺口和 DDR1、DDR2 内存一样,只有一个缺口,缺口左边 72 引脚,右边 48 引脚。内存颗粒为正方形或者长方形,工作电压 1.5 V,其数据传输方式和 DDR1、DDR2 内存相同,但是 DDR3 内存拥有 8 bit 数据预读取能力,所以数据传输率是是核心工作频率的 8 倍,DDR1 内存的 4 倍,是 DDR2 内存的 2 倍,所以在和工作频率还是的 133 MHz、166 MHz、200 MHz 情况下,DDR3 内存工作频率可达到 1066 MHz、1333 MHz、1600 MHz,其外形如图 4-10 所示。

图 4-10　DDR3 内存

4.5　笔记本电脑内存

　　笔记本电脑整合性高,设计精密,对于内存的要求比较高,笔记本内存必须符合小巧的特点,需采用优质的元件和先进的工艺,拥有体积小、容量大、速度快、耗电低、散热好等特性(图 4-11)。大部分笔记本电脑最多只有两个内存插槽,有些笔记本电脑将缓存内存放置在 CPU 上或非常靠近 CPU 的地方,以便 CPU 能够更快地存取数据。

图 4-11　笔记本电脑 DDR 与 DDR2 内存条

思考与练习

一、填空题

　　1. 内存的读写周期是由(　　　)来决定的。

　　2. 高速缓存是为了解决(　　　)与(　　　)之间通讯速度不匹配而设置的缓存。

　　3. 主板上面的 Cache 是为了解决(　　　)和(　　　)运行速度的差别而设的,通常也称为(　　　)。

　　4. 内存是影响计算机(　　　)和(　　　)的一个非常重要的因素。

　　5. 存放在(　　　)中的数据不能够被改写,断电以后数据也不会丢失。

6. 计算机在工作的时候会把程序使用高的数据和指令放在( )里。

二、判断题

1. 计算机存储器中不能存储程序运行时产生的临时交换数据文件。( )

2. 计算机存储器中只能存储长期保存的电脑程序、资料。( )

3. 运算器运算的结果通常不会存储在存储器中。( )

4. 存储器的速度一般不会对计算机的运行速度造成影响。( )

5. 内存的容量相对较大,存储速度慢。( )

三、简答题

1. 内存如何分类?

2. 内存有哪些主要技术指标?

3. ROM 和 RAM 的含义是什么? 它们的作用是什么?

4. SDRAM、DDR1、DDR2、DDR3 内存主要区别是什么?

第 5 章 外部存储器

　　磁盘驱动器是计算机系统中普遍使用的一种外部设备,称为外部存储器,它把计算机中二进制信号转化为磁信号存储在磁盘上或从磁盘上将磁信号转化为二进制信息读出到计算机中。根据磁盘材料的不同分为软盘驱动器、硬盘驱动器、光盘驱动器以及移动硬盘和闪存盘(又称 U 盘)等,由于软盘的容量小,容易损坏,现在的计算机基本不再配置软盘驱动器了。

5.1 硬盘驱动器

　　硬盘驱动器(Hard Disk Driver,HDD)是计算机系统的基本外存设备。它的磁盘片是硬质合金的,并固定安装在驱动器内部,故称为硬盘。由于它体积小,容量大,速度快,使用方便,已经成为计算机的标准配置。目前市面上硬盘的主流品牌为希捷(Seagate)、西部数据(Western Digital)、三星(Samsung)、日立(Hitachi)、迈拓(Maxtor)和 IBM 等。

5.1.1 硬盘的结构及工作原理

1. 硬盘的外部结构

　　硬盘外部是一个密封的整体,保证了硬盘盘片和机构的稳定运行。在正面的面板上贴有产品标签,上面印着产品的品牌型号、序列号、容量、生产日期等信息;硬盘的背面是一块控制电路板,上面有硬盘主控芯片、电机控制芯片、缓存、电源接口、数据线接口,硬盘跳线等组成。如图 5-1 和图 5-2 所示

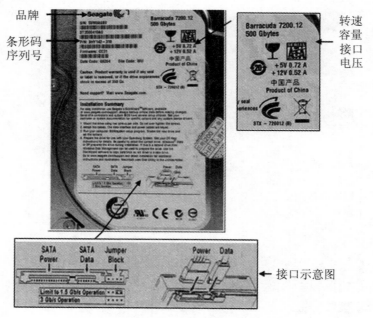

图 5-1　硬盘正面标签

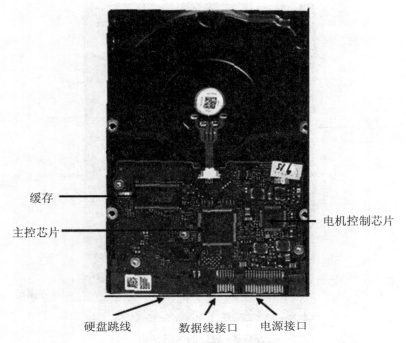

缓存

主控芯片

电机控制芯片

硬盘跳线　　　数据线接口　　电源接口

图 5-2　硬盘背面控制电路板

图 5-2 各组成部分的说明参见表 5-1。

表 5-1　硬盘外部组成部件的说明

组成部分名称	说　　明
控制芯片	这是硬盘的主要控制芯片,负责数据的交换与处理,是硬盘的核心部件之一。
缓　　存	硬盘缓存的主要作用是与硬盘内部交换数据,是实现硬盘数据"预处理"操作的芯片,通常说的硬盘内部传输速率其实就是指该缓存与硬盘内部之间的数据传输速率。
电机控制芯片	这是硬盘电机的控制芯片,负责控制硬盘的转动,转速可达 5400 转/分或者 7200 转/分,甚至更高。
数据线接口（SATA 接口）	通过该接口,利用专用数据排线可以把硬盘与主板连接起来,从而实现硬盘中数据的读写操作。
电源接口	该接口由 4 针组成,主要用于硬盘与机箱电源相连接,并通过该接口为硬盘工作供电。
硬盘跳线	当计算机中连接有两个及以上硬盘时,必须为它们设置主盘和从盘。硬盘跳线可以实现这种设置,具体设置方法因不同硬盘而不同,用户可以参考硬盘正面标签上的设置说明来进行主、从盘的设置。

2. 硬盘的内部结构

　　硬盘内部结构由固定面板、控制电路板、磁头、盘片、主轴、电机、接口及其它附件组成,其中磁头盘片组件是构成硬盘的核心,它封装在硬盘的净化腔体内,包括有浮动磁头组件、磁头驱动机构、盘片、主轴驱动装置及前置读写控制电路这几个部份。将硬盘面板揭开后,内部结构即可一目了然,如图 5-3 所示。

盘片主轴
主轴组件

磁盘头

磁头组件

磁头组件

前置读写
控制电路

图 5-3　硬盘的内部结构

（1）磁头组件。这个组件是硬盘中最精密的部位之一,它由读写磁头、传动手臂、传动轴三部份组成。磁头是硬盘技术中最重要和关键的一环,实际上是集成工艺制成的多个磁头的组合,它采用了非接触式头、盘结构,加后电在高速旋转的磁盘表面移动,与盘片之间的间隙只有 $0.08\sim0.3\ \mu\mathrm{m}$,这样可以获得很好的数据传输率。提供数据传输率的可靠性。

（2）磁头驱动机构。硬盘的寻道是靠移动磁头,而移动磁头则需要该机构驱动才能实现。磁头驱动机构由电磁线圈电机、磁头驱动小车、防震动装置构成,高精度的轻型磁头驱动机构能够对磁头进行正确的驱动和定位,并能在很短的时间内精确定位系统指令指定的磁道。其中电磁线圈电机包含着一块永久磁铁,这是磁头驱动机构对传动手臂起作用的关键。

（3）磁盘片。是硬盘存储数据的载体,现在硬盘盘片大多采用铝金属薄膜材料,这种金属薄膜较软盘的不连续颗粒载体具有更高的存储密度、高剩磁及高矫顽力等优点。从上图中可以发现,硬盘盘片是完全平整的,简直可以当镜子使用。

（4）主轴组件。包括主轴部件如轴承和驱动电机等。随着硬盘容量的扩大和速度的提高,主轴电机的速度也在不断提升,于是有厂商开始采用精密机械工业的液态轴承电机技术,现在已经被所有主流硬盘厂商所普遍采用了,它有利于降低硬盘工作噪音。

（5）前置读写控制电路。前置读写电路控制磁头感应的信号、主轴电机调速、磁头驱动和伺服定位等,由于磁头读取的信号微弱,将放大电路密封在腔体内可减少外来信号的干扰,提高操作指令的准确性。

3. 硬盘的逻辑结构

硬盘在记录数据数据时,还必须按照相关的规则进行存储,这就涉及到硬盘的逻辑结构的划分。硬盘从逻辑划分主要包括下面几个部分:

（1）磁面(Side)。每个盘片都有上、下两个磁面,从上向下从"0"开始编号,0 面、1 面、2 面、3 面、……。在每个磁面上都对应的读写磁头,即 0 号读写磁头、1 号读写磁头、2 号读写磁头、3 号读写磁头、……。磁面数和磁头数是相同的。

（2）磁道(Track)。硬盘在格式化时盘片会被划成许多同心圆，这些同心圆轨迹就叫磁道。磁道从外向内从 0 开始顺次编号，0 道、1 道、2 道、……。

（3）柱面(Cylinder)。所有盘面上的同一编号的磁道构成一个圆柱，称之为柱面，每个柱面上从外向内以"0"开始编号，0 柱面、1 柱面、2 柱面、……。磁道数和柱面数也是一样的。

（4）扇区(Sector)。硬盘的盘片在存储数据时又被逻辑划分为许多扇形的区域，每个区域叫作一个扇区。

硬盘的逻辑结构可用图 5-4 来表示

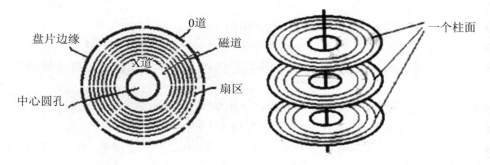

图 5-4　磁道、扇区、柱面结构图

在了解硬盘的逻辑结构后，根据下面的公式就可以计算出硬盘的容量了。其中磁头数可以用磁面数代替，柱面数可以用磁道数代替。

$$硬盘容量＝磁头数×柱面数×扇区数×每扇区字节数$$

5.1.2　硬盘的工作原理

现在的硬盘采用的都是"温彻思特"技术，都有以下特点：

◆ 磁头，盘片及运动机构密封；

◆ 固定并高速旋转的镀磁盘片表面平整光滑；

◆ 磁头沿盘片径向移动；

◆ 磁头对盘片接触式启停，但工作时呈飞行状态不与盘片直接接触。

概括地说，硬盘的工作原理是利用特定的磁粒子的极性来记录数据。硬盘盘片上涂有一层很薄的磁粒子。也就是在硬盘的磁道上就有无数的任意排列的磁粒子，这些磁粒子有着不同的极性。磁头在读取数据时，将磁粒子的不同极性转换成不同的电脉冲信号，再利用数据转换器将这些原始信号变成电脑可以使用的数据，写的操作正好与此相反。另外，硬盘中还有一个存储缓冲区，这是为了协调硬盘与主机在数据处理速度上的差异而设的。

硬盘驱动器加电正常工作时，盘片高速旋转，在盘片表面的磁头则在电路控制下径向移动到指定位置，然后将数据存储或读取出来，当系统向硬盘写入数据时，磁头中"写数据"电流产生磁场使盘片表面磁性物质状态发生改变，并在写电流磁场消失后仍能保存，这样数据就被存储下来了，当系统从硬盘中读数据时，磁头经过盘片指定区域，盘片表面磁头使磁场产生感应电流使线圈阻抗产生变化，经过相关电路处理后还原成数据。因此只要能将盘片表面处理的更平滑，磁头设计的更精密以尽量提高盘片旋转速度，就能制造出容量更大，读写速度更快的硬盘。这是因为盘片表面处理越平,转速越快就能使磁头离盘片表面越近,可以提高读、写灵敏度和速度。磁头设计越小越精密,就能使磁头在盘片上占用空间越小,使磁头在一张盘片上建立更多的磁道以存储更多的数据。

5.1.3 硬盘分类

硬盘的分类主要可以从外观的尺寸和接口来分。

1. 按尺寸来分

按硬盘的尺寸来分,主要有以下几种:

◆ 5.25 英寸硬盘,早期用于台式机,已退出历史舞台;

◆ 3.5 英寸台式机硬盘,广泛用于台式电脑;

◆ 2.5 英寸笔记本硬盘,主要用于笔记本电脑,桌面一体机,移动硬盘及便携式硬盘播放器;

◆ 1.8 英寸微型硬盘,广泛用于超薄笔记本电脑,移动硬盘及苹果播放器;

◆ 1.3 英寸微型硬盘,产品单一,三星独有技术,仅用于三星的移动硬盘;

◆ 1.0 英寸微型硬盘,最早由 IBM 公司开发,MicroDrive 微硬盘(简称 MD)。因符合 CFII 标准,所以广泛用于单反数码相机;

◆ 0.85 寸微型硬盘,产品单一,日立独有技术,已知仅用于日立的一款硬盘手机。

2. 按接口来分

(1) IDE 接口硬盘。IDE 是 Integrated Device Electronics 的简称,是一种硬盘的传输接口(图 5-5),它有另一个名称叫做 ATA(AT Attachment),这两个名词都有厂商在用,指的是相同的东西。IDE 的规格后来有所进步,而推出了 EIDE(Enhanced IDE)的规格名称,而这个规格同时又被称为 Fast ATA。所不同的是 Fast ATA 是专指硬盘接口,而 EIDE 还制定了连接光盘等非硬盘产品的标准。而这个连接非硬盘类的 IDE 标准,又称为 ATAPI 接口。而之后再推出更快的接口,名称都只剩下 ATA 的字样,像是 Ultra ATA、ATA/66、ATA/100 等,主要用于早期的台式机和笔记本,现已退出市场。

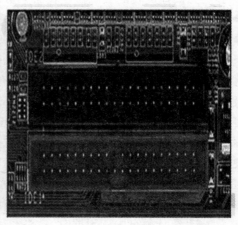

硬盘的IDE接口

图 5-5　IDE 接口

(2) SATA 接口硬盘。SATA(Serial ATA)接口硬盘又叫串口硬盘(图 5-6),采用串行连接方式,串行具备了更强的纠错能力,很大程度上提高了数据传输的可靠性。串行接口还具有结构简单、支持热插拔的优点。是在微型计算机主流的硬盘接口。

图 5-6　SATA 接口

eSATA 是 External Serial ATA 的略称,是为面向外接驱动器而制定的,为了防止误接,eSATA 的接口形状与 SATA 的接口形状是不一样,如图 5-7 所示,连接线的最大长度为 2 m,支持热插拔。

图 5-7　eSATA 接口

(3) SCSI 接口硬盘。SCSI 的英文全称为“Small Computer System Interface”(小型计算机系统接口),是同 IDE(ATA)完全不同的接口,是一种广泛应用于小型机上的高速数据传输技术。SCSI 接口具有应用范围广、多任务、带宽大、CPU 占用率低,以及热插拔等优点,但较高的价格使得它很难如 IDE 硬盘般普及,因此 SCSI 硬盘主要应用于中、高端服务器和高档工作站中。

(4) 光纤通道硬盘。光纤通道的英文拼写是 Fibre Channel,一开始是专门为网络系统设计的,但随着存储系统对速度的需求,才逐渐应用到硬盘系统中。光纤通道硬盘是为提高多硬盘存储系统的速度和灵活性才开发的,它的出现大大提高了多硬盘系统的通信速度。光纤通道的主要特性有:热插拔性、高速带宽、远程连接、连接设备数量大等。

5.1.4　硬盘性能指标

1. 容量

容量是指硬盘的存储空间大小,常用 GB 为单位。由于存储密度的进一步发展,硬盘容量的发展速度很快,目前主流硬盘的容量是 500 G 以上。但是日立计划推出 5000 GB 3.5 英寸硬盘。每平方英寸的存储密度达到 1 TB。

2. 单碟容量

单碟容量是硬盘相当重要的参数之一。硬盘是由多个存储碟片组合而成，而单碟容量就是指一个存储碟所能存储的最大数据量。目前在垂直记录技术的帮助下，单碟容量从之前80 GB升级到 500 GB 或者 640 GB，发展速度相当快。硬盘单碟容量提高不仅仅可以带来总容量提升，有利于降低生产成，提高工作稳定性；而且单碟容量越大其内部数据传输速率就越快。

3. 转速

硬盘通常是按每分钟转速（RPM，Revolutions Per Minute）计算：该指标代表了硬盘主轴马达（带动磁盘）的转速，比如 5400 RPM 就代表该硬盘中主轴转速为每分钟 5400 转。目前主流笔记本硬盘转速为 5400 RPM；台式机硬盘则为 7200 RPM。但随着技术的不断进步，笔记本和台式机均有"万转"产品问世，但大多用于企业用户。

4. 平均寻道时间

平均寻道时间指硬盘在盘面上移动读写磁头到指定磁道寻找相应目标数据所用的时间，单位为毫秒。当单碟容量增大时，磁头的寻道动作和移动距离减少，从而使平均寻道时间减少，加快硬盘访问速度。

5. 缓存

缓存是硬盘与外部交换数据的临时场所。硬盘读/写数据时，通过缓存一次次地填充与清空，再填充，再清空，就像一个中转仓库一样。目前大多数硬盘缓存已经达到 32 MB，而对于大容量产品则均为 64 MB 容量。

6. 数据传输率

数据传输率可分为内部数据传输率和外部数据传输率。内部数据传输率是指硬盘磁头与缓存之间的数据传输率，内部数据传输率可以明确表现出硬盘的读写速度，它的高低是评价一个硬盘整体性能的决定性因素。目前大多数桌面级硬盘基本都在 70～90 MB/s 之间，笔记本硬盘则在 55 MB/s 左右。

外部数据传输率是指从硬盘和主板之间数据传输的速率。主要取决于硬盘的数据接口。SATA 1.0 数据最大传输率可达 150 MB/s，而 SATAII 接口的最大传输率可达 300 MB/s，SATA 3.0 数据最大传输率可达 600 MB/s。

7. S. M. A. R. T 技术

硬盘的结构和工作特点使其成为电脑硬件中最脆弱的器件，当硬盘工作时，高速旋转的盘片和磁头之间仅有一层空气形成的气垫，如果此时硬盘受到碰撞，则可能使高速旋转的盘片与磁头相撞，造成磁头或盘片表面刮伤，以致丢失数据。为了提高硬盘运行的可靠性和数据安全性，硬盘生产厂家陆续开发了各种硬盘和数据保护技术。

S. M. A. R. T 是最早的硬盘保护技术。S. M. A. R. T（Self Monitoring Analysis And Reporting Technology）即"自我检测、分析和报告技术"，主要是对硬盘中盘片电机等主要部件以及盘片表面的工作状态进行检测分析，一旦发现问题及时提醒用户及早进行处理。目前生产的硬盘都支持 S. M. A. R. T 技术。

5.1.5 硬盘的分区及格式化

安装操作系统和软件之前，首先需要对硬盘进行分区和格式化，然后才能使用硬盘保存各种信息。

1. 硬盘分区

硬盘分区是便于对硬盘的文件管理和空间分配。

(1) 物理硬盘和逻辑硬盘。物理硬盘就是看得见摸得着,放在主机箱里被称为硬盘的金属物体。逻辑硬盘则是通过分割物理硬盘所建立的磁盘区。一个物理磁盘可根据需要分割成一个或数个逻辑磁盘。对逻辑磁盘最直观的理解就是在 Windows 系统的"我的电脑"或者 DOS 的系统提示符下看到的"C:"或者"D:",这些都是逻辑磁盘的盘符。

(2) 主分区和扩展分区。主分区(Primary Partition)是"逻辑磁盘"的一种。硬盘分区是遵从先建立主分区,然后是扩展分区(Extended Partition)。DOS 和 FAT 文件系统最初都被设计成可以支持在一块硬盘上最多建立 24 个分区,分别使用从 C 到 Z 共 24 个驱动器盘符。但是主引导记录中的分区表最多只能包含 4 个分区记录,为了有效地解决这个问题,DOS 的分区命令 FDISK 允许用户创建一个扩展分区,并且在扩展分区内在建立最多 23 个逻辑分区,其中的每个分区都单独分配一个盘符,可以被计算机作为独立的物理设备使用。而逻辑分区的信息都被保存在扩展分区内,主分区和扩展分区的信息被保存在硬盘的 MBR(Main Boot Record)内。这也就是说无论硬盘有多少个分区,其主启动记录中只包含主分区(也就是启动分区)和扩展分区两个分区的信息。

2. 分区格式

对于不同的操作系统,需要不同的硬盘分区格式。下面介绍几种主要的分区格式。

(1) FAT16。FAT16(File Allocation Table,文件分配表)即 16 位的文件分配表。采用 16 位的文件分配表,支持最大分区容量为 2 GB,是目前应用范围最广、跨操作系统平台最多的分区格式。目前几乎所有的操作系统都支持这一格式,包括大家熟悉的 DOS、Windows 系列、Linux、OS/2 等。

但是 FAT16 分区格式有一个最大的缺点,那就是硬盘的实际利用效率低。因为在 DOS 和 Windows 系统中,磁盘文件的分配是以簇为单位的,一个簇只分配给一个文件使用,不管这个文件占用整个簇容量的多少。而且每簇的大小由硬盘分区的大小来决定,分区越大,簇就越大。例如 1 GB 的硬盘若只分一个区,那么簇的大小是 32 KB,也就是说,即使一个文件只有 1 字节长,存储时也要占 32 KB 的硬盘空间,剩余的空间便全部闲置在那里,这样就导致了磁盘空间的极大浪费。FAT16 支持的分区越大,磁盘上每个簇的容量也越大,造成的浪费也越大。所以随着当前主流硬盘的容量越来越大,这种缺点变得越来越突出。

(2) FAT32。为了克服 FAT16 的弱点,微软公司在 Windows 97 操作系统中推出了一种全新的磁盘分区格式 FAT32。该分区格式采用 32 位的文件分配表,最高支持分区容量高达 2000 GB。这样即使是超大容量的硬盘,用户也可将硬盘只分一个区,这样大大方便了对硬盘的管理工作。与 FAT16 相比,FAT32 还有一个优点,就是在不超过 8 GB 的 FAT32 分区里,单簇容量限定为 4 KB,可以大大减少硬盘空间的浪费。

FAT32 也有缺点,首先是由于文件分配表的扩大,该分区的运行速度会较 FAT16 稍慢。另外由于不受 DOS 的支持,无法运行 DOS 及相关的应用软件。

(3) NTFS。NTFS 分区格式是网络操作系统 Windows NT 硬盘分区格式,其显著的优点是安全性和稳定性极其出色,在使用中不易产生文件碎片,对硬盘的空间利用及软件的运行速度都有好处。它能对用户的操作进行记录,通过对用户权限进行非常严格的限制,使每个用户只能按照系统赋予的权限进行操作,充分保护了网络系统与数据的安全。除了 Windows NT 外,Windows 2000 也支持这种硬盘分区格式。但这种分区格式 Windows 9X/Me 将会无法访问。

（4）Linux。Linux 操作系统是一种自由软件，它的磁盘分区格式与其他操作系统完全不同，共有两种格式：一种是 Linux Native 主分区，一种是 Linux Swap 交换分区。这两种分区格式的安全性与稳定性极佳，目前支持这一分区格式的操作系统只有 Linux。

3. 对硬盘分区

硬盘在格式化之前，首先要进行"规划"，所谓的"规划"就是确定将硬盘分成几个逻辑驱动器，以及每一个逻辑驱动器的容量大小，这个过程一般称为"分区"，一般是通过 Fdisk 应用程序来完成的。Fdisk 是 DOS 操作系统的一个公用程序，它的作用是建立硬盘分区表（Partition Table），并将此表记录在硬盘特殊的区域里，分区表中记载的内容包括磁盘的大小、扇区以及包含有几个逻辑盘等。

一般说来，硬盘分区遵循"主分区→扩展分区→逻辑分区"的原则，而删除分区则与之相反。

分区操作的要点是：先按预定空间建立主分区；然后，以剩余的全部空间建立扩展分区；最后，在扩展分区中，建立若干个逻辑驱动器，用尽所有扩展分区空间。

随着硬盘容量的日益增大，很少有人把硬盘只分一个区，只有活动分区才能启动计算机，如果只设置了一个逻辑 C 盘，则系统自动将 C 盘置为活动盘，如果建立了若干个逻辑盘，则必须设置活动分区，否则计算机将不能启动。

如果计算机上连接了一个以上的硬盘，在对第一个硬盘分区完成以后，还要对下一个硬盘进行分区操作，操作方法与第一个硬盘分区的相同。

在分区完成后，在查看逻辑盘时，如果只有一个硬盘则逻辑盘符为 C:、D:、E: 等。如果有两个硬盘则逻辑盘符是交叉安排 C:、E: 和 D:、F:。

有关硬盘分区操作参见第 12 章。

硬盘分区软件还有 Partition magic 即分区魔术师（具体操作参见第 14 章）、DM 等，它们也可对硬盘进行分区操作。

4. 硬盘高级格式化

硬盘经过分区后，还需要进行高级格式化操作，通过高级格式化，在硬盘上记录引导信息、文件分配表及文件目录初始化，将硬盘转变为可访问的形式，同时可以让操作系统知道逻辑盘的可用容量大小，损坏的容量有大小等信息，还可以检查和标识有缺陷的磁道和扇区。格式化可以在 DOS 下进行，也可以在安装 Windows 时由系统自动进行。

（1）DOS 下的格式化操作。格式化硬盘的操作，在 DOS 具体步骤如下：

① 用带操作系统的光盘启动计算机，选择进入 DOS 环境；

② 利用启动盘中的 Format 命令，进行格式化。

在 DOS 提示符 A:\>下键入"Format C:/S"，其中"/S"的意思是将启动文件同时复制至硬盘，使其成为可引导的驱动器。执行命令后，画面显示如图 5-8 所示。

```
A:\>FORMAT C:/S
WARING ALL  DATA  ON-REMOVABLE DISK
DRIVE C:  WILL BE LOST!
Proceed  with  Format (Y/N) ? y
```

图 5-8　确认运行格式化命令界面

键入【Y】并回车,开始格式化 C 盘。过数分钟后,格式化完成,输入硬盘的卷标(也可以不输入任何信息)。

格式化完 C:盘后可暂不对其它逻辑盘如 D:、E:等格式化,等到操作系统安装完成后,在操作系统的支持下再对它们按照需要进行格式化。格式化可带的参数还有许多,可参考有关 DOS 命令手册。

(2) Windows 下的格式化。系统启动完成后,双击桌面【我的电脑】,右键单击要格式化的磁盘分区,在下拉菜单中选择【格式化】。一般情况下选择【快速格式化】即可,速度快,执行效率高。特殊情况下(如硬盘有坏区或软损伤),选择【完全】模式,兼有检测磁盘错误功能。完成选择后单击【开始】,格式化完成后会有相应提示,单击【关闭】按钮来关闭对话框。

5.2　光盘驱动器与光盘

CD-ROM(Compact Disc-Read Only Memory)只读光盘存储器,简称光驱,是利用光学原理存取信息的存储设备,具有存储容量大、速度快、兼容性强、信息可以长期保存等优点,已成为重要的存储设备,计算机中大都配置了光盘驱动器。

5.2.1　CD-ROM 驱动器

CD-ROM 驱动器是多媒体计算机不可缺少的设备之一,通常所使用的只读型驱动器称为 CD-ROM,它是多媒体系统不可缺少的组件之一,也是计算机安装软件时广泛使用的间接传输设备。

1. CD-ROM 驱动器的结构

CD-ROM 驱动器从外形上看如图 5-9 所示,好似一个长方形的金属盒子,大多数 CD-ROM 驱动器的前面板都设有光盘托盘弹出暂停按钮、指示灯、托盘口、音量旋钮、耳机插孔、紧急弹出托盘孔等。两侧面有固定用的螺丝孔,后表面(简称背板)设有电源插座、数据电缆插座、设置跳线、音频输出插座等。

(1) CD-ROM 驱动器前面板。CD-ROM 驱动器前面板如图 5-9 所示。虽然各种厂家的 CD-ROM 驱动器的功能的基本一致,但其面板的结构,各插孔与各种按钮的位置及数量并不完全相同,有的只有控制托盘弹出、暂停按钮(Eject)、耳机插孔(Phones)及耳机的音量控制旋钮(Volume)。几乎所有 CD-ROM 驱动器都设有紧急弹出托盘孔,有的面板除了孔和按钮外,还设有播放按钮(Play)、向前搜索(Previous)及向后搜索(Next)按钮。

图 5-9　CD-ROM 驱动器前面板

◆ 托盘的弹出、暂停按钮(Eject):当需要将托盘弹出或放入光盘后使盘托收回时需按此

按钮。如果 CD-ROM 驱动器中有正在播放的 CD,按此按钮可控制停止播放;

◆ 耳机插孔(Phones):耳机可直接插在此插孔内欣赏 CD 音乐;

◆ 耳机音量旋钮(Volume):用来调节耳机音量;

◆ 面板指示灯:指示灯亮时表示 CD-ROM 驱动器正在读取盘中数据,否则未读盘;

◆ 播放按钮(Play):用来在 CD-ROM 驱动器上直接控制播放 CD;

◆ 搜索按钮(Previous 或 Next):搜索按钮是用来搜索 CD 中前一个节目和下一个节目的;

◆ 紧急弹出孔:在 CD-ROM 驱动器的面板上有一个很小的孔,是用来在停电状态将其中的光盘退出,当需要紧急退盘时,用一根拉直的曲别针直接插入孔内,托盘即可弹出,取出光盘后,用手将托盘推回。

(2) CD-ROM 驱动器背板。CD-ROM 驱动器背板主要提供与主机连接的 IDE 接口、电源接口以及与声卡接口相连接的插座,并可设置 CD-ROM 驱动器工作模式的跳线等。如图 5-10 所示。

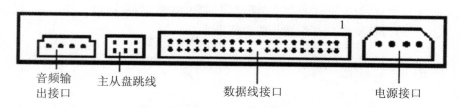

音频输出接口　　主从盘跳线　　　　　　数据线接口　　　　　电源接口

图 5-10　CD-ROM 驱动器背板

◆ 电源插座:与主机电源提供的一组 4 芯电源插头相接,为 CD-ROM 驱动器提供所需要的 +5 V 和 +12 V 直流电源。插接时注意电源线的红线对着 CD-ROM 驱动器电源插座的"+5 V"标记;

◆ 数据电缆插座:与主机的 IDE 接口相接,一般采用 40 芯的数据电缆,一端插接在主板的 IDE 接口,另一端插入光驱的数据电缆插座,用来与主机传输信号和数据。插接时注意数据电缆的红线一边对着光驱插座的"1"标记;

◆ 工作模式跳线:用来设置 CD-ROM 驱动器为主盘、从盘、CSEL(cable select,线缆选择)盘三种模式之一,如果不加设置随意连接,有可能与主机的硬盘发生冲突,使主机无法启动;

◆ 模拟音频输出插座:可与声卡的音频输入插座相接,连接时要注意其音频线的排列顺序。各种品牌声卡的音频线排列顺序不一定完全一致,如发现 CD-ROM 驱动器与声卡插座的音频线的顺序不一致,则需调换其音频线的顺序,否则可能造成无声或单声道;

◆ 数字音频输出插座:用来与数字音频系统或 VCD 卡相接,一般很少使用。

2. CD-ROM 工作原理

光盘驱动器是一个结合光学、机械及电子技术的产品,光驱的内部结构主要包括激光光头、PCB 板和机械部分。

激光光头负责实现对光盘信息的读写,PCB 电路板上则是各种控制光驱信息读写的电路。另外,光盘在光驱内的转动、进出光驱等工作就要通过机械部分来完成。

除了这几个主要部分,在光驱中,有一个类似主板 BIOS 的"固件"(Firmware)。通过刷新 Firmware 可以改善光驱的性能,对于 DVD-ROM 还可以解决区码的限制等。

　　光驱在读取光盘时,一个发光二极管会产生波长约为 0.54～0.68 微米的激光光源,光线经过处理后照射在光盘上,然后由光盘的反射层将光束反射回来,再由光驱中的光检测器捕获到这些光信号。

　　因为光盘上存在"凹点"和"空白"两种状态,它们的反射信号正好相反,这两种不同的信号很容易被光检测器所识别。不过,检测器所得到的信息只是光盘上凹凸点的排列方式,在光驱中有专门的部件将它们转换并校验,交给光驱中的控制芯片处理后,就会在电脑中得到光盘上的数据。

　　由于光盘上的数据排列在不同的轨道上,所以,为了实现对所有数据的读取,光驱会让光盘转动,激光头则在伺服电机的控制下前后移动,以便读取光盘数据。

　　而刻录机的内部结构中则要多出"写入"这个部分,但刻录机的写入原理也有所区别:在刻录 CD-R 盘片时,刻录机通过大功率激光照射 CD-R 盘片的染料层,在染料层上会形成一个个平面(Land)和凹坑(Pit),光驱在读取它们时会将信号转换为 0 和 1。

　　因为 CD-R 制作工艺的缘故导致这种变化是一次性的,不能恢复到原来状态,所以 CD-R 盘片只能写入一次而无法重复写入。而 CD-RW 盘片上镀的是一层很薄的薄膜,这种薄膜的材质多为铟、硒、银或碲的结晶层,能够呈现结晶和非结晶两种状态(类似于 CD-R 的平面和凹坑)。通过激光束的照射,可以让结晶层在这两种状态间相互转换,因此,CD-RW 盘片可以重复写入。

3. CD-ROM 光驱的种类

　　(1) 按自身结构分类。按照 CD-ROM 光驱在计算机上的安装方式和自身结构可以分以下三种:

　　① 内置式光驱,是安装在计算机机箱内部,占用一个驱动器固定位置,是目前普遍采用的安装方式;

　　② 外置式光驱,自身带有保护外壳,可以放置在机箱外面,需要单独供电,可节省一个驱动器固定位置,外置,光驱比内置式贵,除此之外,两者在性能上并无太大差别;

　　③ 多盘式光驱,可以同时放入 4 张以上的光盘同时工作,形成一个光盘塔,主要用于服务器。

　　(2) 按连接方式分类。光驱按照接口连接方式可以分为,IDE 型、SCSI 型、USB 型三种。

　　① IDE 接口的光驱是采用 ATAPI 标准制作,通过数据线直接插入系统主板上的 IDE 插座中,该接口的光驱性传输效率相对稳定,是目前使用最多的光驱;

　　② SCSI(Small Computer System Interface,小型计算机系统接口)接口的 CD-ROM 光驱,速度快、数据传输效率高,主要用于工作站、服务器等高档计算机中;

　　③ USB 接口的光驱,随着计算机系统接口技术的不断发展,光驱可以采用 USB 接口技术,提高了光驱的传输速度,是未来光驱接口的发展方向。

4. CD-ROM 驱动器的性能指标

　　CD-ROM 驱动器较为重要的几个指标为:平均数据传输率、数据缓冲区与突发性数据传输率、平均存取时间、平均无故障时间、读取速度、纠错能力、接口类型等。

　　(1) 平均数据传输率。平均数据传输率是指从 CD-ROM 盘上读取的数据与所需要的时间的比值。

　　平均数据传输与读盘的方式有很大的关系。最早的 CD-ROM 驱动器采用的是恒定线速度(CLV,Constant Linear Velocity)读取方式,单倍速的 CD-ROM 驱动器每秒读取 75 个扇区,一个扇区为 2 KB,所以其数据传输率为 150 KB/s。后来相继出现的 2 倍速、4 倍速、6 倍速及 8 倍速的 CD-ROM 驱动器,均采用 CLV 方式,其数据传输率分别是单倍速的 2,4,6,8 倍,而 10,12,16 倍速的 CD-ROM 驱动器采用的是恒定角速度(CAV, Constant Angular Velocity)方式。近期的产品采用的是最新推出的部分恒定角速度(PCAV, Partial CAV)方式。这种方式使数据传输率真正实现按其倍速达到其数据传输率。

(2) 数据缓冲区与突发性数据传输率。CD-ROM 驱动器的数据缓冲区如同微机 CPU 与 RAM 之间的高速缓存的作用一样,都是为了提高运行速度。

CD-ROM 驱动器缓冲区的大小直接影响数据的读取速度。如果 CD-ROM 驱动器有缓冲,则从 CD-ROM 驱动器读出的信息首先存放在缓冲区中,然后再读到主机。从缓冲区到主机之间的传输速度(称之为突发数据传输率,又称为最大数据传输率)是相当快的。CD-ROM 驱动器瞬间的最大数据传输率所占用 CPU 的时间越少,则节省了 CPU 的时间,减少了读 CD-ROM 盘片的次数,最终提高了数据传输率。

目前的 CD-ROM 驱动器中的一般都设有 256 KB、512 KB 或更多的缓存。如果相同倍速的 CD-ROM 驱动器的内部的缓冲区大小不同,其整体的数据传输率会明显的不同,价格也就不同。单从缓冲区来说,缓冲区越大,CD-ROM 驱动器的响应速度就越快,突发数据传输率就越高。

(3) 平均存取时间。平均存取时间是指从 CPU 向 CD-ROM 驱动器发出读取数据命令开始到 CD-ROM 驱动器找到光盘盘片上任意点的数据所需要的时间。很明显,这个时间越短其速度就越快,目前的 CD-ROM 驱动器平均存取时间在 150 ms 以下。

(4) 平均无故障工作时间。一般的 CD-ROM 驱动器平均无故障工作时间应超过 20000 小时。实际上随着元器件质量,耐用性及制造工艺的提高,平均无故障工作时间也会大幅度的提高,但某种程度上还取决于使用环境等因素。

(5) 读取方式。CD-ROM 驱动器读取方式有以下几种,不同的光驱有不同的读取方式。

① 恒定线速度(CLV-Constant Linear Velocity)。由于光盘内外光道的数据记录密度相同,可以充分利用盘片空间,增加存储容量。光驱在 CLV 工作模式下激光头每旋转一圈所读取的数据量不一样——内圈数据少,外圈数据多。

所以,在 CLV 模式下,当激光头移动到不同的光轨时,为了保持恒定的数据传输率,电机的转速由快到慢。早期的光驱几乎都采用 CLV 方式,但随着光驱转速的大幅提升,采用这种方式的缺陷越来越明显。对于高速光驱来说,在内、外圈时的轴电机的速度变化范围非常大,致使轴电机的负载过重,使光驱耐用性严重下降。

② 恒定角速度(CAV-Constant Angular Velocity)。在 CAV 模式下,激光头始终以恒定角速度读取光盘的数据。由于不需在寻道时经常改变电机转速,因此读取性能也会得到大大改善。但在这种方式下,光盘内外圈的数据传输率是不相等的,读取光盘外圈时,数据传输率要高一些。

③ 部分恒定角速度(PCAV- Partial CAV)。P-CAV 工作模式是将 CAV 与 CLV 合二为一,理论上是在读内圈时采用 CAV 模式,转速不变读速逐渐提高,当读取半径超过一定范围则采用 CLV 方式。而在实际工作中,在随机读取时,采用 CLV。一旦激光无法正常读取数据时,立即转换成 CAV,具有更大的灵动性和平滑性。

④ 区域恒定线速度(Z-CLV(Zoned Constant Linear Velocity)。在 Z-CLV 模式下,光驱将光盘的内圈到外圈分成数个区域,在每一个区域用稳定的 CLV 速度进行读取写入,在区段

与区段之间采用 CAV 方式过渡,这样做的好处是缩短了读取写入时间,并能确保读取写入的品质,只是在此模式下,每一次切换速度时读取写入过程都会有明显的中断,出现速度的突然下降。

现在的光驱很少采用 CLV 方式,普遍采用 CAV 或 P-CAV 方式,而对于高倍速刻录机来说,越来越多地开始采用 P-CAV 和 Z-CLV 方式。

随着光驱新技术的不断产生,不管是现在的主流光驱还是未来的新型产品,人们只希望光盘的存储容量能更大,光驱的读取、刻录速度更快、兼容性更好。

(6)容错能力。容错能力又称为纠错能力,是 CD-ROM 驱动器的一个重要指标。当光盘因质量或保存不当有轻微划伤或表面污损时,一般 CD-ROM 驱动器可能无法读出,而现在新的 CD-ROM 驱动器的容错能力强能读出来,所以在购买时一定选用纠错能力强的 CD-ROM 驱动器。CD-ROM 驱动器的容错能力除了与上述采取读取方式有关外,还与 CD-ROM 驱动器所采用的机芯有更大的关系。目前所能见到的 CD-ROM 驱动器的机芯主要有 Sony 和 Philips 两种,当然也有其他种类的机芯。相比较而言 Sony 机芯容错性好一些,而 Philips 性能较稳定。

(7)接口类型。目前常用接口为 IDE 和 SCSI 两种,采用不同的接口对突发性数据影响较大,软件的兼容性也不同。

① IDE 接口。目前使用的光驱大多采用此接口,可直接连到硬盘数据线上。大多数 ATX 主板上有两个 IDE 接口,每个 IDE 接口一般可连接两只硬盘驱动器或一只硬盘驱动器和一个光驱。

② SCSI 接口。小型计算机接口需要一块 SCSI 接口卡和主机相连,SCSI 接口占用 CPU 资源较少,数据传输速度快,但价格较高。目前大多使用 SCSI-2 标准。

5.2.2 光盘刻录机和光盘

光盘刻录机是可以对光盘进行写入的设备,通常把 CD-R 和 CD-RW 驱动器称为光盘刻录机,CD-R 是一次写入多次读出的可记录光盘,CD-RW 是可重复擦写的光盘。它们的外观与尺寸和普通 CD-ROM 光驱相同,但光盘内激光的功率比 CD-ROM 光驱的激光器大。

1. 刻录机的工作原理

CD-R 驱动器是一次写入多次读出的驱动器,其数据格式和 CD-ROM 类似,适合于存储大量的数据文件。刻录数据时,利用高功率的激光束发射到 CD-R 盘片上,使盘片上的介质发生相应的化学变化,在空白盘上"烧刻"出凹坑,模拟出二进制数据 0、1 的差别,从而使数据正确地存储在 CD-R 盘片上,而此变化不能复原,所以 CD-R 盘只能刻录一次。

CD-RW 刻录机使用的 CD-RW 盘片是用相变材料来存储数据,在数据刻录时,CD-RW 采用先进的相变技术,高功率的激光束反射到 CD-RW 盘片中的特殊介质上,产生结晶和非结晶两种状态,并通过激光束的照射,介质可以在这两种状态中互相转换,达到多次重复写入的目的

2. 刻录机主要技术指标

(1)读写速度。刻录机的速度和普通光驱类似,也采用倍速来表示,单速都是 150 KB/s。刻录机的速度指标有三个,即写入速度/复写速度/读取速度,如某一刻录机的速度为"40×12×48"则表示写入速度为 40 倍速,读取速度为 48 倍速,复写速度为 12 倍速。

（2）缓存容量。刻录机在刻录光盘时，数据预先存入缓存区中，刻录时所需要的数据从缓存中读取，再把数据刻录到光盘上，缓存容量的大小直接影响刻录机的性能，目前刻录机的缓存容量大多为 8 MB 或 16 MB。

（3）兼容性。刻录机的兼容性主要包括格式兼容性和软件兼容性，目前的主流刻录机都具有较好的数据兼容性。

（4）接口。刻录机的接口有 IDE、SCSI、USB 和并口，由于刻录机在刻录光盘时必须保证激光持续在光盘的轨道上工作，刻录机异常中断会造成盘片报废。SCSI 设备的 CPU 占用率较底，系统其他程序对刻录机的影响较低，但价格较贵，并口和 USB 接口的刻录机可以多台机器共享使用，但价格贵且速度低，目前大多使用的是 IDE 接口的刻录机，价格、速度都适中。

（5）盘片。刻录机盘片有 CD-R 和 CD-RW 两种，CD-R 盘片使用有机染料作为记录层的主要材料，由于颜色不同而将其相应的盘片分为金盘、绿盘和蓝盘，金盘具有更好的抗光性，质量较好，但价格贵，绿盘和蓝盘兼容性较好，但抗光性差，目前大多使用这两种光盘。

5.3　其他外部存储器

5.3.1　DVD 驱动器

1. DVD 驱动器

DVD 是 Digital Versatile Disc 英文的缩写，即数字通用光盘，是由飞利浦和索尼公司与松下和时代华纳两大 DVD 阵营制定的新一代数据存储标准。DVD 盘片与普通的光盘看起来没有分别，它采用了 0.74 μm 道宽和 0.41 μm/bit 高密度记录线等技术，DVD 容量比 CD 片大得多，其单面双层 DVD 的容量为 9.4 GB，双面双层 DVD 的容量为 17 GB。

DVD 的规格有计算机中的 DVD-ROM（如图 5-11 所示），家用影碟机用的 DVD-Video，以及 DVD-R 和 DVD-RAM 等。

DVD 速度有两倍速、四倍速、八倍速和 16 倍速，DVD 的一个倍速相当于 CR-ROM 倍速的 9 倍。

图 5-11　三星 DVD 驱动器

2. 蓝光 DVD 驱动器

蓝光（Blu-ray）或称蓝光盘（Blu-ray Disc，缩写为 BD）利用波长较短（405 nm）的蓝色激光读取和写入数据，并因此而得名（如图 5-12 所示）。而 CD 则是采用 780 nm 波长，DVD 采用 650 nm 波长的红光读写器。

单层的蓝光光碟的容量为 25 或是 27 GB，足够烧录一个长达 4 小时的高解析影片。双层可达到 46 或 54 GB,足够烧录一个长达 8 小时的高解析影片。而容量为 100 或 200 GB 的,分别是 4 层及 8 层。

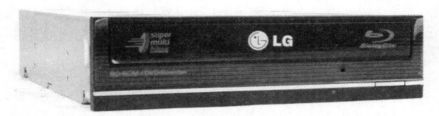

图 5-12　LG 蓝光 DVD 驱动器

5.3.2　移动存储器

1. 移动硬盘(Mobile Hard disk)

移动硬盘以高速、大容量、轻巧便捷等优点赢得许多用户的青睐,而更大的优点还在于其存储数据的安全可靠性(如图 5-13 所示)。这类硬盘与笔记本电脑硬盘的结构类似,多采用硅氧盘片。这是一种比铝、磁更为坚固耐用的盘片材质,并且具有更大的存储量和更好的可靠性,提高了数据的完整性。采用以硅氧为材料的磁盘驱动器,以更加平滑的盘面为特征,有效地降低了盘片可能影响数据可靠性和完整性的不规则盘面的数量,更高的盘面硬度使 USB 硬盘具有很高的可靠性。

另外还具有防震功能,在剧烈震动时盘片自动停转并将磁头复位到安全区。防止盘片损坏。目前移动硬盘容量有 80 GB、120 GB、160 GB、320 GB、640 GB 等,最高可达 5TB 的容量。

图 5-13　移动硬盘

(1) 移动硬盘的接口与传输速度。移动硬盘大多采用 USB、IEEE 1394、eSATA 接口,能提供较高的数据传输速度。不过移动硬盘的数据传输速度还一定程度上受到接口速度的限制,尤其在 USB 1.1 接口规范的产品上,在传输较大数据量时,将考验用户的耐心。而 USB 2.0、IEEE 1394、eSATA 接口就相对好很多。USB 2.0 接口传输速率是 60 MB/s,IEEE 1394 接口传输速率是 50~100 MB/s,而 eSATA 达到 1.5 Gbps 到 3 Gbps 之间,在与主机交换数据时,读个 GB 数量级的大型文件只需几分钟,特别适合视频与音频数据的存储和交换。

（2）移动硬盘使用中的注意问题。

① 移动硬盘的连线：移动硬盘的 USB 连接线既是数据传输线，又是硬盘工作供电线，连线过长就会导致电阻增大和数据干扰，使移动硬盘不能正常工作，所以要注意：USB 转接线越短越好，除了原来配置的连接线外，不宜连接延长线；二是与电脑连接应选择机箱背后的 USB 接口（直接固定在主板上的接口），而不宜使用机箱前面的接口（它们是由主板经过一段引线连接到前面板上的）。

② 移动硬盘的外接电源：移动硬盘工作时硬盘和数据接口的供电是由计算机的 USB 接口提供的。但在使用 10 GB 以上的移动硬盘时，单纯依赖 USB 线对硬盘供电可能会因电力不足而导致工作不正常，这时候就要使用外接辅助电源（直流稳压电源）。

③ 移动硬盘虽然采用 USB 接口，可以支持热插拔，但要注意在使用过程中（Windows Me/2000/XP 系统）必须确保关闭了 USB 接口才能拔下 USB 连线，否则处于高速运转的硬盘突然断电可能会导致硬盘损坏。

2. 固态硬盘

固态硬盘（Solid State Disk 或 Solid State Drive）（如图 5-14 所示），也称作电子硬盘或者固态电子盘，是由控制单元和固态存储单元（DRAM 或 FLASH 芯片）组成的硬盘。由于固态硬盘没有普通硬盘的旋转介质，因而抗震性极佳。

固态硬盘的存储介质分为两种，一种是采用闪存（FLASH 芯片）作为存储介质，另外一种是采用 DRAM 作为存储介质。

固态硬盘与普通硬盘相比由于没有电机加速旋转的过程所以读取速度快，而基于 DRAM 的固态硬盘写入速度更快，但成本高，容量低，易受到某些外界因素的不良影响，如断电、磁场干扰、静电等。

图 5-14　SSD 固态硬盘

3. U 盘

U 盘（如图 5-15 所示），全称"USB（通用串行总线）闪存盘"，英文名"USB flash disk"。它是一个 USB 接口的无需物理驱动器的微型高容量移动存储产品，可以通过 USB 接口与电脑连接，实现即插即用。U 盘的称呼最早来源于朗科公司生产的一种新型存储设备，名曰"优盘"，使用 USB 接口进行连接。USB 接口就连到电脑的主机后，U 盘的资料可与电脑交换。而之后生产的类似技术的设备由于朗科已进行专利注册，而不能再称之为"优盘"，而改称谐音的"U 盘"。后来 U 盘这个称呼因其简单易记而广为人知，而直到现在这两者也已经通用，并对它们不再作区分，是移动存储设备之一。

U 盘最大的优点就是：小巧便于携带、存储容量大、价格便宜、性能可靠。闪存盘体积很小，仅大拇指般大小，重量极轻，一般在 15 克左右，特别适合随身携带。一般的 U 盘容量有 1 G、2 G、4 G、8 G、16 G、32 G 等，存盘中无任何机械式装置，抗震性能极强。另外，闪存盘还具有防潮防磁、耐高低温等特性,安全可靠性很好。

目前均采用 USB 2.0 接口(兼容 USB 1.1)。支持热插拔,即插即用。

图 5-15　优盘

4. 闪存卡

闪存卡(Flash Card)是利用闪存(Flash Memory)技术达到存储电子信息的存储器,一般
应用在数码相机、MP3、手机等小型数码产品中作为存储介质,所以样子小巧,有如一张卡片,
所以称之为闪存卡。根据不同的生产厂商和不同的应用,闪存卡大概有 SmartMedia(SM
卡)、Compact Flash(CF 卡)、Secure Digital(SD 卡)、Memory Stick(记忆棒)等闪存卡虽然外
观、规格不同,但是技术原理都是相同的。如图 5-16 所示。

图 5-16　SD 卡和记忆棒

5.3.3　笔记本硬盘

笔记本电脑所使用的硬盘(如图 5-17 所示),一般是 2.5 英寸,而台式机为 3.5 英寸,标准的
笔记本电脑硬盘有 9.5、12.5、17.5 mm 三种厚度。笔记本电脑硬盘一般采用三种形式和主板相
连:用硬盘针脚直接和主板上的插座连接,用特殊的硬盘线和主板相连,或者采用转接口和主板
上的插座连接,接口类型有 IDE 和 SATA 接口。基本上所有笔记本电脑硬盘都是可以通用的。

图 5-17　笔记本硬盘

思考与练习

一、填空题

1. 硬盘的借口主要有两种,分别是(　　　)、(　　　)。

2. 硬盘中信息记录介质被称为(　　　)。

3. 可多次写入多次读取的可写光驱和光盘简称(　　　)。

4. 计算机主板上的 IDE 接口,每个 IDE 接口可以连接一个(　　　)和一个(　　　)。

5. 包含操作系统启动所必需的文件和数据的硬盘分区叫(　　　)。

6. 常说的 50X 光驱,指的是光驱的(　　　)。

二、判断题

1. 一块物理硬盘可以设置成一块逻辑盘也可以设置成多块逻辑盘来使用。(　　　)

2. 软驱的电源线不同于光驱的电源线,软驱的较小。(　　　)

3. 将一块硬盘分成几个分区后,如果一个分区安装了操作系统,则其他的分区不能再安装操作系统。(　　　)

4. 4、光盘数据不会受磁场的影响。(　　　)

5. 硬盘可以作为主盘,但光驱只能作为从盘。(　　　)

三、简答题

1. 硬盘和光盘在性能和结构上有什么差异?

2. 优盘是计算机与外界进行数据交换使用频繁的一种外设,在使用时应该注意哪些问题?

3. 如何利用 FDISK 对硬盘进行分区?

4. 如何通过维护和保养来减少光盘驱动器故障的发生?

第6章 显卡和显示器

在电脑的输入/输出系统中,显卡负责将 CPU 送来的影像数据处理成显示器可以理解的格式,再送到屏幕上形成影像,而用户则根据显示器上出现的信息完成相应的工作任务。下面将介绍显卡与显示器的工作原理、重要的技术和性能指标。

显卡按是否集成于主板可分为集成显卡和独立显卡;显卡按用途分类可分为普通显卡和专业显卡;按接口标准可分为 PCI 显卡、AGP 显卡、PCI-E 显卡等。

6.1 显卡的结构及工作原理

6.1.1 显卡的基本结构

显卡又称显示适配器。随着计算机技术在处理速度和性能上的不断提高,也为了满足人们对图形处理、图形加速以及视觉效果等方面的需求,显卡的发展也是日新月异,虽然不同种类的显卡在性能上会有所不同,但从它们的功能与原理上来看一般包括以下几个主要组成部分:显卡金手指(接口)、显示处理芯片、显存、数字模拟转换器(RAMDAC)、显卡 BIOS、总线、VGA 输出插座等。有的显卡上可能还带有 TV、S 视频输入/输出端子、DVI 接口等。

显卡是作为主机与显示器之间的通信与控制电路,负责将主机发出的待显示信息送给显示器。显卡基本结构如图 6-1 所示。

图 6-1 显卡基本结构

6.1.2 显卡的接口类型

显卡的接口决定着显卡与系统之间数据传输的最大带宽,也就是瞬间所能传输的最大数据量。显卡发展至今共出现 ISA、PCI、AGP、PCI Express 等几种接口,所能提供的数据带宽依次增加。目前主流台式电脑可以使用的显卡接口包括 PCI、AGP、PCI Express 三种,而 ISA 接口显卡已经被完全淘汰,在此不做介绍。

1. PCI 接口

PCI 是 Peripheral Component Interconnect(外设部件互连标准)的缩写。几乎所有的主板产品上都带有 PCI 插槽,它也是主板带有最多数量的插槽类型,在目前流行的台式机主板上,ATX 结构的主板一般带有 5～6 个 PCI 插槽,而小一点的 MATX 主板也都带有 2～3 个 PCI 插槽。

PCI 是由 Intel 公司 1991 年推出的一种局部总线。从结构上看,PCI 是在 CPU 和原来的系统总线之间插入的一级总线,具体由一个桥接电路实现对这一层的管理,并实现上下之间的接口以协调数据的传送。管理器提供了信号缓冲,使之能支持 10 种外设,并能在高时钟频率下保持高性能,它为显卡,声卡,网卡,MODEM 等设备提供了连接接口,它的工作频率为 33 MHz/66MHz。

最早提出的 PCI 总线工作在 33 MHz 频率之下,传输带宽达到了 133 MB/s(33 MHz×32 bit/8),基本上满足了当时处理器的发展需要。随着对更高性能的要求,1993 年又提出了 64 bit 的 PCI 总线,后来又提出把 PCI 总线的频率提升到 66 MHz。目前广泛采用的是 32 bit、33M Hz 的 PCI 总线,64 bit 的 PCI 插槽更多是应用于服务器产品。由于 PCI 总线只有 133 MB/s 的带宽,对声卡、网卡、视频卡等绝大多数输入/输出设备显得绰绰有余,但对性能日益强大的显卡则无法满足其需求,所以目前 PCI 接口的显卡已经不多见了,只有较老的 PC 上才有,如图 6-2 所示。

图 6-2　PCI 接口的显卡

2. AGP 接口

AGP 是 Accelerate Graphical Port(加速图形接口)的简称。英特尔于 1996 年 7 月正式推出了 AGP 接口,它是一种显示卡专用的局部总线。严格的说,AGP 不能称为总线,它与 PCI 总线不同,因为它是点对点连接,即连接控制芯片和 AGP 显示卡,但在习惯上依然称其为 AGP 总线。AGP 接口是基于 PCI 2.1 版规范并进行扩充修改而成,工作频率为 66 MHz。

AGP 总线直接与主板的北桥芯片相连,且通过该接口让显示芯片与系统主内存直接相连,避免了窄带宽的 PCI 总线形成的系统瓶颈,增加 3D 图形数据传输速度,同时在显存不足的情况下还可以调用系统主内存。所以它拥有很高的传输速率,这是 PCI 等总线无法与其相比拟的。由于采用了数据读写的流水线操作减少了内存等待时间,数据传输速度有了很大提高;具有 133 MHz 及更高的数据传输频率;地址信号与数据信号分离可提高随机内存访问的速度;采用并行操作允许在 CPU 访问系统 RAM 的同时 AGP 显示卡访问 AGP 内存;显示带宽也不与其它设备共享,从而进一步提高了系统性能。AGP 标准在使用 32 位总线时,有 66 MHz 和 133 MHz 两种工作频率,最高数据传输率为 266 Mbps 和 533 Mbps,而 PCI 总线理论上的最大传输率仅为 133 Mbps。目前最高规格的 AGP 8X 模式下,数据传输速度达到了 2.1 GB/s。

AGP 接口的发展经历了 AGP 1.0(AGP 1X、AGP 2X)、AGP 2.0(AGP Pro、AGP 4X)、AGP 3.0(AGP 8X)等阶段,其传输速度也从最早的 AGP 1X 的 266 MB/s 的带宽发展到了 AGP 8X 的 2.1 GB/s。

(1) AGP 1.0(AGP 1X、AGP 2X)。1996 年 7 月 AGP 1.0 图形标准问世,分为 1X 和 2X 两种模式,数据传输带宽分别达到了 266 MB/s 和 533 MB/s。这种图形接口规范是在66 MHz PCI 2.1 规范基础上经过扩充和加强而形成的,其工作频率为 66 MHz,工作电压为 3.3 V,在一段时间内基本满足了显示设备与系统交换数据的需要。这种规范中的 AGP 带宽很小,现在已经被淘汰了,只有在前几年的老主板上还见得到,比如使用 VIA693 芯片组的部分主板。

(2) AGP 2.0(AGP 4X)。1998 年 5 月份,AGP 2.0 规范正式发布,工作频率依然是 66 MHz,但工作电压降低到了 1.5 V,并且增加了 4X 模式,这样它的数据传输带宽达到了 1066 MB/sec,数据传输能力大大地增强了。

(3) AGP Pro。AGP Pro 接口与 AGP 2.0 同时推出,这是一种为了满足显示设备功耗日益加大的现实而研发的图形接口标准,应用该技术的图形接口主要的特点是比 AGP 4X 略长一些,其加长部分可容纳更多的电源引脚,使得这种接口可以驱动功耗更大(25～110 W)或者处理能力更强大的 AGP 显卡。这种标准其实是专为高端图形工作站而设计的,完全兼容 AGP 4X 规范,使得 AGP 4X 的显卡也可以插在这种插槽中正常使用。AGP Pro 在原有 AGP 插槽的两侧进行延伸,提供额外的电能。它是用来增强,而不是取代现有 AGP 插槽的功能。根据所能提供能量的不同,可以把 AGP Pro 细分为 AGP Pro110 和 AGP Pro50。在某些高档台式机主板上也能见到 AGP Pro 插槽,例如华硕的许多主板。

(4) AGP 3.0(AGP 8X)。2000 年 8 月,Intel 推出 AGP 3.0 规范,工作电压降到 0.8 V,并增加了 8X 模式,这样它的数据传输带宽达到了 2133 MB/s,数据传输能力相对于AGP 4X 成倍增长,能较好的满足显示设备的带宽需求,目前主流的商用机型的 AGP 接口均为 AGP 8X 接口。AGP 接口的模式传输方式不同 AGP 接口的模式传输方式不同。1X 模式的 AGP,工作频率达到了 PCI 总线的两倍——66 MHz,传输带宽理论上可达到 266 MB/s。AGP 2X 工作频率同样为 66 MHz,但是它使用了正负沿(一个时钟周期的上升沿和下降沿)触发的工作方式,在这种触发方式中在一个时钟周期的上升沿和下降沿各传送一次数据,从而使得一个工作周期先后被触发两次,使传输带宽达到了加倍的目的,而这种触发信号的工作频率为 133 MHz,这样 AGP 2X 的传输带宽就达到了 266 MB/s×2(触发次数)=532 MB/s 的高度。AGP 4X 仍使用了这种信号触发方式,只是利用两个触发信号在每个时钟周期的下降沿分别引起两次触发,从而达到了在一个时钟周期中触发 4 次的目的,这样在理论上它就可以达到 266 MB/s×2(单信号触发次数)×2(信号个数)=1064 MB/s 的带宽了。在 AGP 8X 规范中,这种触发模式仍然使用,只是触发信号的工作频率变成 266 MHz,两个信号触发点也变成了每个时钟周期的上升沿,单信号触发次数为 4 次,这样它在一个时钟周期所能传输的数据就从 AGP 4X 的 4 倍变成了 8 倍,理论传输带宽将可达到 266 MB/s×4(单信号触发次数)×2(信号个数)＝2128 MB/s 的高度了。

　　目前常用的 AGP 接口为 AGP 4X、AGP Pro、AGP 通用及 AGP 8X 接口。需要说明的是由于 AGP 3.0 显卡的额定电压为 0.8～1.5 V,因此不能把 AGP 8X 的显卡插接到 AGP 1.0 规格的插槽中。这就是说 AGP 8X 规格与旧有的 AGP 1X/2X 模式不兼容。而对于 AGP 4X 系统,AGP 8X 显卡仍旧在其上工作,但仅会以 AGP 4X 模式工作,无法发挥 AGP 8X 的优势。接口如图 6-3 所示。图 6-4 为主板上的 PCI 和 AGP 接口。

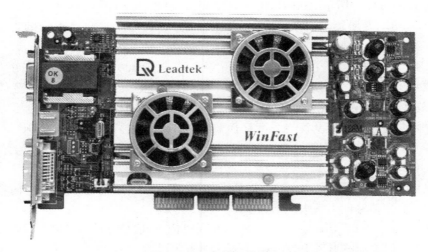

图 6-3　　AGP 接口的显卡

图 6-4　　主板上的 PCI 接口与 AGP 接口

3. PCI Express 接口

　　PCI Express 是新一代的总线接口,早在 2001 年的春季"英特尔开发者论坛"上,英特尔公司就提出了要用新一代的技术取代 PCI 总线和多种芯片的内部连接,并称之为第三代 I/O 总线技术,随后在 2001 年底,包括 Intel、AMD、DELL、IBM 在内的 20 多家业界主导公司开始起草新技术的规范,并在 2002 年完成,对其正式命名为 PCI Express。

　　PCI Express 采用了目前业内流行的点对点串行连接,比起 PCI 以及更早期的计算机总线的共享并行架构,每个设备都有自己的专用连接,不需要向整个总线请求带宽,而且可以把数据传输率提高到一个很高的频率,达到 PCI 所不能提供的高带宽。相对于传统 PCI 总线在单一时间周期内只能实现单向传输,PCI Express 的双单工连接能提供更高的传输速率和质量,它们之间的差异跟半双工和全双工类似。PCI Express 的接口根据总线位宽不同而有所差异,包括 X1、X4、X8 以及 X16(X2 模式将用于内部接口而非插槽模式)。较短的 PCI-Express 卡可以插入较长的 PCI Express 插槽中使用。PCI Express 接口能够支持热拔插,

这也是个不小的飞跃。PCI Express 卡支持的三种电压分别为＋3.3 V、3.3Vaux 以及＋12 V。用于取代 AGP 接口的 PCI Express 接口位宽为 X16,将能够提供 5 GB/s 的带宽,即便有编码上的损耗但仍能够提供约为 4 GB/s 左右的实际带宽,远远超过 AGP 8X 的 2.1 GB/s 的带宽。PCI Express 规格从 1 条通道连接到 32 条通道连接,有非常强的伸缩性,以满足不同系统设备对数据传输带宽不同的需求。例如,PCI Express X1 规格支持双向数据传输,每向数据传输带宽 250 MB/s,PCI Express X1 已经可以满足主流声效芯片、网卡芯片和存储设备对数据传输带宽的需求,但是远远无法满足图形芯片对数据传输带宽的需求。因此,必须采用 PCI Express X16,即 16 条点对点数据传输通道连接来取代传统的 AGP 总线。PCIExpress X16 也支持双向数据传输,每向数据传输带宽高达 4 GB/s,双向数据传输带宽有 8 GB/s 之多,相比之下,目前广泛采用的 AGP 8X 数据传输只提供 2.1 GB/s 的数据传输带宽。

尽管 PCI Express 技术规格允许实现 X1(250MB/s),X2,X4,X8,X12,X16 和 X32 通道规格,但是依目前形式来看,PCI Express X1 和 PCI Express X16 将成为 PCI Express 主流规格,同时芯片组厂商将在南桥芯片当中添加对 PCI Express X1 的支持,在北桥芯片当中添加对 PCI Express X16 的支持。除去提供极高数据传输带宽之外,PCI Express 因为采用串行数据包方式传递数据,所以 PCI Express 接口每个针脚可以获得比传统 I/O 标准更多的带宽,这样就可以降低 PCI Express 设备生产成本和体积。另外,PCI Express 也支持高阶电源管理,支持热插拔,支持数据同步传输,为优先传输数据进行带宽优化。

在兼容性方面,PCI Express 在软件层面上兼容目前的 PCI 技术和设备,支持 PCI 设备和内存模组的初始化,也就是说目前的驱动程序、操作系统无需推倒重来,就可以支持 PCI-Express 设备。接口形状如图 6-5 所示。图 6-6 为主板上的 PCI-E X1 和 PCI-E X16 接口。

图 6-5　PCI-E 16X 接口的显卡

图 6-6 主板上的 PCI-E 1X 和 16X 接口

6.1.3 显示芯片

显示芯片一般有两种应用,一种是指主板所板载的显示芯片,有显示芯片的主板不需要独立显卡,也就是平时所说的集成显卡;另一种是指独立显卡的核心芯片,独立显卡通过插槽连接到主板上面。虽然有这两种应用,但是显示芯片却是相同的

显示芯片是显卡的核心芯片,它的性能好坏直接决定了显卡性能的好坏,它的主要任务就是处理系统输入的视频信息并将其进行构建、渲染等工作。显示主芯片的性能直接决定了显示卡性能的高低。不同的显示芯片,不论从内部结构还是其性能,都存在着差异,而其价格差别也很大。显示芯片在显卡中的地位,就相当于电脑中 CPU 的地位,是整个显卡的核心。

目前设计、制造显示芯片的厂家主要有 nVIDIA、ATI、SIS、3DLabs 等公司。

◆ Intel、VIA(S3)、SIS 主要生产集成芯片;

◆ ATI、nVIDIA 以独立芯片为主,是市场上的主流;

◆ Matrox、3D Labs 则主要面向专业图形市场。

图 6-7 nVIDIA 和 ATI 显卡芯片

1. 板载显示芯片

显示芯片是指主板所板载的显示芯片,有显示芯片的主板不需要独立显卡就能实现普通的显示功能,以满足一般的家庭娱乐和商业应用,节省用户购买显卡的开支。板载显示芯片可以分为两种类型:整合到北桥芯片内部的显示芯片以及板载的独立显示芯片,市场中大多数板载显示芯片的主板都是前者,如常见的 865G/845GE 主板等;而后者则比较少见,例如精英的"游戏悍将"系列主板,板载 SIS 的 Xabre 200 独立显示芯片,并有 64 MB 的独立显存。

主板板载显示芯片的历史已经非常悠久了,从较早期 VIA 的 MVP4 芯片组到后来英特尔的 810 系列,815 系列,845GL、845G、845GV、845GE、865G、865GV 以及即将推出的 910GL、915G、915GL、915GV、945G 等芯片组都整合了显示芯片。而英特尔也正是依靠了整合的显示芯片,才占据了图形芯片市场的较大份额。

目前各大主板芯片组厂商都有整合显示芯片的主板产品,而所有的主板厂商也都有对应的整合型主板。英特尔平台方面整合芯片组的厂商有英特尔,VIA,SIS,ATI 等,AMD 平台方面整合芯片组的厂商有 VIA,SIS,nVIDIA 等等。在 ATI 被 AMD 收购以后,所出的显示芯片提供对 AMD 和 INTEL 两家的支持。

2. 独立显卡显示芯片

显示芯片是显卡的核心芯片,它的性能好坏直接决定了显卡性能的好坏,它的主要任务就

是处理系统输入的视频信息并将其进行构建、渲染等工作。显示主芯片的性能直接决定了显示卡性能的高低。不同的显示芯片，不论从内部结构还是其性能，都存在着差异，而其价格差别也很大。显示芯片在显卡中的地位，就相当于电脑中 CPU 的地位，是整个显卡的核心。因为显示芯片的复杂性，目前设计、制造显示芯片的厂家只有 nVIDIA、ATI、SIS、3DLabs 等公司。家用娱乐性显卡都采用单芯片设计的显示芯片，而在部分专业的工作站显卡上有采用多个显示芯片组合的方式。

6.1.4　RAMDAC

其含义是"数模转换器"，它的作用是将显存中的数字信号转换为能够用于显示的模拟信号。RAMDAC 的转换速率以 MHz 表示，决定了刷新频率的高低（与显示器的"带宽"意义近似）。该数值决定了在足够的显存下，显卡最高支持的分辨率和刷新率。如果要在 1024×768 的分辨率下达到 85Hz 的分辨率，RAMDAC 的速率至少是 90 MHz。现在显卡的 RAMDAC 至少是 170 MHz，高档显卡的多在 230 MHz 以上，第四、五代 3D 显卡大多采用了 300 MHz 以上的 RAMDAC。为了降低成本，有些厂商将 RAMDAC 做到了显示芯片内，在这些显卡上找不到单独的 RAMDAC 芯片。

6.1.5　显存

显存，也被叫做帧缓存，它的作用是用来存储显卡芯片处理过或者即将提取的渲染数据。如同计算机的内存一样，显存是用来存储要处理的图形信息的部件。在显示屏上看到的画面是由一个个的像素点构成的，而每个像素点都以 4 至 32 甚至 64 位的数据来控制它的亮度和色彩，这些数据必须通过显存来保存，再交由显示芯片和 CPU 调配，最后把运算结果转化为图形输出到显示器上。显存和主板内存一样，执行存贮的功能，但它存贮的对象是显卡输出到显示器上的每个像素的信息。显存是显卡非常重要的组成部分，显示芯片处理完数据后会将数据保存到显存中，然后由 RAMDAC（数模转换器）从显存中读取出数据并将数字信号转换为模拟信号，最后由屏幕显示出来。在高级的图形加速卡中，显存不仅用来存储图形数据，而且还被显示芯片用来进行 3D 函数运算。在 nVIDIA 等高级显示芯片中，已发展出和 CPU 平行的"GPU"（图形处理单元）。"T&&L"（变形和照明）等高密度运算由 GPU 在显卡上完成，由此更加重了对显存的依赖。

目前显存类型主要有 SDRAM，DDR SDRAM，DDR SGRAM 三种。

图 6-8　显卡上的显存芯片

◆ SDRAM 颗粒目前主要应用在低端显卡上,频率一般不超过 200 MHz;

◆ DDR SDRAM 是市场中的主流(包括 DDR2 和 DDR3);

◆ DDR SGRAM,它是显卡厂商特别针对绘图者需求,为了加强图形的存取处理以及绘图控制效率。

目前主流机型配置的显存大都为 512 MB。

6.1.6　BIOS

显卡 BIOS,主要用于存放显示芯片与驱动程序之间的控制程序,另外还存放有显卡型号、规格、生产厂家、出厂时间等信息。早期显卡 BIOS 是固化在 ROM 中的,不可以修改,而现在多数显卡则采用了大容量的 EPROM,可以通过专用的程序进行改写升级。

6.1.7　显示接口

显示接口是指显卡与显示器、电视机等图像输出设备连接的接口。显卡上常见的显示接口有 DVI 接口、HDMI 接口、VGA 接口、S 端子和其他电视接口。从功能上看,S 端子和其他电视接口主要用于 TV-OUT(也叫 VIDEO-OUT)和 VIDEO-IN 功能,VIDEO-IN 和 VIDEO-OUT 合称 VIVO。此外,显卡上的 DVI 接口都是 DVI-I 接口,包含数字信号和模拟信号两部分。因此很多没有 VGA 接口的显卡,可以通过一个简单的转接头,将显卡的 DVI 接口转成 VGA 接口。

DVI 和 HDMI 接口都是数字接口,尤其是带有 HDMI 接口的显卡,支持 HDCP 协议,为观看带有版权的高清节目打下基础,而不支持 HDCP 协议的显卡,不论连接显示器还是电视,都无法正常观看有版权的高清电影、电视节目。图 6-9 列出了显卡的部分显示接口。

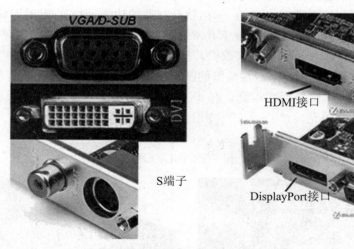

图 6-9　常见显卡接口

1. VGA 插座

显卡所处理的信息,最终都要输出到显示器上。显卡的输出接口,就是电脑与显示器之间的桥梁,它负责向显示器输出相应的图像信号。CRT 显示器因为设计制造上的原因,只能接受模拟信号输入,这就需要显卡能输入模拟信号。VGA 接口,就是显卡上输出模拟信号的接口。

VGA(Video Graphics Array)接口,也叫 D-Sub 接口。虽然液晶显示器可以直接接收数字信号,但很多低端产品为了与 VGA 接口显卡相匹配,因而采用 VGA 接口。VGA 接口是一种 D 型接口,上面共有 15 针的空,分成三排,每排五个。VGA 接口是显卡上应用最为广泛的接口类型,绝大多数的显卡都带有此种接口。

目前,大多数计算机与外部显示设备之间,都是通过模拟 VGA 接口连接。计算机内部以数字方式生成的显示图像信息,被显卡中的数字/模拟转换器,转变为 R、G、B 三原色信号和行、场同步信号,信号通过电缆传输到显示设备中。对于模拟显示设备,如模拟 CRT 显示器,信号被直接送到相应的处理电路,以驱动控制显像管生成图像。而对于 LCD、DLP 等数字显示设备,显示设备中需配置相应的 A/D(模拟/数字)转换器,将模拟信号转变为数字信号。在经过 D/A 和 A/D 两次转换后,不可避免地造成了一些图像细节的损失。VGA 接口应用于 CRT 显示器无可厚非,但用于连接液晶之类的显示设备,则转换过程的图像损失会使显示效果略微下降。

2. DVI 接口

DVI 接口有 3 种类型 5 种规格,端子接口尺寸为 39.5mm×15.13mm。

3 大类包括:DVI-Analog(DVI-A)接口,DVI-Digital(DVI-D)接口,DVI-Integrated(DVI-I)接口。

5 种规格包括 DVI-A(12+5)、单连接 DVI-D(18+1)、双连接 DVI-D(24+1)、单连接 DVI-I(18+5)、双连接 DVI-I(24+5)。

DVI-Analog(DVI-A)接口(12+5)只传输模拟信号,实质就是 VGA 模拟传输接口规格。当要将模拟信号 D-Sub 接头连接在显卡的 DVI-I 插座时,必须使用转换接头。转换接头连接显卡的插头,就是 DVI-A 接口。早期的大屏幕专业 CRT 中也能看见这种插头。

DVI-Digital(DVI-D)接口(18+1 和 24+1)是纯数字的接口,只能传输数字信号,不兼容模拟信号。所以,DVI-D 的插座有 18 个或 24 个数字插针的插孔+1 个扁形插孔。

DVI-Integrated(DVI-I)接口(18+5 和 24+5)是兼容数字和模拟接口的,所以,DVI-I 的插座就有 18 个或 24 个数字插针的插孔+5 个模拟插针的插孔(就是旁边那个四针孔和一个十字花)。比 DVI-D 多出来的 4 根线用于兼容传统 VGA 模拟信号。基于这样的结构,DVI-I 插座可以插 DVI-I 和 DVI-D 的插头,而 DVI-D 插座只能插 DVI-D 的插头。DVI-I 兼容模拟接口并不意味着模拟信号的接口 D-Sub 插头可以直接连接在 DVI-I 插座上,它必须通过一个转换接头才能连接使用。一般采用这种接口的显卡都会带有相关的转换接头。考虑到兼容性问题,目前显卡一般会采用 DVI-I 接口,这样可以通过转换接头连接到普通的 VGA 接口。而带有两个 DVI 接口的显示器一般使用 DVI-D 类型。而带有一个 DVI 接口和一个 VGA 接口的显示器,DVI 接口一般使用带有模拟信号的 DVI-I 接口。

五种 DVI 接口示意图如图 6-10 所示。

DVI 数字信号传输有单连接(Single Link)和双连接(Dual Link)两种方式,对于单连接,仅用上图所示的 1、2、9、10、17、18 脚传输。

3. TV-Out 接口(图 6-11)

指显卡具备输出信号到电视的相关接口。

◆ 复合视频接口,即 AV 输出接口;

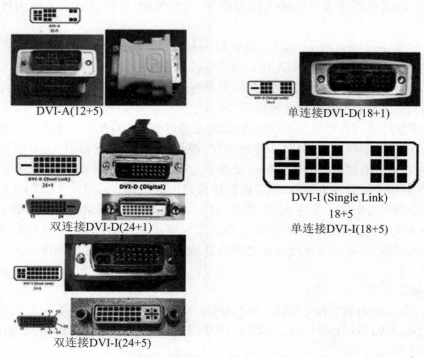

DVI-A(12+5)

单连接DVI-D(18+1)

双连接DVI-D(24+1)

DVI-I (Single Link)
18+5
单连接DVI-I(18+5)

双连接DVI-I(24+5)

图 6-10   五种类型的 DVI 接口

◆ S 端子接口；
◆ HDMI 高清晰多媒体接口。

HDMI接口   AV输出接口

S端子接口

图 6-11   TV-Out 接口

6.2   显卡的主要技术指标

显卡的技术参数很多,下面仅列出主要的吉祥参数。

1. 最大分辨率

显卡的最大分辨率是指显卡在显示器上所能描绘的像素点的数量。分辨率越大,所能显示的图像的像素点就越多,并且能显示更多的细节,当然也就越清晰。

现在决定最大分辨率的不是早先的显存了,而是显卡的 RAMDAC 频率,目前所有主流显卡的 RAMDAC 都达到了 400 MHz,至少都能达到 2048×1536 的最大分辨率,而最新一代显卡的最大分辨率更是高达 2560×1600 了。

另外,显卡能输出的最大显示分辨率并不代表自己的电脑就能达到这么高的分辨率,还必须有足够强大的显示器配套才可以实现,也就是说,还需要显示器的最大分辨率与显卡的最大分辨率相匹配才能实现。例如要实现 2048×1536 的分辨率,除了显卡要支持之外,还需要显示器也要支持。而 CRT 显示器的最大分辨率主要是由其带宽所决定,而液晶显示器的最大分辨率则主要由其面板所决定。目前主流的显示器,17 英寸的 CRT 其最大分辨率一般只有 1600×1200,17 英寸和 19 英寸的液晶则只有 1280×1024,所以目前在普通电脑系统上最大分辨率的瓶颈不是显卡而是显示器。要实现 2048×1536 甚至 2560×1600 的最大分辨率,只有借助于专业级的大屏幕高档显示器才能实现,例如 DELL 的 30 英寸液晶显示器就能实现 2560×1600 的超高分辨率。

2. 核心频率

显卡的核心频率是指显示核心的工作频率,其工作频率在一定程度上可以反映出显示核心的性能,但显卡的性能是由核心频率、显存、像素管线、像素填充率等等多方面的情况所决定的,因此在显示核心不同的情况下,核心频率高并不代表此显卡性能强劲。比如 9600Pro 的核心频率达到了 400 MHz,要比 9800Pro 的 380 MHz 高,但在性能上 9800Pro 绝对要强于 9600Pro。在同样级别的芯片中,核心频率高的则性能要强一些,提高核心频率就是显卡超频的方法之一。显示芯片主流的只有 ATI 和 nVIDIA 两家,两家都提供显示核心给第三方的厂商,在同样的显示核心下,部分厂商会适当提高其产品的显示核心频率,使其工作在高于显示核心固定的频率上以达到更高的性能。

3. 像素填充率

像素填充率是指图形处理单元在每秒内所渲染的像素数量,单位是 MPixel/s(每秒百万像素),或者 GPixel/s(每秒十亿像素),是用来度量当前显卡的像素处理性能的最常用指标。显卡的渲染管线是显示核心的重要组成部分,是显示核心中负责给图形配上颜色的一组专门通道。渲染管线越多,每组管线工作的频率(一般就是显卡的核心频率)越高,那么所绘出的显卡的填充率就越高,显卡的性能就越高,因此可以从显卡的象素填充率上大致判断出显卡的性能。

一般情况下,显卡的像素填充率等于显示核心的渲染管线数量乘以核心频率。这里的像素填充率显然是理论最大值,实际效果还要受管线执行效率的影响。另外显卡的性能还要受核心架构、顶点数量、显存带宽的影响。例如较高的填充率渲染像素需要消耗大量的存储带宽来支持,因此如果显卡的显存带宽跟不上,显卡的像素填充率也会受影响。不过对大多数显卡而言,设计时总会让像素填充率、顶点生成率、显存带宽等几个显卡的重要指标大致匹配,因此从像素填充率可以大致反映出显卡的性能。

4. 显存带宽

显存带宽是指显示芯片与显存之间的数据传输速率,它以字节/秒为单位。显存带宽是决定显卡性能和速度最重要的因素之一。要得到精细(高分辨率)、色彩逼真(32 位真彩)、流畅(高刷新速度)的 3D 画面,就必须要求显卡具有大显存带宽。目前显示芯片的性能已达到很高的程度,其处理能力是很强的,只有大显存带宽才能保障其足够的数据输入和输出。随着多媒体、3D 游戏对硬件的要求越来越高,在高分辨率、32 位真彩和高刷新率的 3D 画面面前,相对于 GPU,较低的显存带宽已经成为制约显卡性能的瓶颈。显存带宽是目前决定显卡图形性能和速度的重要因素之一。

显存带宽的计算公式为:

$$显存带宽 = 工作频率 × 显存位宽/8$$

目前大多中低端的显卡都能提供 6.4 GB/s、8.0 GB/s 的显存带宽,而对于高端的显卡产品则提供超过 20 GB/s 的显存带宽。在条件允许的情况下,尽可能购买显存带宽大的显卡,这是一个选择的关键。

6.3 多显卡技术

1. 双显卡技术

双显卡技术就是所谓的 SLI 和 CrossFire 技术。

(1) 可升级连接接口 SLI(Scalable Link Interface)/交换扫描模式 SLI(Scalable Link Interface)。是 nVIDIA 公司于 2007 年 6 月 28 日推出的一种革命性技术,能让多块 nVIDIA GeForce 系列或者 nVIDIA Quadro 显卡工作在一台个人计算机或工作站上,从而极大地提升图形性能。它是通过一种特殊的接口连接方式,在一块支持双 PCI Express X 16 的主板上,同时使用两块同型号的 PCI-E 显卡。在未来的产品线中 SLI 将成为新的制高点,它允许多个图形芯片同时工作而获得更高的性能。当年的 3Dfx 首次推出 Voodoo2 SLI,通过一条专用的数据线将两块相同品牌的 Voodoo2 连接在一起,提供当时顶级的 3DF 性能。虽然同样是使两张显卡同时工作,但是 nVIDIA 推出的 SLI 技术实际上和 3Dfx 的 SLI 技术不尽相同,Voodoo2 的 SLI 是通过两张显卡分别负责奇偶帧的渲染,而达到减轻显卡负担,提高性能的目的;而 nVIDIA 的 SLI 技术,则又所不同。当两个图形显卡通过一个外置的桥式连接器连通后,驱动程序能自动识别该配置并进入"SLI Multi-GPU"模式。在此模式下,驱动程序将两个显卡配置为一个独立的设备,也就是说,所有的图形处理程序将这两个图形芯片视为一个独立的逻辑设备。

nVIDIA 的驱动程序在维持着色中的对称上扮演了一个重要的角色,它考虑工作量并作出两个关键决定:① 决定着色方法;② 根据着色方法,决定两个 GPU 之间的工作量分担。nVIDIA 支持两个主要的着色方法:Alternate Frame Rendering(帧渲染器模式,AFR)和 Split Frame Rendering(分割帧渲染器模式,SFR)。就像名字揭示的那样,AFR 让每个 GPU 对隔开的帧着色(GPU 1 着色所有的奇数帧,而 GPU 2 着色所有的偶数帧),只要是每个都是独立帧,AFR 效率最高,这是因为包括逐顶点、光栅化和逐象素在内所有的渲染都要在图形之间平均分割。现在的 3Dmark03 就是运行在 AFR 模式,最高有 87% 的性能提升。而 SFR 是把一个单帧的着色分配到两个 GPU 当中。

nVIDIA 的驱动程序平时并不确定使用 AFR 还是 SFR,nVIDIA 的软件工程师配置了 100 个流行游戏中的大多数并为每一个创建了配置文件,决定在每个游戏中它们默认应该使用 AFR 还是 SFR 模式。只要帧之间没有依赖关系,nVIDIA 的驱动程序就默认为 AFR。要运行 SLI 就要组建支持 SLI 的平台,组建 SLI 系统,需要:① 支持 SLI 的主板;② 需要两张通过 nVIDIA SLI 认证的显卡;③ Windows XP 及以上操作系统。

虽然 nForce4 SLI 不是第一个支持 SLI 的芯片组,但是 Intel 的 Tumwater(E7525)主板是属于工作站/服务器级别的主板,所以目前家用级用户要组建 SLI 系统,一般都采用 nForce4 SLI 芯片组的主板。就目前的状况来看,SLI 的前景相当光明,nVIDIA 已经准备推出支持 SLI 的 nForce 5 Intel 芯片组,而 VIA、SIS 也会推出所谓的 Dual PCI GFX 技术。

主板的 High-Speed Digital Interface 就是用于连接两张显卡的,没有它的帮助,SLI 系统是不可能组成的。而显卡方面,则一定要通过 nVIDIA SLI 认证的显卡,PCB 上的 SLI 接口就是最好的说明。选购显卡的时候就要注意一下,根据 nVIDIA 的说明,两张显卡需要是同牌子同型号才可以启动 SLI 功能。就现在市场情况,nVIDIA 分为高端的 Geforce 6800Ultra、中端的 Geforce 6800GT 和 Geforce 6800、低端的 Geforce 6600GT3 个等级。Geforce 6600GT SLI 系统的显卡可以实现 4 屏输出。

最后还要确定电源是否可以提供足够的电流,根据 nVIDIA 的官方说明,高端的 Geforce 6800Ultra 所组建的 SLI 系统所需的电源瓦数高达 500 W~550 W。Geforce 6800Ultra 的耗电相信大家都非常清楚,而现在则是两张的 Geforce 6800Ultra,耗电自然是很大的。

(2) 交叉火力 CrossFire/ATi Multi VPU。是指在 Super Tiling(一种渲染技术曾经是 CrossFire 系统与 nVIDIA SLI 的最大区别,Super Tiling 的工作方式是把一帧的画面分成 32×32 的小"Tiling",然后每个 GPU 渲染各自负责的区域)模式下两块或以上数目的显卡协同工作的能力。Evans & Sutherland 计算机公司在过去的三年来一直将 Multi VPU(多图形处理单元)应用于商用飞机模拟器的研制,Multi VPU 可将屏幕显示划分成多个方形区域,一块显卡负责渲染所有的黑格而另一块则负责所有的白格。其中,一块显卡会设为主卡而另一块设为从卡,并且两卡都将通过接口最终与显示器相连,接口或是互连设备则需同时与两块显卡的 DVI 接口相接。这一方式十分有利于负载均衡,至少从理论上看一帧画面的渲染速度会达到以往的两倍之多。不过这只是理论值,实现表现或许会有些差别。

2. Hybird SLI

Hybrid SLI:在最新的 MCP 78 中提供了 Hybrid SLI 功能,即为独立显卡和集成显卡的 SLI。

(1) 电源模式。当整合主板和高档 nVIDIA 显卡组成 SLI 时,在 2D 模式下使用集成显卡,在 3D 模式下使用独立显卡,这样可以起到省电的效果。

(2) 性能模式:当整合主板和低档 nVIDIA 显卡如 Geforce8400 或者 Geforce8450

3. 多 GPU 显卡的鼻祖——3Dfx

早在 1998 年,3Dfx 因为想让自己的显卡在现有的技术基础上进一步提升,就在 Voodoo2 上应用了 SLI 技术,它是现在 nVIDIA SLI 的前身——将两块 Voodoo2 分别插入 PCI 槽,并用一根数据电缆连接起来,通过驱动程序的控制,使两块 Voodoo2 协调工作。在当时,对于硬件的需求可以说是非常奢侈。在 2000 年,3Dfx 又推出了集成多芯片的 Voodoo 5,这是早期较出名的多核显卡。同样在 2000 年,ATI 推出了一种 Dual ASIC 双芯片技术,其原理是在 Rage Fury MAXX 显卡内建 2 颗 Rage 128 Pro 绘图芯片,两个绘图芯片轮流工作,每个绘图芯片负责一帧(frame)画面,交替进行以提高像素填充率和三角形生成率。

6.4　显　示　器

显示器是计算机最重要的输出设备。在使用计算机的过程中,所有计算机产生的反馈信息都将通过显示器与用户实现交互,将五彩缤纷的画面展示在我们面前。下面从技术角度介绍一些显示器的基本常识。

6.4.1　显示器的分类

1. 按照显示器的成像分类

分为传统的显示器,也就采用电子枪产生图像的 CRT(cathode-ray-tube 阴极显示管)显示器、液晶显示器 LCD(Liquid Crystal Display)、LED(light emitting diode)、PDP(Plasma Display Panel,等离子显示器)。

2. 按显示色彩分类

分为单色显示器和彩色显示器,单色显示器已经成为历史,但部分场所如银行前台仍在使用。

3. 按显示屏幕大小分类

以英寸单位(1 英寸=2.54 cm),通常有 14 英寸、15 英寸、17 英寸和 20 英寸,或者更大。

6.4.2　CRT 显示器的性能指标

CRT 显示器是将电子束穿过阴罩孔后射到屏幕的荧光点上,并通过控制电子束的强弱来控制 R、G、B 三基色光合成的比例,由此从远处观察屏幕就是三色光合成后效果。

1. 点距

点距是指屏幕上相邻两个同色点(比如两个红色点)的距离称为点距,常见点距规格有 0.31 mm、0.28 mm、0.25 mm 等。显示器点距越小,在高分辨率下越容易取得清晰的显示效果。一部分显示管采用了孔状荫罩的技术,显示图像精细准确,适合 CAD/CAM,另一些采用条状荫罩的技术,色彩明亮适合艺术创作。

2. 像素和分辨率

分辨率指屏幕上像素的数目,像素是指组成图像的最小单位,也即上面提到的发光"点"。比如,1024×768 的分辨率是说在水平方向上有 1024 个像素,在垂直方向上有 768 个像素。为了控制像素的亮度和彩色深度,每个像素需要很多个二进制位来表示,如果要显示 256 种颜色,则每个像素至少需要 8 位(一个字节)来表示,即 2 的 8 次方等于 256;当显示真彩色时,每个像素要用 3 个字节的存储量。

每种显示器均有多种供选择的分辨率模式,能达到较高分辨率的显示器的性能较好。目前 15 英寸的显示器最高分辨率一般可以达到 1280×1024。

分辨率高低是由显像管点距、有效显示面积和视频信号的带宽决定的,同时与刷新率有直接关系。

3. 扫描频率

电子束采用光栅扫描方式,从屏幕左上角一点开始,向右逐点进行扫描,形成一条水平线;到达最右端后,又回到下一条水平线的左端,重复上面的过程;当电子束完成右下角一点的扫描后,形成一帧。此后,电子束又回到左上方起点,开始下一帧的扫描。这种方法也就是常说的逐行扫描显示。而隔行扫描指电子束在扫描时每隔一行扫一线,完成一屏后再返回来扫描剩下的线,这与电视机的原理一样。隔行扫描的显示器比逐行扫描闪烁得更厉害,也会让使用者的眼睛更疲劳。

完成一帧所花时间的倒数叫垂直扫描频率,也叫刷新频率,比如 60 Hz、75 Hz、85 Hz 等。一般来说 75 Hz 以上人眼睛就感觉不出来画面的抖动,85 Hz 以上为最佳。

4. 带宽

带宽是指每秒钟电子枪扫描过的图像点的个数,以 MHz(兆赫兹)为单位,表明了显示器电路可以处理的频率范围。

比如,在标准 VGA 方式下,如果刷新频率为 60 Hz,则需要的带宽为

$$640 \times 480 \times 60 = 18.4 \text{ MHz}$$

在 1024×768 的分辨率下,若刷新频率为 70 Hz,则需要的带宽为 55.1 MHz。以上的数据是理论值,实际所需的带宽要高一些。

早期的显示器是固定频率的,现在的多频显示器采用自动跟踪技术,使显示器的扫描频率自动与显示卡的输出同步,从而实现了较宽的适用范围。

带宽的值越大,显示器性能越好。

5. 显示面积

显示面积指显像管的可见部分的面积。显像管的大小通常以对角线的长度来衡量,以英寸单位(1 英寸=2.54 cm),常见的有 14 英寸、15 英寸、17 英寸、20 英寸几种。显示面积都会小于显示管的大小。显示面积用长与高的乘积来表示,通常人们也用屏幕可见部分的对角线长度来表示,比如 15 英寸显示器的显示面积一般是 13.5 英寸,这会因显示器的品牌不同略有差异,比较好的 15 寸显示器的显示面积可以达到 13.8 英寸。很显然,显示面积越大越好,但这意味着价格的大幅上升。

6. 显示器的色温

在一些高档的显示器上一般都会提供色温调节的功能,由于不同地区和不同种族人的眼睛对颜色的识别略有差别,所以销售在不同地区的显示器都要将颜色调节到合适这一地区人使用的范围,调节色温就是为了完成这些功能,不过具有这种调节功能的显示器价格都非常高。

6.4.3 LCD 显示器的分类及性能指标

液晶显示器又叫做 LCD 显示器,俗称为平板显示器。它是利用彩色液晶显示板显示图像,具有体积小、供电电压低、重量轻而薄的特点。

在实际应用中,LCD 又分为无源阵列彩显 DSTN-LCD(俗称伪彩显)和薄膜晶体管有源阵列彩显 TFT-LCD(俗称真彩显)两类。

1. DSTN(Dual-Layer Super Twist Nematic)显示屏

DSTN(Dual-Layer Super Twist Nematic)显示屏不能算是真正的彩色显示器,因为屏幕上每个像素的亮度和对比度不能独立的控制,它只能显示颜色的深度,与传统的 CRT 显示器的颜色相比相距甚远,因而也被叫做伪彩显。

2. TFT(Thin Film Transistor)显示屏

TFT(Thin Film Transistor)显示屏的每个液晶像素点都是由集成在像素点后面的薄膜晶体管来控制,使每个像素都能保持一定电压,从而可以做到高速度、高亮度、高对比度的显示。TFT 显示屏是目前最好的 LCD 彩色显示设备之一,是现在笔记本电脑和台式机上的主流显示设备。

3. 液晶显示器的性能指标

(1) 可视面积。液晶显示器所标示的尺寸就是实际可以使用的屏幕范围一致。例如,一个 15.1 英寸的液晶显示器约等于 17 英寸 CRT 屏幕的可视范围。

(2) 可视角度。液晶显示器的可视角度左右对称,而上下则不一定对称。举个例子,当背光源的入射光通过偏光板、液晶及取向膜后,输出光便具备了特定的方向特性,也就是说,大多数从屏幕射出的光具备了垂直方向。假如从一个非常斜的角度观看一个全白的画面,可能会看到黑色或是色彩失真。一般来说,上下角度要小于或等于左右角度。如果可视角度为左右80 度,表示在始于屏幕法线 80 度的位置时可以清晰地看见屏幕图像。但是,由于人的视力范围不同,如果没有站在最佳的可视角度内,所看到的颜色和亮度将会有误差。现在有些厂商就开发出各种广视角技术,试图改善液晶显示器的视角特性,如:IPS(In Plane Switching)、MVA(Multidomain Vertical Alignment)、TN+FILM。这些技术都能把液晶显示器的可视角度增加到 160 度,甚至更多。

(3) 点距。液晶显示器的点距是多大,这个数值是如何得到的,举例来说一般 14 英寸LCD 的可视面积为 285.7 mm×214.3 mm,它的最大分辨率为 1024×768,那么点距就等于:可视宽度/水平像素(或者可视高度/垂直像素),即 285.7 mm/1024＝0.279 mm(或者是214.3 mm/768＝0.279 mm)。

(4) 色彩度。LCD 重要的当然是的色彩表现度。自然界的任何一种色彩都是由红、绿、蓝三种基本色组成的。LCD 面板上是由 1024×768 个像素点组成显像的,每个独立的像素色彩是由红、绿、蓝(R、G、B)三种基本色来控制。大部分厂商生产出来的液晶显示器,每个基本色(R、G、B)达到 6 位,即 64 种表现度,那么每个独立的像素就有 64×64×64＝262144 种色彩。也有不少厂商使用了所谓的 FRC(Frame Rate Control)技术以仿真的方式来表现出全彩的画面,也就是每个基本色(R、G、B)能达到 8 位,即 256 种表现度,那么每个独立的像素就有高达 256×256×256＝16777216 种色彩了。

(5) 对比值。对比值是定义最大亮度值(全白)除以最小亮度值(全黑)的比值。CRT 显示器的对比值通常高达 500∶1,以致在 CRT 显示器上呈现真正全黑的画面是很容易的。但对 LCD 来说就不是很容易了,由冷阴极射线管所构成的背光源是很难去做快速地开关动作,因此背光源始终处于点亮的状态。为了要得到全黑画面,液晶模块必须完全把由背光源而来的光完全阻挡,但在物理特性上,这些组件并无法完全达到这样的要求,总是会有一些漏光发生。一般来说,人眼可以接受的对比值约为 250∶1。

(6) 亮度值。液晶显示器的最大亮度,通常由冷阴极射线管(背光源)来决定,亮度值一般都在 200~250 cd/m² 间。液晶显示器的亮度略低,会觉得屏幕发暗。通过多年的经验积累,如今市场上液晶显示器的亮度普遍都为 250 cd/m²,超过 24 英寸的显示器则要稍高,但也基本维持在 300~400 cd/m² 间,虽然技术上可以达到更高亮度,但是这并不代表亮度值越高越好,因为太高亮度的显示器有可能使观看者眼睛受伤。

(7) 响应时间。响应时间是指液晶显示器各像素点对输入信号反应的速度,此值当然是越小越好。如果响应时间太长了,就有可能使液晶显示器在显示动态图像时,有尾影拖曳的感觉。一般的液晶显示器的响应时间在 5~10 ms 之间,而如华硕、三星、LG 等一线品牌的产品中,普遍达到了 5 ms 以下的响应时间,基本避免了尾影拖曳问题产生。

6.4.4 LED 显示器

LED 显示屏(LED panel):LED 就是 light emitting diode,发光二极管的英文缩写,简称LED。它是一种通过控制半导体发光二极管的显示方式,用来显示文字、图形、图像、动画、行情、视频、录像信号等各种信息的显示屏幕。

LED 的技术进步是扩大市场需求及应用的最大推动力。最初 LED 只是作为微型指示灯,在计算机、音响和录像机等高档设备中应用,随着大规模集成电路和计算机技术的不断进步,LED 显示器正在迅速崛起,近年来逐渐扩展到证券行情股票机、数码相机、PDA 以及手机领域。

LED 显示器集微电子技术、计算机技术、信息处理于一体,以其色彩鲜艳、动态范围广、亮度高、寿命长、工作稳定可靠等优点,成为最具优势的新一代显示媒体,目前,LED 显示器已广泛应用于大型广场、商业广告、体育场馆、信息传播、新闻发布、证券交易等,可以满足不同环境的需要。

1. LED 显示器结构及分类

通过发光二极管芯片的适当连接(包括串联和并联)和适当的光学结构。可构成发光显示器的发光段或发光点。由这些发光段或发光点可以组成数码管、符号管、米字管、矩阵管、电平显示器管等等。通常把数码管、符号管、米字管共称笔画显示器,而把笔画显示器和矩阵管统称为字符显示器。

(1) LED 显示器结构。基本的半导体数码管是由七个条状发光二极管芯片按图 12 排列而成的。可实现 0~9 的显示。其具体结构有"反射罩式"、"条形七段式"及"单片集成式多位数字式"等

① 反射罩式数码管一般用白色塑料做成带反射腔的七段式外壳,将单个 LED 贴在与反射罩的七个反射腔互相对位的印刷电路板上,每个反射腔底部的中心位置就是 LED 芯片。在装反射罩前,用压焊方法在芯片和印刷电路上相应金属条之间连好 $\phi 30~\mu m$ 的硅铝丝或金属引线,在反射罩内滴入环氧树脂,再把带有芯片的印刷电路板与反射罩对位粘合,然后固化。

反射罩式数码管的封装方式有空封和实封两种。实封方式采用散射剂和染料的环氧树脂,较多地用于一位或双位器件。空封方式是在上方盖上滤波片和匀光膜,为提高器件的可靠性,必须在芯片和底板上涂以透明绝缘胶,这还可以提高光效率。这种方式一般用于四位以上的数字显示(或符号显示)。

② 条形七段式数码管属于混合封装形式。它是把做好管芯的磷化镓或磷化镓圆片,划成内含一只或数只 LED 发光条,然后把同样的七条粘在日字形"可伐"框上,用压焊工艺连好内引线,再用环氧树脂包封起来。

③ 单片集成式多位数字显示器是在发光材料基片上(大圆片),利用集成电路工艺制作出大量七段数字显示图形,通过划片把合格芯片选出,对位贴在印刷电路板上,用压焊工艺引出引线,再在上面盖上"鱼眼透镜"外壳。它们适用于小型数字仪表中。

④ 符号管、米字管的制作方式与数码管类似。

⑤ 矩阵管(发光二极管点阵)也可采用类似于单片集成式多位数字显示器工艺方法制作。

(2) LED 显示器分类

① 按字高分:笔画显示器字高最小有 1 mm(单片集成式多位数码管字高一般在 2~3 mm)。其他类型笔画显示器最高可达 12.7 mm(0.5 英寸)甚至达数百毫米。

② 按颜色分有红、橙、黄、绿等数种。

③ 按结构分,有反射罩式、单条七段式及单片集成式。

④ 从各发光段电极连接方式分有共阳极和共阴极两种。

(3) LED 显示器的参数。由于 LED 显示器是以 LED 为基础的,所以它的光、电特性及极限参数意义大部分与发光二极管的相同。但由于 LED 显示器内含多个发光二极管,所以需有如下特殊参数:

① 发光强度比。由于数码管各段在同样的驱动电压时,各段正向电流不相同,所以各段

发光强度不同。所有段的发光强度值中最大值与最小值之比为发光强度比。比值可以在 1.5～2.3 间,最大不能超过 2.5。

② 脉冲正向电流。若笔画显示器每段典型正向直流工作电流为 IF,则在脉冲下,正向电流可以远大于 IF。脉冲占空比越小,脉冲正向电流可以越大。

6.4.5 等离子显示器

PDP(Plasma Display Panel,等离子显示器)是采用了近几年来高速发展的等离子平面屏幕技术的新一代显示设备。

1. 成像原理

等离子显示技术的成像原理是在显示屏上排列上千个密封的小低压气体室,通过电流激发使其发出肉眼看不见的紫外光,然后紫外光碰击后面玻璃上的红、绿、蓝 3 色荧光体发出肉眼能看到的可见光,以此成像。

2. 等离子显示器的优越性

厚度薄、分辨率高、占用空间少且可作为家中的壁挂电视使用,代表了未来电脑显示器的发展趋势。

3. 等离子显示器的特点

(1) 亮度、高对比度。等离子显示器具有高亮度和高对比度,对比度达到 500∶1,完全能满足眼睛需求;亮度也很高,所以其色彩还原性非常好。

(2) 纯平面图像无扭曲。等离子显示器的 RGB 发光栅格在平面中呈均匀分布,这样就使得图像即使在边缘也没有扭曲的现象发生。而在纯平 CRT 显示器中,由于在边缘的扫描速度不均匀,很难控制到不失真的水平。

(3) 超薄设计、超宽视角。由于等离子技术显示原理的关系,使其整机厚度大大低于传统的 CRT 显示器,与 LCD 相比也相差不大,而且能够多位置安放。用户可根据个人喜好,将等离子显示器挂在墙上或摆在桌上,大大节省了房间,及整洁、美观又时尚。

(4) 具有齐全的输入接口。为配合接驳各种信号源,等离子显示器具备了 DVD 分量接口、标准 VGA/SVGA 接口、S 端子、HDTV 分量接口(Y、Pr、Pb)等,可接收电源、VCD、DVD、HDTV 和电脑等各种信号的输出。

(5) 环保无辐射。等离子显示器一般在结构设计上采用了良好的电磁屏蔽措施,其屏幕前置环境也能起到电磁屏蔽和防止红外辐射的作用,对眼睛几乎没有伤害,具有良好的环境特性。

4. PDP 与 CRT 和 LCD 的对比

等离子显示器比传统的 CRT 显示器具有更高的技术优势,主要表现在以下几个方面:

◆ 等离子显示器的体积小、重量轻、无辐射;

◆ 由于等离子各个发射单元的结构完全相同,因此不会出现显像管常见的图像的集合变形;

◆ 等离子屏幕亮度非常均匀,没有亮区和暗区;而传统显像管的屏幕中心总是比四周亮度要高一些;

◆ 等离子不会受磁场的影响,具有更好的环境适应能力;

◆ 等离子屏幕不存在聚集的问题。因此,显像管某些区域因聚焦不良或年月日已久开始

散焦的问题得以解决,不会产生显像管的色彩漂移现象;

◆ 表面平直使大屏幕边角处的失真和颜色纯度变化得到彻底改善,高亮度、大视角、全彩色和高对比度,是等离子图像更加清晰,色彩更加鲜艳,效果更加理想,令传统 CRT 显示器叹为观止。

等离子显示器与 LCD 显示器相比,具有以下技术优势:

◆ 等离子显示亮度高,因此可在明亮的环境之下欣赏大幅画面的影像;

◆ 色彩还原性好,灰度丰富,能够提供格外亮丽、均匀平滑的画面;

◆ 对迅速变化的画面响应速度快,此外,等离子平而薄的外形也使得其优势更加明显。

6.4.6 平板电脑

平板电脑是 PC 家族新增加的一名成员,其外观和笔记本电脑相似,但不是单纯的笔记本电脑,它可以被称为笔记本电脑的浓缩版。其外形介于笔记本和掌上电脑之间,但其处理能力大于掌上电脑,比之笔记本电脑,它除了拥有其所有功能外,还支持手写输入或者语音输入,移动性和便携性都更胜一筹。平板电脑有两种规格,一为专用手写板,可外接键盘、屏幕等,当作一般 PC 用。另一种为笔记型手写板,可象笔记本一般开合。如图 6-12 所示。

图 6-12 平板电脑

1. 简介

平板电脑(英文:Tablet Personal Computer,简称 Tablet PC、Tablet、Slates),是一种小型、方便携带的个人电脑,以触摸屏作为基本的输入设备。它拥有的触摸屏(也称为数位板技术)允许用户通过触控笔或数字笔来进行作业而不是传统的键盘或鼠标。用户可以通过内建的手写识别、屏幕上的软键盘、语音识别或者一个真正的键盘(如果该机型配备的话)。平板电脑还拥有 AlphaTap 和 Shark 这类速记软件,该类软件可以让用户通过触控笔以打字的速度输入文字。

多数平板电脑使用 Wacom 数位板,该数位板能快速得将触控笔的位置"告诉"电脑。使用这种数位板的平板电脑会在其屏幕表面产生一个微弱的磁场,该磁场只能和触控笔内的装置发生作用。所以用户可以放心得将手放到屏幕上,因为只有触控笔才会影响到屏幕。(然而,因为周围的设备存在干扰的可能,很多态号都发生过光标"颤抖"的问题,这个问题会加深某些操作的难度,例如当试图画直线、写小字等。)此外制造这种数位板的公司还有 UC Logic以及 Finepoint 公司。

平板电脑是下一代移动商务 PC 的代表。从微软提出的平板电脑概念产品上看,平板电脑就是一款无须翻盖、没有键盘、小到足以放入女士手袋,但却功能完整的 PC。比之笔记本电脑,它除了拥有其所有功能外,还支持手写输入或者语音输入,移动性和便携性都更胜一筹。

2. 特点

平板电脑的主要特点是显示器可以随意旋转，一般采用小于 10.4 英寸的液晶屏幕，并且都是带有触摸识别的液晶屏，可以用电磁感应笔手写输入。平板式电脑集移动商务、移动通信和移动娱乐为一体，具有手写识别和无线网络通信功能，被称为笔记本电脑的终结者。

平板电脑按结构设计大致可分为两种类型，即集成键盘的"可变式平板电脑"和可外接键盘的"纯平板电脑"。平板式电脑本身内建了一些新的应用软件，用户只要在屏幕上书写，即可将文字或手绘图形输入计算机。

3. 平板电脑的优势

（1）平板电脑在外观上，具有与众不同的特点。有的就像一个单独的液晶显示屏，只是比一般的显示屏要厚一些，在上面配置了硬盘等必要的硬件设备。有的外观和笔记本电脑相似，但它的显示屏可以随意的旋转。

（2）特有的 Table PC Windows XP 操作系统，不仅具有普通 Windows XP 的功能，普通 XP 兼容的应用程序都可以在平板电脑上运行，增加了手写输入，扩展了 XP 的功能。

（3）扩展使用 PC 的方式，使用专用的"笔"，在电脑上操作，使其像纸和笔的使用一样简单。同时也支持键盘和鼠标，像普通电脑一样的操作。

（4）便携移动，它像笔记本电脑一样体积小而轻，可以随时转移它的使用场所，比台式机具有移动灵活性。

（5）数字化笔记，领数平板电脑就像 PDA、掌上电脑一样，做普通的笔记本，随时记事，创建自己的文本、图表和图片。同时集成电子"墨迹"在核心 Office XP 应用中使用墨迹，在 Office 文档中留存自己的笔迹。

（6）个性化使用，使用 Tablet PC 和笔设置控制，可以定制个性的 Tablet PC 操作，校准你的笔，设置左手或者右手操作，设置 Table Pc 的按钮来完成特定的工作，例如打开应用程序或者从横向屏幕转到纵向屏幕的方位。

（7）方便的部署和管理，Windows XP Tablet PC Edition 包括 Windows XP Professional 中的高级部署和策略特性，极大简化了企业环境下 Tablet PC 的部署和管理。

（8）全球化的业务解决方案，支持多国家语言。Windows XP Tablet PC Edition 已经拥有英文、德文、法文、日文、中文（简体和繁体）和韩文的本地化版本，不久还将有更多的本地化版本问世。

（9）对关键数据最高等级的保护，Windows XP Tablet PC Edition 提供了 Windows XP Professional 的所有安全特性，包括加密文件系统，访问控制等。Tablet PC 还提供了专门的 CTRL＋ALT＋DEL 按钮，方便用户的安全登录。

平板电脑的最大特点是，数字墨水和手写识别输入功能，以及强大的输入识别、语音识别、手势识别能力，且具有移动性。

4. 主流平板电脑

平板电脑要采用 X86 架构的 CPU，能够安装 X86 版本的操作系统，所以 iPad 不是平板电脑，苹果从来也没将 iPad 叫电脑。

国际上最著名的平板电脑是 KUPA 酷跑 X8 平板电脑、韩国的 Viliv X70、Viliv S5 和皮尔卡丹平板电脑 PC729 和 PC819，而国内的则是 EKING S515 旗舰版、EKING M5、ITC 华银和汉王 B10，它们都采用 X86 架构的英特尔 ATOM 系列 CPU，运行微软 Windows XP/Vista/7 操作系统，DDR 2 内存，固态硬盘，这些软硬件都是与电脑一样的，具有完全电脑性能，所以以上才是真正的电脑。

　　其余采用智能手机的芯片、运行手机系统、没有 DDR 2/3 内存、不是硬盘而是闪存的"平板电脑",虽然外表像平板电脑,实质上并不是电脑。Ipad 系统是基于 ARM 架构的,也不能称为电脑。

思考与练习

一、填空题

　　1. 主流显示卡的接口一般包括＿＿＿＿＿接口和＿＿＿＿＿接口两类。

　　2. 显示器按其工作原理可分为许多类型,比较常见的有＿＿＿＿＿显示器、＿＿＿＿＿显示器、＿＿＿＿＿显示器和＿＿＿＿＿显示器。

二、简答题

　　1. 简述显卡的基本工作原理。

　　2. 显卡的主性能指标有哪些?

　　3. 计算在 1024×768 的分辨率下达到 32 位真彩色时,显存的最少容量是多少?

　　4. 了解各类显示器的性能特点。

　　5. 目前市场流行的显示器有哪些品种

　　6. 隔行扫描与逐行扫描有何不同

第 7 章 计算机的其他组件

计算机的其他组件有声卡、键盘、鼠标、机箱与电源等。

7.1 声   卡

声卡(Sound Card)也叫音频卡:声卡是多媒体技术中最基本的组成部分,是实现声波/数字信号相互转换的一种硬件。声卡是一台多媒体电脑的主要设备之一,现在的声卡一般有板载声卡和独立声卡之分。在早期的电脑上并没有板载声卡,电脑要发声必须通过独立声卡来实现。

声卡的基本功能是把来自话筒、磁带、光盘的原始声音信号加以转换,输出到耳机、扬声器、扩音机、录音机等声响设备,或通过音乐设备数字接口(MIDI)使乐器发出美妙的声音。

随着主板整合程度的提高以及 CPU 性能的日益强大,同时主板厂商降低用户采购成本的考虑,板载声卡出现在越来越多的主板中,目前板载声卡几乎成为主板的标准配置了,没有板载声卡的主板反而比较少了。

7.1.1 声卡的分类

声卡主要分为板卡式、集成式和外置式三种接口类型,以适用不同用户的需求,三种类型的产品各有优缺点。

1. 板卡式

卡式产品是现今市场上的中坚力量,产品涵盖低、中、高各档次,售价从几十元至上千元不等。早期的板卡式产品多为 ISA 接口,由于此接口总线带宽较低、功能单一、占用系统资源过多,目前已被淘汰;PCI 则取代了 ISA 接口成为目前的主流,它们拥有更好的性能及兼容性,支持即插即用,安装使用都很方便。

2. 集成式

声卡只会影响到电脑的音质,对 PC 用户较敏感的系统性能并没有什么关系。因此,大多用户对声卡的要求都满足于能用就行,更愿将资金投入到能增强系统性能的部分。虽然板卡式产品的兼容性、易用性及性能都能满足市场需求,但为了追求更为廉价与简便,集成式声卡出现了。

此类产品集成在主板上,具有不占用 PCI 接口、成本更为低廉、兼容性更好等优势,能够满足普通用户的绝大多数音频需求,自然就受到市场青睐。而且集成声卡的技术也在不断进步,PCI 声卡具有的多声道、低 CPU 占有率等优势也相继出现在集成声卡上,它也由此占据了主导地位,占据了声卡市场的大半壁江山。

3. 外置式声卡

外置式声卡是创新公司独家推出的一个新兴事物,它通过 USB 接口与 PC 连接,具有使用方便、便于移动等优势。但这类产品主要应用于特殊环境,如连接笔记本实现更好的音质等。目前市场上的外置声卡并不多,常见的有创新的 Extigy、Digital Music 两款,以及 MAYA EX、MAYA 5.1 USB 等。

三种类型的声卡中,集成式产品价格低廉,技术日趋成熟,占据了较大的市场份额。随着技术进步,这类产品在中低端市场还拥有非常大的前景;PCI 声卡将继续成为中高端声卡领域的中坚力量,毕竟独立板卡在设计布线等方面具有优势,更适于音质的发挥;而外置式声卡的优势与成本对于家用 PC 来说并不明显,仍是一个填补空缺的边缘产品。

7.1.2　集成声卡

集成声卡是指芯片组支持整合的声卡类型,比较常见的是 AC'97 和 HD Audio,使用集成声卡的芯片组的主板就可以在比较低的成本上实现声卡的完整功能。

声卡是一台多媒体电脑的主要设备之一,现在的声卡一般有板载声卡和独立声卡之分。在早期的电脑上并没有板载声卡,电脑要发声必须通过独立声卡来实现。随着主板整合程度的提高以及 CPU 性能的日益强大,同时主板厂商降低用户采购成本的考虑,板载声卡出现在越来越多的主板中,目前板载声卡几乎成为主板的标准配置了,没有板载声卡的主板反而比较少了。

1. 板载 ALC650 声卡芯片

板载声卡一般有软声卡和硬声卡之分。这里的软硬之分,指的是板载声卡是否具有声卡主处理芯片之分,一般软声卡没有主处理芯片,只有一个解码芯片,通过 CPU 的运算来代替声卡主处理芯片的作用。而板载硬声卡带有主处理芯片,很多音效处理工作就不再需要 CPU 参与了。

2. AC'97

AC'97 的全称是 Audio CODEC'97,这是一个由英特尔、雅玛哈等多家厂商联合研发并制定的一个音频电路系统标准。它并不是一个实实在在的声卡种类,只是一个标准。目前最新的版本已经达到了 2.3。现在市场上能看到的声卡大部分的 CODEC 都是符合 AC'97 标准。厂商也习惯用符合 CODEC 的标准来衡量声卡,因此很多的主板产品,不管采用的何种声卡芯片或声卡类型,都称为 AC97 声卡。

3. 集成 HD Audio 声效声卡

HD Audio 是 High Definition Audio(高保真音频)的缩写,原称 Azalia,是 Intel 与杜比(Dolby)公司合力推出的新一代音频规范。目前主要是 Intel 915/925 系列芯片组的 ICH 6 系列南桥芯片所采用。HD Audio 的制定是为了取代目前流行的 AC'97 音频规范,与 AC'97 有许多共通之处,某种程度上可以说是 AC'97 的增强版,但并不能向下兼容 AC'97 标准。它在 AC'97 的基础上提供了全新的连接总线,支持更高品质的音频以及更多的功能。与 AC'97 音频解决方案相类似,HD Audio 同样是一种软硬混合的音频规范,集成在 ICH 6 芯片中(除去 Codec 部分)。与现行的 AC'97 相比,HD Audio 具有数据传输带宽大、音频回放精度高、支持多声道阵列麦克风音频输入、CPU 的占用率更低和底层驱动程序可以通用等特点。

HD Audio 支持设备感知和接口定义功能,即所有输入输出接口可以自动感应设备接入并给出提示,而且每个接口的功能可以随意设定。该功能不仅能自行判断哪个端口有设备插入,还能为接口定义功能。例如用户将 MIC 插入音频输出接口,HD Audio 便能探测到该接口有设备连接,并且能自动侦测设备类型,将该接口定义为 MIC 输入接口,改变原接口属性。

由此看来,用户连接音箱、耳机和 MIC 就像连接 USB 设备一样简单,在控制面板上点几下鼠标即可完成接口的切换,即便是复杂的多声道音箱,菜鸟级用户也能做到"即插即用"。

7.1.3　板载声卡

因为板载软声卡没有声卡主处理芯片,在处理音频数据的时候会占用部分 CPU 资源,在 CPU 主频不太高的情况下会略微影响到系统性能。目前 CPU 主频早已用 GHz 来进行计算,而音频数据处理量却增加的并不多,相对于以前的 CPU 而言,CPU 资源占用旅已经大大降低,对系统性能的影响也微乎其微了,几乎可以忽略。

"音质"问题也是板载软声卡的一大弊病,比较突出的就是信噪比较低,其实这个问题并不是因为板载软声卡对音频处理有缺陷造成的,主要是因为主板制造厂商设计板载声卡时的布线不合理,以及用料做工等方面,过于节约成本造成的。

而对于板载的硬声卡,则基本不存在以上两个问题,其性能基本能接近并达到一般独立声卡,完全可以满足普通家庭用户的需要。

集成声卡最大的优势就是性价比,而且随着声卡驱动程序的不断完善,主板厂商的设计能力的提高,以及板载声卡芯片性能的提高和价格的下降,板载声卡越来越得到用户的认可。

板载声卡的劣势却正是独立声卡的优势,而独立声卡的劣势又正是板载声卡的优势。独立声卡从几十元到几千元有着各种不同的档次,从性能上讲集成声卡完全不输给中低端的独立声卡,在性价比上集成声卡又占尽优势。在中低端市场,在追求性价的用户中,集成声卡是不错的选择。

7.1.4　声卡接口

1. 线型输入接口

标记为"Line In"。Line In 端口将品质较好的声音、音乐信号输入,通过计算机的控制将该信号录制成一个文件。通常该端口用于外接辅助音源,如影碟机、收音机、录像机及 VCD 回放卡的音频输出。

2. 线型输出端口

标记为"Line Out",它用于外接音箱功放或带功放的音箱。

3. 第二个线型输出端口

一般用于连接四声道以上的后端音箱。

4. 话筒输入端口

标记为"Mic In"。它用于连接麦克风(话筒),可以将自己的歌声录下来实现基本的"卡拉 OK 功能。

5. 扬声器输出端口

标记为"Speaker"或"SPK"。它用于插外接音箱的音频线插头。

6. MIDI 及游戏摇杆接口

标记为"MIDI"。几乎所有的声卡上均带有一个游戏摇杆接口来配合模拟飞行、模拟驾驶等游戏软件,这个接口与 MIDI 乐器接口共用一个 15 针的 D 型连接器(高档声卡的 MIDI 接口可能还有其他形式)。该接口可以配接游戏摇杆、模拟方向盘,也可以连接电子乐器上的

MIDI 接口,实现 MIDI 音乐信号的直接传输。

7.1.5　声卡的功能与结构

　　声卡的基本结构组件主要有:声音处理芯片、功率放大芯片、总线、输入输出端口、MIDI 及游戏杆接口、音频连接插座等。如图 7-1 所示。

图 7-1　常见声卡基本结构

　　外部接口有麦克风插口(Mic)、立体声输出插口(Speaker)连接音箱或耳机;线性输入 (Line in)可连接 CD 播放机、单放机合成器等;输出插口(Line out)可连接功放等;游戏杆和 MIDI 设备。声卡的外接插口如图 7-2 所示。

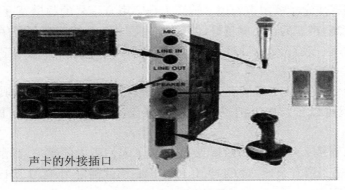

图 7-2　声卡的外接插口

　　在连接光驱的 CD 音频时,使用一根 3 芯或 4 芯的音频线,如图 7-3 所示,其中有两根代表左右声道,一般用红色和白色的线表示,还有一根或两根地线,用黑色表示。有时在连接这条线时会遇到麻烦,比如只有一个声道或干脆就没声音,此时你要认真研究一下声卡和光驱的 CD 音频接口,使它们的左右声道和地线正确连接。

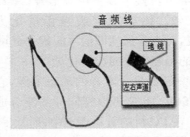

图 7-3　CD 光驱与主板连接音频线

声卡上有音乐数字接口(MIDI),能使用 MIDI 乐器,诸如钢琴键、合成器及其它 MIDI 设备。声卡有声音混合功能,允许控制声源和音频信号的大小。

7.1.6　声卡常用技术术语解析

要更好地了解声卡,必须知道与声卡有关的一些术语的涵义,下面简要介绍。

1. ADC/DAC

ADC(Analog to Digital Converter,模拟/数字转换器)和 DAC(Digital to Analog Converter,数字/模拟转换器)是将模拟信号转换为数字信号和将数字信号转换为模拟信号的专门电路或集成电路。

声卡就是将输入的模拟音频信号转换为二进制数字信号,由计算机主机加以处理。反之也将主机处理好的二进制数字信号转换为模拟音频信号输出到音响设备。模拟信号数字化的最大好处是便于对信号进行处理,而且提高了在传输和处理中的抗噪声能力。

模拟信号的数字化精度是 ADC 和 DAC 电路的基本指标,由于模拟信号有频率和幅度两个最基本的信息元素,所以 ADC 和 DAC 电路的基本指标也确定在这两方面:频率转换的精度由采样频率决定,幅度转换的精度由采样位数决定。

2. 采样频率

它是指在模拟声音信号转换为数字声音信号时,每秒钟对模拟声音信号(电压或电流)的采集次数。采样频率决定了模拟声音信号转换为数字声音信号的频谱宽度,即声音频率的保真度。采样频率越高,声音的音质就越好,但是对转换电路、系统速度和内存的要求也就越高。

声音的采样频率一般有 22.05 kHz、44.1 kHz 和 48 kHz 三种,分别对应于调频(FM)广播级、CD 音乐级和工业标准级的音质。

普通音乐的最低音为 20 Hz,最高音为 8 kHz,频谱范围是 8 kHz,对其进行数字化使用 16 kHz 采样频率就可以了。如果把反映音乐优美音色的大量泛音包括进去,则带宽要大得多。

人耳的听力范围是 20 Hz 到 20 kHz,要充分满足人们听力的要求,对声音的采样频率至少应是 40 kHz,再适当留有余地,对 CD 音乐的采样频率就确定为 44.1 kHz,这也就是 PC 机声卡的最高采样频率。

3. 采样位数

音乐信号是由许许多多振幅和频率各不相同的音频信号合成的,振幅就是声音的强弱,频率就是声调的高低。采样频率决定了模拟声音信号转换为数字信号的频谱宽度,即频率保真度。对于声音强度的变化,就要由采样位数来体现了。

采样位数就是在模拟声音信号转换为数字声音信号(A/DC)的过程中,对满度声音信号规定的量化数值的二进制位数。比如规定最强音量化为"11111111",零强度规定为"00000000",则采样位数为 8 位,对声音强度即信号振幅的分辨率为 $2^8 = 256$ 级。

采样位数决定着声音信号的幅度变化的数字化精度,采样位数越大,量化精度越高,声卡的分辨率也就越高。采样精度决定了记录声音的动态范围,它以位(Bit)为单位,比如 8 位、16 位。8 位可以把声波分成 256 级,16 位可以把同样的波分成 65536 级的信号。可以想象,位数越高,声音的保真度越高。在 PC 机的普通声卡中,通常采用 16 位采样率就可以了,因为普通人的耳朵对声音强度的分辨通常超不过 65536(2^{16})级。

以 44.1 kHz 的采样频率和 16 位的采样位数对 CD 音乐进行采样,就可以得到比较满意的数字化音乐。某些用于 MIDI 音乐创作的高档声卡达到 48 kHz 的采样频率和 64 位的采样位数。

4. 数字化音频的数据量

过高的采样频率和采样位数会加大数据量,从而加重系统负担和影响信号的处理速度。

对 CD 质量的立体声双声道音乐,进行 1 分钟 44.1 kHz 和 16 位的采样,数据量为:

$$(16 \times 2 \div 8) \times 44100 \times 60 = 10.6 \text{ MB}$$

相当于 530 万个汉字。

如果把采样位数提高到 32 位,则数据量增为 21 MB,相当于 1 千万个汉字。

5. MIDI

MIDI(Musical Instrument Digital Interface)即音乐设备数字接口。它是电子乐器(合成器、电子琴等)和制作设备(编辑机、计算机等)之间的通用数字音乐接口。在 MIDI 接口上传送的不是直接的音乐信号,而是乐曲元素的编码和控制字。

计算机中存放的“MID”类型的文件就是 MIDI 格式的音乐文件,它支持 MIDI 接口和数字音乐系统。

6. WAVE

WAVE 是指波形,也就是用 MIC 和录音机录制的声音。计算机中存放的“WAV”类型的文件是记录真实声音信息的文件。对于存放同样的乐曲信息,WAV 文件要比 MID 文件大许多。比如 1 分钟立体声音乐 WAV 文件为 10 MB,而 MID 文件仅为 10 KB。因此,对于 WAV,声卡必须进行大比例的压缩。

7. 3D 环绕立体声系统

引入 3D 环绕立体声系统,利用空间均衡器和声音修正 SRS(Sound Retrieval System,声音修正系统),不增加声道来实现 3D 效果。尽管声音来自左右前方,但让人感觉到声音来自周围各方,现场空间感大为增强。

8. 声音合成技术

声卡采用的合成技术有 FM(Frequency Modulation,频率调制)频率调制合成技术和波表(Wave Table)合成技术。波表又分为软波表和硬波表两种。

9. 编码和解码

所谓编码是指声卡将模拟声音信号转换成数字信号并对数据进行压缩的处理过程,而解码是指将压缩的数据还原和重放的处理过程。

10. S/NR

SNR(Signal to Noise Ratio)即信噪比,是声卡抗噪声能力的一个重要指标。SNR 是用信号功率比噪声功率,单位为分贝(dB)。信噪比的值越大越好,声卡的 SNR 一般应大于 80 dB。

11. FR

FR(Frequency Response)即频率响应,是声卡的 A/D 和 D/A 转换器的频率响应指标。在整个 20 Hz 到 20 kHz 频带上,应有一个均衡的即直线形的功率响应曲线,局部的突起或下陷都会引起信号失真。

12. 半双工/全双工

半双工是指在同一线路上同一时间内只能向一个方向传送信号,全双工是指可同时实现双向的信号传输。目前的声卡多为全双工的。

7.2　键盘与鼠标

键盘与鼠标是计算机最常用的输入设备。

7.2.1　键盘与键盘接口

键盘(Keyboard-KB)是微机系统的最基本的输入设备,用户通过它键入操作命令和文本数据。目前随着图形用户界面的出现,鼠标在很大程度上替代了键盘的操作功能,但在文本数据输入等方面,键盘还具有其独特的优势。键盘是输入设备,计算机的操作离不开键盘,键盘通过电缆和主机板上的键盘接口相连接。

一般按键盘上按键数的多少可将键盘分为:84 键、96 键、101 键、102 键、104 键、107 键等。84 键的键盘为过去 IBM PC/XT 和 PC/AT 机的标准键盘,现在已很难见到。104 键的键盘配合 Windows 95,增加了 3 个直接对【开始】菜单和窗口菜单操作的按键。Windows 98 发布以后出现了一种 107 键键盘,它比 104 键盘又增加了三个键:Wake Up、Sleep、Power。尽管按键的数目不同,但按照按键的不同功能都可分为 5 个功能键区:标准英文打字键区,专用控制键区,可定义功能键区,编辑键区,数字和编辑两用小键盘区。目前市场上还流行的一种无线键盘,它是通过红外或无线电技术来代替传统电缆,实现数据的传输。常用的键盘如图 7-4 所示。

图 7-4　常见键盘

在键盘的连接电缆上共有五根线:其中两根电源线,+5 V 和接地,其余的三根分别是数据线、时钟信号线和系统复位信号线。

PS/2 键盘插座为 6 接脚,其信号定义为:脚 1 为键盘数据(KB Data),脚 2 未用(NC),脚 3 为接地线(GND),脚 4 为+5 V 电源(VCC),脚 5 为键盘时钟(KB CLK),脚 6 未用(NC)。数据线要保证键盘正确地向主机发送能够说明有关键位使用情况的数据。时钟信号线则保证键盘能向主机传送键盘所产生的时钟信号。键盘传送给主机的时钟信号,目的使主机板上的有关运作能够同步。而系统复位信号是主机输送给键盘的复位信号。

一般的键盘中有一个时钟电路,给键盘时钟信号。键盘中另有一个处理器,由它控制处理键盘上的各种信息。键盘的处理器有 8048、8049 以及 8748 等芯片。

键盘上多个键位下面的电路,形成了一个键盘矩阵电路,即每个键位都对应于矩阵电路中的一行,也对应矩阵电路中的一列。当操作键盘时,按下任意键,从键盘向主机输入信息的过程如图 7-5 所示。

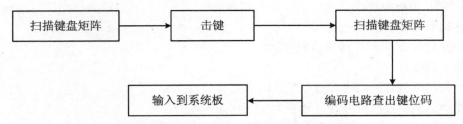

图 7-5　键盘向主机输入信息的过程示意图

　　键盘输出的编码存储在字符 ROM 中,要查出对应键的编码,需要对键盘矩阵进行扫描。当击键时,实际上是在连接键盘矩阵的交叉点,将该点行、列相连,并由扫描而产生键盘扫描信息。被按下的键位行、列状态改变后,扫描程序便搜集到该点的逻辑信息。扫描信息再送到字符 ROM 中,然后查出对应键位的编码,输出给系统板。

　　键盘送给主机的数据是串行数据,即一位一位地传送。键盘向系统板输送串行数据信息时,先输出一个字节的低位数据,再输出一个字节中的高位数据。同时,键盘通过键盘接口向系统板输出键盘时钟信号。

　　在系统板上,一般是用专门的接口处理器 8042 或 8742 等组成键盘接口电路,8042 内部程序存储器是固定的内容,8742 内部程序存储器是 EPROM。

　　8742 可以代换 8042,它们的输出除向 CPU 提供将串行数据信息转换为并行的键盘数据信息外,还有热启动 Reset 等控制信号。

　　键盘接口有 AT 接口,PS/2 接口和最新的 USB 接口。目前市场普遍使用 PS/2 接口键盘,PS/2 接口最早是 IBM 公司的专利,俗称"小口"。市场上还有大小口键盘转换的连接器,它解决了两种接口键盘的兼容性问题。

　　PS/2 接口和 USB 接口的键盘在使用方面差别不大,由于 USB 接口支持热插拔,因此 USB 接口键盘在使用中可能略方便一些。但是计算机底层硬件对 PS/2 接口支持的更完善一些,因此如果电脑遇到某些故障,使用 PS/2 接口的键盘兼容性更好一些。主流的键盘既有使用 PS/2 接口的也有使用 USB 接口的,购买时需要根据需要选择。各种键盘接口之间也能通过特定的转接头或转接线实现转换。

7.2.2　鼠标

　　鼠标是微机的重要输入设备,它是伴随着 DOS 下的图形操作界面而出现的,在 Windows 图形界面操作系统出现后,它的优点进一步得到了体现。鼠标器以直观和操作简易的特点得到广泛使用,目前几乎所有的应用软件都支持鼠标操作方式。

1. 鼠标按其工作原理及其内部结构分类

鼠标按其工作原理和内部结构可以分为机械式、光机式、光电式和光学鼠标。

（1）机械鼠标主要由滚球、辊柱和光栅信号传感器组成。当你拖动鼠标时,带动滚球转动,滚球又带动辊柱转动,装在辊柱端部的光栅信号传感器产生的光电脉冲信号反映出鼠标器在垂直和水平方向的位移变化,再通过电脑程序的处理和转换来控制屏幕上光标箭头的移动。

（2）光电鼠标器是通过检测鼠标器的位移,将位移信号转换为电脉冲信号,再通过程序的处理和转换来控制屏幕上的鼠标箭头的移动。光电鼠标用光电传感器代替了滚球。这类传感器需要特制的、带有条纹或点状图案的垫板配合使用。

◆ 移动滑鼠带动滚球；

◆ X 方向和 Y 方转杆传递滑鼠移动；

◆ 光学刻度盘；

◆ 电晶体发射红外线可穿过刻度盘的小孔；

◆ 光学感测器接收红外线并转换为平面移动速度。

（3）光学鼠标。光学鼠标器是微软公司设计的一款高级鼠标。它采用 NTELLIEYE 技术，在鼠标底部的小洞里有一个小型感光头，面对感光头的是一个发射红外线的发光管，这个发光管每秒钟向外发射 1500 次，然后感光头就将这 1500 次的反射回馈给鼠标的定位系统，以此来实现准确的定位。所以，这种鼠标可在任何地方无限制地移动。

2. 按照鼠标按键数量分类

鼠标还可按键数分为两键鼠标、三键鼠标、和新型的多键鼠标。

（1）两键鼠标又叫 MS Mouse，是符合 Microsoft 公司标准的鼠标，这是普遍默认的鼠标标准，所有 Microsoft 软件都支持两键鼠标。常用键盘如图 7-6 所示。

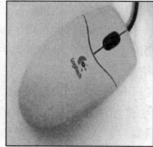

图 7-6　两键和三键鼠标

（2）三键鼠标又叫 PC Mouse，是符合 IBM 公司标准的鼠标。由于中间一个按钮很少使用，有些三键鼠标的底部有一个小开关，可以设置为 MS 2Key 方式或 PC 3Key 方式。

两键鼠标和三键鼠标的左右按键功能完全一致，一般情况下，用不着三键鼠标的中间按键，但在使用某些特殊软件时（如 AutoCAD 等），这个键也会起一些作用。如：三键鼠标使用中键在某些特殊程序中往往能起到事倍功半的作用，例如在 AutoCAD 软件中就可利用中键快速启动常用命令，成倍提高工作效率。多键鼠标是新一代的多功能鼠标，如有的鼠标上带有滚轮，大大方便了上下翻页，有的新型鼠标上除了有滚轮，还增加了拇指键等快速按键，进一步简化了操作程序。

3. 无线鼠标和 3D 鼠标

新出现无线鼠标和 3D 振动鼠标都是比较新颖的鼠标。

（1）无线鼠标器是为了适应大屏幕显示器而生产的。所谓"无线"，即没有电线连接，而是采用二节七号电池无线摇控，鼠标器有自动休眠功能，电池可用上一年，接收范围在 1.8 米以内。

（2）3D 振动鼠标。3D 振动鼠标是一种新型的鼠标器，它不仅可以当作普通的鼠标器使用，而且具有以下几个特点：

◆ 具有全方位立体控制能力。它具有前、后、左、右、上、下六个移动方向,而且可以组合出前右,左下等等的移动方向;

◆ 外形和普通鼠标不同。一般由一个扇形的底座和一个能够活动的控制器构成;

◆ 具有振动功能,即触觉回馈功能。玩某些游戏时,当你被敌人击中时,你会感觉到你的鼠标也振动了;

◆ 是真正的三键式鼠标。无论 DOS 或 Windows 环境下,鼠标的中间键和右键都大派用场。

7.3　机箱与电源

机箱与电源的品质在电脑的配置当中往往被忽视,但一个结构合理,品质优良的机箱与电源能使电脑在散热性、运行稳定性上得到保证。而电源更是电脑运行的基础,它的好坏将直接影响到电脑能否正常地工作。

7.3.1　机箱

机箱从外观上可以分为卧式机箱和立式机箱,目前大多为立式机箱,立式机箱在高度上无严格限制,可提供更多的空间,利于散热(如图 7-7 所示)。

图 7-7　主机箱及面板控制线

根据结构上的不同,机箱可分为 AT 和 ATX 两种。AT 机箱主要是用于配合以前 AT 结构的主板,随着 AT 结构主板的淘汰,它也已被 ATX 机箱所取代。ATX 机箱与 ATX 主板配合。由于两种结构的机箱在接口位置、机箱尺寸、电源插头等方面存在很多差异因此不能互换。

机箱的正面面板上一般有各种指示灯(电源指示灯、硬盘指示灯等)、各种按键(复位、电源开关等)等,还有若干用挡板挡住的驱动器槽口。机箱背面主要有电源槽口、各种功能扩展卡槽口、通信(串口、并口、USB 等)槽口以及键盘、鼠标槽口等。

在机箱的内部有用来安装电源、光驱、软驱、硬盘的托架,另外还有主板固定槽、喇叭等。

7.3.2　电源

微机电源属于开关式直流稳压电源,是一个独立的标准部件,它的电路都做在一个铁盒子里,当出现故障时可以做元件级维护,也可以拆卸整个部件进行更换(如图 7-8 所示)。

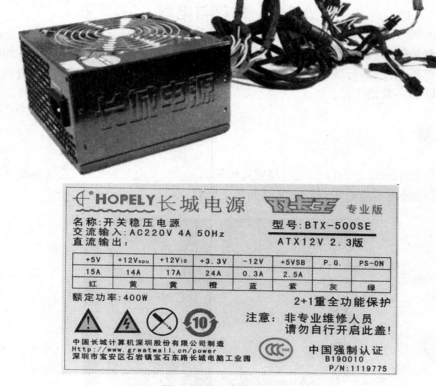

+5V	+12Vcpu	+12V10	+3.3V	-12V	+5VSB	P.G.	PS-ON
15A	14A	17A	24A	0.3A	2.5A		
红	黄	黄	橙	蓝	紫	灰	绿

图 7-8　微机电源及铭牌

由于是一个标准部件,它就有统一的外形和固定螺孔,还有统一的输入、输出电源规格和连接器。电源部件有标准的市电(交流 220V 或 110V)输入插座,它输出的直流电压也是通过标准的插头与主板和各种驱动器相连接。

1. 规格

电源有 AT 和 ATX 两种规格,分别适用于老式的 AT 主板和新式的 ATX 主板,它们的电源开关和主板电源插头都有所不同。现在微机系统都使用 ATX 结构主板,相应的电源部件也都为 ATX 电源。ATX 电源主要是在 AT 电源的基础上增加了+3.3 V 电压输出,电流约十几安培。还增加了实现"软"开关机功能的电源开关信号"ON/OFF"。为实现系统睡眠和省电功能,增加了等待状态永不断电电源,即"SB(Stand By)"+5 V 电压输出。

2. ATX 电源的电路组成

ATX 电源电路结构较复杂,各部分电路不但在功能上相互配合,各电路参数设置非常严格,稍有不当则电路不能工作。整个电路可以分成两大部分:一部分为从电源输入到开关变压器之前的电路。该部分电路和交流 220 V 电压直接相连,触及会受到电击,称为高压侧电路;另一部分为开关变压器以后的电路,不和交流 220 V 直接相连,称为低压侧电路。通常 ATX 电源由以下几部分组成。

(1) 抗干扰滤波电路。抗干扰滤波电路包括两层意思:一是指微机电源对通过电网进入的干扰信号的抑制能力;二是指开关电源的振荡高次谐波进入电网对其他设备及显示器的干扰和对微机本身的干扰。通常要求微机对通过电网进入的干扰信号抑制能力要强,通过电网对其他微机等设备的干扰要小。

(2) 整流电路。经滤波器净化后无干扰的 220 V 电压经桥式整流、滤波后,形成约 300 V (空载时)的直流电压。

(3) 辅助电源。用来向电源板待机电路部分提供工作电压,并向主板提供+5VSB 电源。只要 ATX 电源加电,辅助电源便开始工作,输出两路电压,一路经稳压输出+5V 电压为+5VSB,作为 ATX 主板的“电源监控部件”的工作电压,它可以让操作系统直接对电源进行管理,通过此功能,用户就可以直接通过 Windows 实现网络的电源管理。在 ATX 2.01 版中,要求“+5VSB”输出能提供 500 mA 至 800 mA 的工作电流;另一路经整流后向脉宽调制集成电路、PS-ON 控制电路、PW-OK 形成电路等提供工作电压。辅助开关电源是一个典型的自激开关电路。

(4) 推挽开关电路。接通电源后,推挽开关电路并不工作。辅助电源送出的电压分别送到主板和电源板的相关电路,做好主电路工作的准备,此时电路处于待机状态。按下面板的电源触发开关,主板的电源监控电路输出 PS-ON 控制信号,电源板上的 PWM 脉宽调制电路开始工作,输出的两路相位差为 180 度的开关激励脉冲信号。该部分电路工作在高电压大电流环境下,故障率最高。一旦开关管被击穿,会使保险丝、推挽开关电路部分严重烧坏,属易发且难以检修的故障。当脉宽调制集成电路因保护电路动作或因本身故障不工作时,推挽开关电路不工作,电路处于关闭状态。推挽开关电路的这种工作方式称作它激工作方式。

(5) PWM 脉宽调制电路。PWM(Pules Width Modulation)即脉宽调制电路,主要由脉宽调制 IC(Integrated Circuit,集成电路)及周围元件组成。若 PWM 电路因元件损伤、失去工作电压而无法向开关推挽电路输送控制脉冲,开关推挽电路会因失去激励脉冲而停止工作。各路输出为零,从而使整机停止工作,这也使 ATX 电源具有自我保护功能,避免电路失控而导致恶性事故。

(6) PS-ON 控制电路。ATX 电源最主要的特点是它不采用传统的开关来控制电源是否工作,而是采用“+5VSB、PS-ON”的组合来实现电源的开启和关闭。只要控制“PS-ON”(绿色线)小于 1V 就开启电源,大于 4.5V 时关闭电源。主机箱面板上的触发按钮开关(非锁定开关)控制主板的“电源监控部件”的输出状态,同时也可用程序来控制“电源监控部件”的输出。如在 Windows 9X 平台下,发出关机指令,使“PS-ON”变为+5V,ATX 电源就自动关闭。

(7) 保护电路。为了保证安全工作,电源中设置了各种各样的保护电路,依次为辅助电源电压输出过压保护、各输出电压短路或欠压保护、+5 V、+12 V 空载或轻载保护等。

质量较好的电源还具有双重过电压保护功能,一般是用压敏电阻并联在输入回路及高压滤波电容的两端。当外界输入电压过高时,可以及时切断电源,对整机起到一个保护作用。

(8) 输出电路。经高频整流滤波后得到微机所需的+5 V、+12 V 和+3.3 V 直流电压。接插到主板上的排线包含了电源输出的各路电压及控制信号,ATX 电源输出排线各脚定义见表 7-1,各路输出的额定电流见表 7-2。

表 7-1　电源输出排线功能表

Pin	导线颜色	功　　能
1	橘黄	提供＋3.3V 电源
2	橘黄	提供＋3.3V 电源
3	黑色	地线
4	红色	提供＋5V 电源
5	黑色	地线
6	红色	提供＋5V 电源
7	黑色	地线
8	灰色	Power OK 电源正常工作
9	紫色	＋5VSB 提供＋5V Stand by 电源,供电源启动电路用
10	黄色	提供＋12V 电源
11	橘黄	提供＋3.3V 电源
12	蓝色	提供－12V 电源
13	黑色	地线
14	绿色	PS-ON 电源启动信号,低电平,电源开启,高电平,电源关闭
15	黑色	地线
16	黑色	地线
17	黑色	地线
18	白色	提供－5V 电源
19	红色	提供＋5V 电源
20	红色	提供＋5V 电源

表 7-2　ATX 电源各路电压的额定输出电流(单位:A)

电源各输出端	＋5V	＋12V	＋3.3V	－5V	－12V	＋5VSB
额定输出电流	21A	6A	14A	0.3A	0.8A	0.8A

　　(9) PW-OK 信号的形成。PW-OK 信号,又叫电源好信号,在 AT 电源中及部分电源板上称 P.G(power good)信号,是微机开机自检启动信号。为了防止开机时各路输出电路时序不定,CPU 或各部件未进入初始化状态造成工作错误及突然停电时,硬盘磁头来不及移至着陆区造成盘片划伤,微机电源中均设置了 PW-OK 信号。对该信号的要求是在开机时应在＋5 V 电压稳定后再延迟 100～500 ms 才发出,而在停电时则应比＋5 V 电压至少提前 100～200 ms 消失。

　　(10) ＋3.3 V 电压二次稳压电路。输出到主板上的＋3.3 V 电压一般为 CPU 等配件供电。为使＋3.3 V 输出电压更精确稳定,ATX 电源在总体自动控制稳压的基础上,在次级＋3.3 V 电压的输出负载网络增设了二次自动稳压控制电路。

7.4　打　印　机

打印机是计算机重要的输出设备,其主要任务是接受主机传送来的信息,并根据用户的要求将各种文字、图形等信息打印在纸上,以便于长期保存。打印机的种类很多,常见有针式打印机、喷墨打印机和激光打印机三种。

7.4.1　针式打印机

针式打印机以其价廉、耐用、可打印多种类型纸张等原因,普遍应用在多种领域。常用的有宽行针式打印机,如:Epson LQ-1600KIIIH、Star CR-3240 等;窄行针式打印机,如:Epson LQ-100、Star AR-970 等。如图 7-9 所示。

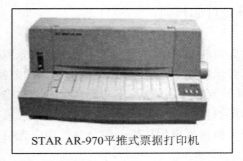

EPSON LQ-1600KIIIH　　　　STAR AR-970平推式票据打印机

图 7-9　针式打印机

宽行打印机可以打印 A3 幅面的纸,窄行打印机一般只能打印 A4 幅面的纸张;针式打印机还可以打印穿孔纸,它在银行、机关、企事业单位的计算机应用中发挥了很大作用。另外,针式打印机有其他机型所不能代替的优点,它可以打印多层纸,这使之在报表处理中的应用非常普遍。但针式打印机的打印效果比较普通,而且噪音较大,所以在普通家庭及办公应用中有逐渐被喷墨和激光打印机所取代的趋势。

7.4.2　喷墨打印机

喷墨打印机的基本功能块结构和针式打印机相似,只是打印机的输出是由喷嘴喷出的极细墨滴形成点阵字符或图像,因此称为喷墨打印机。喷墨打印机的喷墨技术有连续式和随机式两种。目前,在国内外流行的各种型号的喷墨打印机大多采用随机式喷墨技术。如图 7-10 所示。

喷墨打印机按技术特征又有以下分类:

(1) 颜色:按颜色可分为单色和彩色两种。

(2) 幅面:按幅面大小可分为 A3、A4 和大幅面多种,常见的是 A4 幅面。

(3) 用途:按用途可分为台式和便携式两种。

(4) 精度:按照打印机精度即分辨率来分,可将喷墨打印机分为高、中、低档 3 种。低分辨率的是指 118 印点/cm(300dpi)以下,中分辨率指 118 印点/cm,高分辨率指 118 印点/cm

以上。

　　　　佳能pixmaip1500-1　　　　　　　　　　HP Deskjet 6548

图 7-10　喷墨打印机

7.4.3　激光打印机

　　激光打印机脱胎于 20 世纪 80 年代末的激光照排技术,流行于 90 年代中期。激光打印机是现代高新技术的结晶,其工作原理与前两者相差甚远,因而也具有前两者完全不能相比的高速度、高品质和高打印量,以及多功能和全自动化输出性能。激光打印机一面市就以其优异的分辨率、良好的打印品质和极高的输出速度,很快赢得用户普遍赞誉,但价格高较高。

　　激光打印机根据应用环境一般分为普通激光打印机、彩色激光打印机和网络激光打印机三种。如图 7-11 所示。

　HP LaserJet 1010　　　　　hp LaserJet 5100　　　　HP Color LaserJet 5550dn

图 7-11　激光打印机

激光打印机的特性

优点:

(1) 更趋于智能化,平时自动处于关机状态,当有打印任务时自动激活。

(2) 打印速度快。

(3) 分辨率很高,有的能达到 600 DPI(Dot Per Inch)以上,打印效果精细。

(4) 大量打印时,其平均打印成本较低。

缺点:

(1) 价格较高。

(2) 打印的耗材价格昂贵。

（3）不能打印复写纸。

（4）对纸张的要求很高,要求使用专门的激光打印纸。

思考与练习

1. 键盘按键可以分为哪几个功能区?
2. 鼠标按其原理可以分为哪几种?
3. ATX 电源主要由哪些功能电路组成?
4. 声卡安装一切正常,但却无声,试分析其原因。
5. 试比较针式、喷墨、激光打印机的优、缺点。

第8章 网 络 设 备

随着网络技术的飞速发展以及人们日常工作与学习对网络需求的不断增长，能够接入网络也成为大多数用户的基本需求。网络设备及部件是连接到网络中的物理实体。网络设备的种类繁多，且与日俱增。基本的网络设备有：计算机(可以是个人电脑或服务器)、集线器、交换机、网桥、路由器、网关、网络接口卡(NIC)、无线接入点(WAP)、调制解调器。本章只简要介绍其中的部分设备。

8.1 网 卡

网卡是计算机网络中必不可少的基本设备，它为计算机之间的数据通信提供了物理连接，每台计算机若要接入网络就必须安装网卡。

网卡的全称是网络接口卡(Network Interface Card，缩写为 NIC)。常见的网卡如图 8-1 所示。

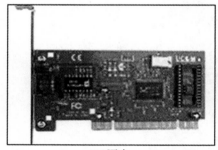  

PC网卡　　　　　USB接口无线网卡　　　　　笔记本专用网卡

图 8-1 常见几种类型的网卡

8.1.1 网卡的分类

1. 按总线接口类型分

按网卡的总线接口类型来分一般可分为 ISA 接口网卡、PCI 接口网卡以及在服务器上使用的 PCI-X 总线接口类型的网卡，笔记本电脑所使用的网卡是 PCMCIA 接口类型的。

(1) ISA 总线网卡。
(2) PCI 总线网卡。
(3) PCI-X 总线网卡。
(4) PCMCIA 总线网卡。
(5) USB 总线接口网卡。

2. 按网络接口划分

除了可以按网卡的总线接口类型划分外，还可以按网卡的网络接口类型来划分。网卡最终是要与网络进行连接,所以也就必须有一个接口使网线通过它与其他计算机网络设备连接起来。不同的网络接口适用于不同的网络类型,目前常见的接口主要有以太网的 RJ-45 接口、细同轴电缆的 BNC 接口和粗同轴电缆 AUI 接口、FDDI 接口、ATM 接口等。而且有的网卡为了适用于更广泛的应用环境,提供了两种或多种类型的接口,如有的网卡会同时提供RJ-45、BNC 接口或 AUI 接口。

(1) RJ-45 接口网卡。

(2) BNC 接口网卡。

(3) AUI 接口网卡。

(4) FDDI 接口网卡。

(5) ATM 接口网卡。

3. 按带宽划分

随着网络技术的发展,网络带宽也在不断提高,但是不同带宽的网卡所应用的环境也有所不同,目前主流的网卡主要有 10 Mbps 网卡、100 Mbps 以太网卡、10 Mbps/100 Mbps 自适应网卡、1000 Mbps 千兆以太网卡四种。

(1) 10 Mbps 网卡。

(2) 100 Mbps 网卡。

(3) 10 Mbps/100 Mbps 网卡。

(4) 1000 Mbps 以太网卡。

4. 按网卡应用领域来分

如果根据网卡所应用的计算机类型来分,可以将网卡分为应用于工作站的网卡和应用于服务器的网卡。前面所介绍的基本上都是工作站网卡,其实通常也应用于普通的服务器上。但是在大型网络中,服务器通常采用专门的网卡。它相对于工作站所用的普通网卡来说在带宽(通常在 100 Mbps 以上,主流的服务器网卡都为 64 位千兆网卡)、接口数量、稳定性、纠错等方面都有比较明显的提高。还有的服务器网卡支持冗余备份、热拔插等服务器专用功能。

5. 无线网卡

无线网卡是终端无线网络的设备,是无线局域网在无线覆盖下通过无线连接网络进行上网的无线终端设备。具体来说无线网卡就是使电脑可以利用无线来上网的一个装置,但是有了无线网卡也还需要一个可以连接的无线网络,如果在家里或者所在地有无线路由器或者无线 AP(AccessPoint 无线接入点)的覆盖,就可以通过无线网卡以无线的方式连接无线网络可上网。

无线网卡的接口类型:

(1) 台式机专用的 PCI 接口无线网卡。

(2) 笔记本电脑专用的 PCMCIA 接口无线网卡。

(3) USB 接口无线网卡。

(4) 笔记本电脑内置的 MINI-PCI 无线网卡。

另外,无线网卡的端口还分为:E 型、T 型、PC 型、L 型和 USB 等接口。

无线网卡的工作原理是微波射频技术,目前有 WIFI、GPRS、CDMA 等几种无线数据传输模式来上网,后两者由中国移动和中国联通来实现,前者电信或网通有所参与,主要是拥有接入互联网的 WIFI 基站(其实就是 WIFI 路由器等)和笔记本用的 WIFI 网卡。这几种基本概念是差不多的,都是通过无线形式进行数据传输。无线上网遵循 802.11b/g/n 无线协议标准,通过无线传输,有无线接入点发出信号,用户通过无线网卡接受和发送数据。

8.1.2 网卡的功能

网卡是工作在数据链路层的网路组件,是局域网中连接计算机和传输介质的接口,不仅能实现与局域网传输介质之间的物理连接和电信号匹配,还涉及帧的发送与接收、帧的封装与拆封、介质访问控制、数据的编码与解码以及数据缓存的功能等。

网卡上面装有处理器和存储器(包括 RAM 和 ROM)。网卡和局域网之间的通信是通过电缆或双绞线以串行传输方式进行的。而网卡和计算机之间的通信则是通过计算机主板上的 I/O 总线以并行传输方式进行。因此,网卡的一个重要功能就是要进行串行/并行转换。由于网络上的数据率和计算机总线上的数据率并不相同,因此在网卡中必须装有对数据进行缓存的存储芯片。

在安装网卡时必须将管理网卡的设备驱动程序安装在计算机的操作系统中。这个驱动程序以后就会告诉网卡,应当从存储器的什么位置上将局域网传送过来的数据块存储下来。网卡还要能够实现以太网协议。

网卡并不是独立的自治单元,因为网卡本身不带电源而是必须使用所插入的计算机的电源,并受该计算机的控制。因此网卡可看成为一个半自治的单元。当网卡收到一个有差错的帧时,它就将这个帧丢弃而不必通知它所插入的计算机。当网卡收到一个正确的帧时,它就使用中断来通知该计算机并交付给协议栈中的网络层。当计算机要发送一个 IP 数据包时,它就由协议栈向下交给网卡组装成帧后发送到局域网。

随着集成度的不断提高,网卡上的芯片的个数不断的减少,虽然各厂家生产的网卡种类繁多,但其功能大同小异。

8.2 集 线 器

集线器(HUB)是对网络进行集中管理的最小单元,像树的主干一样,它是各分枝的汇集点。HUB 是一个共享设备,其实质是一个中继器,而中继器的主要功能是对接收到的信号进行再生放大,以扩大网络的传输距离。正是因为 HUB 只是一个信号放大和中转的设备,所以它不具备自动寻址能力,即不具备交换作用。所有传到 HUB 的数据均被广播到之相连的各个端口,容易形成数据堵塞,因此有人称集线器为"傻 HUB"。常见的集线器如图 8-2 所示。

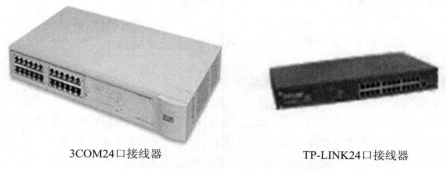

3COM24口接线器　　　　　　　　TP-LINK24口接线器

图 8-2　常见集线器外形图

1. HUB 在网络中所处的位置

HUB 主要用于共享网络的组建,是解决从服务器直接到桌面的最佳,最经济的方案。在交换式网络中,HUB 直接与交换机相连,将交换机端口的数据送到桌面。使用 HUB 组网灵活,它处于网络的一个星型结点,对结点相连的工作站进行集中管理,不让出问题的工作站影响整个网络的正常运行,并且用户的加入和退出也很自由。

2. HUB 的分类

(1) 依据总线带宽的不同,HUB 分为 10M,100M 和 10/100M 自适应三种。

(2) 按配置形式的不同可分为独立型 HUB,模块化 HUB 和堆叠式 HUB 三种。

(3) 根据管理方式可分为智能型 HUB 和非智能型 HUB 两种。

目前所使用的 HUB 基本是以上三种分类的组合,例如常讲的 10/100M 自适应智能型可堆叠式 HUB 等。

根据端口数目的不同分为 8 口,16 口和 24 口等。

8.3 交 换 机

交换机的英文名称之为"Switch",它是集线器的升级换代产品,从外观上来看,它与集线器基本上没有多大区别,都是带有多个端口的长方体。交换机是根据通信两端传输信息的需要,用人工或设备自动完成的方法把要传输的信息送到符合要求的相应路由上的技术统称。广义的交换机就是一种在通信系统中完成信息交换功能的设备。常见的交换机如图 8-3 所示。

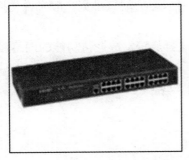

图 8-3 常见交换机外形图

交换机的主要功能包括物理编址、网络拓扑结构、错误校验、帧序列以及流量控制。目前一些高档交换机还具备了一些新的功能,如对 VLAN(虚拟局域网)的支持、对链路汇聚的支持,甚至有的还具有路由和防火墙的功能。

交换机拥有一条很高带宽的背部总线和内部交换矩阵。交换机的所有的端口都挂接在这条背部总线上。控制电路收到数据包以后,处理端口会查找内存中的 MAC 地址(网卡的硬件地址)对照表以确定目的 MAC 的 NIC(网卡)挂接在哪个端口上,通过内部交换矩阵直接将数据迅速包传送到目的节点,而不是所有节点,目的 MAC 若不存在才广播到所有的端口。这种方式可以明显地看出效率高,不会浪费网络资源,只是对目的地址发送数据,一般来说不易产生网络堵塞;另一个方面数据传输安全,因为它不是对所有节点都同时发送,发送数据时其它节点很难侦听到所发送的信息。这也是交换机为什么会很快取代集线器的重要原因之一。

交换机与集线器的区别主要体现在如下几个方面：

1. 在 OSI/RM(OSI 参考模型)中的工作层次不同

交换机和集线器在 OSI/RM 开放体系模型中对应的层次就不一样，集线器是同时工作在第一层（物理层）和第二层（数据链路层），而交换机至少是工作在第二层，更高级的交换机可以工作在第三层（网络层）和第四层（传输层）。

2. 交换机的数据传输方式不同

集线器的数据传输方式是广播（broadcast）方式，而交换机的数据传输是有目的的，数据只对目的节点发送，只是在自己的 MAC 地址表中找不到的情况下第一次使用广播方式发送，然后因为交换机具有 MAC 地址学习功能，第二次以后就不再是广播发送了，又是有目的的发送。这样的好处是数据传输效率提高，不会出现广播风暴，在安全性方面也不会出现其它节点侦听的现象。

3. 带宽占用方式不同

在带宽占用方面，集线器所有端口是共享集线器的总带宽，而交换机的每个端口都具有自己的带宽，这样就交换机实际上每个端口的带宽比集线器端口可用带宽要高许多，也就决定了交换机的传输速度比集线器要快许多。

4. 传输模式不同

集线器只能采用半双工方式进行传输的，因为集线器是共享传输介质的，这样在上行通道上集线器一次只能传输一个任务，要么是接收数据，要么是发送数据。而交换机则不一样，它是采用全双工方式来传输数据的，因此在同一时刻可以同时进行数据的接收和发送，这不但令数据的传输速度大大加快，而且在整个系统的吞吐量方面交换机比集线器至少要快一倍以上，因为它可以接收和发送同时进行，实际上还远不止一倍，因为端口带宽一般来说交换机比集线器也要宽许多倍。

总之，交换机是一种基于 MAC 地址识别，能完成封装转发数据包功能的网络设备。

8.4　路　由　器

8.1.1　路由器概述

要解释路由器的概念，首先得知道什么是路由。所谓"路由"，是指把数据从一个地方传送到另一个地方的行为和动作，而路由器，正是执行这种行为动作的机器，它的英文名称为Router，是一种连接多个网络或网段的网络设备，它能将不同网络或网段之间的数据信息进行"翻译"，以使它们能够相互"读懂"对方的数据，从而构成一个更大的网络。

简单的讲，路由器主要有以下几种功能：

（1）网络互连，路由器支持各种局域网和广域网接口，主要用于互连局域网和广域网，实现不同网络互相通信。

（2）数据处理，提供包括分组过滤、分组转发、优先级、复用、加密、压缩和防火墙等功能。

（3）网络管理，路由器提供包括配置管理、性能管理、容错管理和流量控制等功能。

为了完成"路由"的工作，在路由器中保存着各种传输路径的相关数据——路由表（Routing Table），供路由选择时使用。路由表中保存着子网的标志信息、网上路由器的个数和下一个路由器的名字等内容。路由表可以是由系统管理员固定设置好的,也可以由系统动态修改,可以由路由器自动调整,也可以由主机控制。在路由器中涉及到两个有关地址的名字概念,那就是:静态路由表和动态路由表。由系统管理员事先设置好固定的路由表称之为静态(static)路由表,一般是在系统安装时就根据网络的配置情况预先设定的,它不会随未来网络结构的改变而改变。动态(Dynamic)路由表是路由器根据网络系统的运行情况而自动调整的路由表。路由器根据路由选择协议(Routing Protocol)提供的功能,自动学习和记忆网络运行情况,在需要时自动计算数据传输的最佳路径。

为了简单地说明路由器的工作原理,现在假设有这样一个简单的网络。,如图 8-4 所示,A、B、C、D 四个网络通过路由器连接在一起。

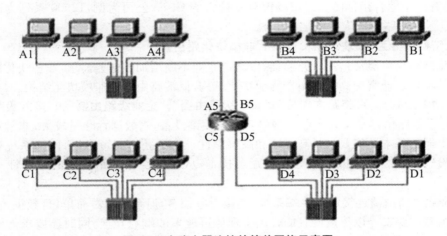

图 8-4　由路由器连接的简单网络示意图

现在了解一下在上图所示网络环境中路由器又是如何发挥其路由、数据转发作用的。现假设网络 A 中一个用户 A1 要向 C 网络中的 C3 用户发送一个请求信号时,信号传递的步骤如下:

(1)用户 A1 将目的用户 C3 的地址 C3,连同数据信息以数据帧的形式通过集线器或交换机以广播的形式发送给同一网络中的所有节点,当路由器 A5 端口侦听到这个地址后,分析得知所发目的节点不是本网段的,需要路由转发,就把数据帧接收下来。

(2)路由器 A5 端口接收到用户 A1 的数据帧后,先从报头中取出目的用户 C3 的 IP 地址,并根据路由表计算出发往用户 C3 的最佳路径。因为从分析得知到 C3 的网络 ID 号与路由器的 C5 网络 ID 号相同,所以由路由器的 A5 端口直接发向路由器的 C5 端口应是信号传递的最佳途经。

(3)路由器的 C5 端口再次取出目的用户 C3 的 IP 地址,找出 C3 的 IP 地址中的主机 ID 号,如果在网络中有交换机则可先发给交换机,由交换机根据 MAC 地址表找出具体的网络节点位置;如果没有交换机设备则根据其 IP 地址中的主机 ID 直接把数据帧发送给用户 C3,这样一个完整的数据通信转发过程也完成了。

从上面可以看出,不管网络有多么复杂,路由器其实所作的工作就是这么几步,所以整个路由器的工作原理基本都差不多。当然在实际的网络中还远比上图所示的要复杂许多,实际的步骤也不会像上述那么简单,但总的过程是这样的。

目前,生产路由器的厂商,国外主要有 CISCO(思科)公司、北电网络等,国内厂商包括华为等。

8.1.2　路由器的分类

路由器产品,按照不同的划分标准有多种类型。常见的分类有以下几类:

1. 按性能档次分为高、中、低档路由器

通常将路由器吞吐量大于 40 Gbps 的路由器称为高档路由器,背吞吐量在 25 Gbps～40 Gbps之间的路由器称为中档路由器,而将低于 25 Gbps 的看作低档路由器。当然这只是一种宏观上的划分标准,各厂家划分并不完全一致,实际上路由器档次的划分不仅是以吞吐量为依据的,是有一个综合指标的。以市场占有率最大的 Cisco 公司为例,12000 系列为高端路由器,7500 以下系列路由器为中低端路由器。

2. 从结构上分为"模块化路由器"和"非模块化路由器"

模块化结构可以灵活地配置路由器,以适应企业不断增加的业务需求,非模块化的就只能提供固定的端口。通常中高端路由器为模块化结构,低端路由器为非模块化结构。

3. 从功能上划分,可将路由器分为"骨干级路由器","企业级路由器"和"接入级路由器"

(1)骨干级路由器是实现企业级网络互连的关键设备,它数据吞吐量较大,非常重要。对骨干级路由器的基本性能要求是高速度和高可靠性。为了获得高可靠性,网络系统普遍采用诸如热备份、双电源、双数据通路等传统冗余技术,从而使得骨干路由器的可靠性一般不成问题。

(2)企业级路由器连接许多终端系统,连接对象较多,但系统相对简单,且数据流量较小,对这类路由器的要求是以尽量便宜的方法实现尽可能多的端点互连,同时还要求能够支持不同的服务质量。

(3)接入级路由器主要应用于连接家庭或 ISP 内的小型企业客户群体。

4. 按所处网络位置划分通常把路由器划分为"边界路由器"和"中间节点路由器"

"边界路由器"是处于网络边缘,用于不同网络路由器的连接;而"中间节点路由器"则处于网络的中间,通常用于连接不同网络,起到一个数据转发的桥梁作用。由于各自所处的网络位置有所不同,其主要性能也就有相应的侧重,如中间节点路由器因为要面对各种各样的网络。如何识别这些网络中的各节点呢? 靠的就是这些中间节点路由器的 MAC 地址记忆功能。基于上述原因,选择中间节点路由器时就需要在 MAC 地址记忆功能更加注重,也就是要求选择缓存更大,MAC 地址记忆能力较强的路由器。但是边界路由器由于它可能要同时接受来自许多不同网络路由器发来的数据,所以这就要求这种边界路由器的背板带宽要足够宽,当然这也要与边界路由器所处的网络环境而定。

5. 从性能上可分为"线速路由器"以及"非线速路由器"

所谓"线速路由器"就是完全可以按传输介质带宽进行通畅传输,基本上没有间断和延时。通常线速路由器是高端路由器,具有非常高的端口带宽和数据转发能力,能以媒体速率转发数据包;中低端路由器是非线速路由器。但是一些新的宽带接入路由器也有线速转发能力。

8.1.3　路由器接口

1. 广域网接口

路由器不仅能实现局域网之间连接,更重要的应用还是在于局域网与广域网、广域网与广

域网之间的相互连接。路由器与广域网连接的接口称之为广域网接口(WAN 接口)。路由器
中常见的广域网接口有以下几种。

(1) RJ-45 端口。

(2) AUI 端口。

(3) 高速同步串口。

(4) 异步串口。

(5) ISDN BRI 端口。

2. 局域网接口

局域网接口主要是用于路由器与局域网进行连接,因局域网类型也是多种多样的,所以这
也就决定了路由器的局域网接口类型也可能是多样的。不同的网络有不同的接口类型,常见
的以太网接口主要有 AUI、BNC 和 RJ-45 接口,还有 FDDI、ATM、光纤接口,这些网络都有相
应的网络接口,下面是主要的几种局域网接口。

(1) AUI 端口。

(2) RJ-45 端口。

(3) SC 端口。

8.1.4 路由协议

路由协议作为 TCP/IP 协议族中重要成员之一,其选路过程实现的好坏会影响整个
Internet 网络的效率。按应用范围的不同,路由协议可分为两类:在一个 AS(Autonomous
System,自治系统,指一个互连网络,就是把整个 Internet 划分为许多较小的网络单位,这些小
的网络有权自主地决定在本系统中应采用何种路由选择协议)内的路由协议称为内部网关协
议(interior gateway protocol),AS 之间的路由协议称为外部网关协议(exterior gateway
protocol)。这里网关是路由器的旧称。现在正在使用的内部网关路由协议有以下几种:
RIP-1,RIP-2,IGRP,EIGRP,IS-IS 和 OSPF。其中前 4 种路由协议采用的是距离向量算法,
IS-IS 和 OSPF 采用的是链路状态算法。对于小型网络,采用基于距离向量算法的路由协议易
于配置和管理,且应用较为广泛,但在面对大型网络时,不但其固有的环路问题变得更难解决,
所占用的带宽也迅速增长,以至于网络无法承受。因此对于大型网络,采用链路状态算法的
IS-IS 和 OSPF 较为有效,并且得到了广泛的应用。IS-IS 与 OSPF 在质量和性能上的差别并
不大,但 OSPF 更适用于 IP,较 IS-IS 更具有活力。IETF 始终在致力于 OSPF 的改进工作,其
修改节奏要比 IS-IS 快得多。这使得 OSPF 正在成为应用广泛的一种路由协议。现在,不论
是传统的路由器设计,还是即将成为标准的 MPLS(多协议标记交换),均将 OSPF 视为必不可
少的路由协议。

外部网关协议最初采用的是 EGP。EGP 是为一个简单的树形拓扑结构设计的,随着越来
越多的用户和网络加入 Internet,给 EGP 带来了很多的局限性。为了摆脱 EGP 的局限性,
IETF 边界网关协议工作组制定了标准的边界网关协议——BGP。

(1) RIP 协议。

(2) OSPF 协议。

(3) BGP 协议。

(4) IGRP 协议。

（5）EIGRP 协议。

（6）ES-IS 和 IS-IS 协议。

8.1.5　IPV 6

IPV 6 是"Internet Protocol Version 6"的缩写，也被称作下一代互联网协议，它是由 IETF 小组（Internet 工程任务组 Internet Engineering Task Force）设计的用来替代现行的 IPV 4（现行的 IP）协议的一种新的 IP 协议。

Internet 的主机都有一个唯一的 IP 地址，IP 地址用一个 32 位二进制的数表示一个主机号码，但 32 位地址资源有限，已经不能满足用户的需求了，因些 Internet 研究组织发布新的主机标识方法，即 IPV 6。在 RFC1884 中（RFC 是 Request for Comments Document 的缩写。RFC 实际上就是 Internet 有关服务的一些标准），规定的标准语法建议把 IPV 6 地址的 128 位（16 个字节）写成 8 个 16 位的无符号整数，每个整数用四个十六进制位表示，这些数之间用冒号（：）分开，例如：3ffe：3201：1401：1280：c8ff：fe4d：db39

IPV 6 相对于现在的 IP（即 IPV 4）有如下特点：

1. 扩展的寻址能力

IPV 6 将 IP 地址长度从 32 位扩展到 128 位，支持更多级别的地址层次、更多的可寻址节点数以及更简单的地址自动配置。通过在组播地址中增加一个"范围"域提高了多点传送路由的可扩展性。还定义了一种新的地址类型，称为"任意播地址"，用于发送包给一组节点中的任意一个；

2. 简化的报头格式

一些 IPV 4 报头字段被删除或变为了可选项，以减少包处理中例行处理的消耗并限制 IPV 6 报头消耗的带宽；

3. 对扩展报头和选项支持的改进

IP 报头选项编码方式的改变可以提高转发效率，使得对选项长度的限制更宽松，且提供了将来引入新的选项的更大的灵活性；

4. 标识流的能力

增加了一种新的能力，使得标识属于发送方要求特别处理（如非默认的服务质量获"实时"服务）的特定通信"流"的包成为可能；

5. 认证和加密能力

IPV 6 中指定了支持认证、数据完整性和（可选的）数据机密性的扩展功能。

8.1.6　无线路由器

无线路由器是带有无线覆盖功能的路由器，它主要应用于用户上网和无线覆盖。市场上流行的无线路由器一般都支持专线 xdsl、cable、动态 xdsl、pptp 四种接入方式，它还具有其他一些网络管理的功能，如 dhcp 服务、nat 防火墙、mac 地址过滤等等功能。

1. 无线路由器的工作原理

无线路由器（Wireless Router）好比将单纯性无线 AP 和宽带路由器合二为一的扩展型产品，它不仅具备单纯性无线 AP 所有功能如支持 DHCP 客户端、支持 VPN、防火墙、支持 WEP

加密等等，而且还包括了网络地址转换（NAT）功能，可支持局域网用户的网络连接共享。可实现家庭无线网络中的 Internet 连接共享，实现 ADSL 和小区宽带的无线共享接入。常见无线路由器见图 8-5 所示。

图 8-5　无线路由器

无线路由器可以与所有以太网接的 ADSL MODEM 或 CABLE MODEM 直接相连，也可以在使用时通过交换机/集线器、宽带路由器等局域网方式再接入。其内置有简单的虚拟拨号软件，可以存储用户名和密码拨号上网，可以实现为拨号接入 Internet 的 ADSL、CM 等提供自动拨号功能，而无需手动拨号或占用一台电脑做服务器使用。此外，无线路由器一般还具备相对更完善的安全防护功能。

2. 无线路由器的配置

（1）配置无线路由器之前，必须将 PC 与无线路由器用网线连接起来，网线的另一端要接到无线路由器的 LAN 口上。物理连接（示意图见图 8-6）安装完成后，要想配置无线路由器，还必须知道两个参数，一个是无线路由器的用户名和密码；另外一个参数是无线路由器的管理 IP。一般无线路由器默认管理 IP 是 192.168.1.1 或者 192.168.0.1（或其他），用户名和密码都是 admin。无线路由器与 ADSL 及 PC 机连接示意图如图 8-6 所示。

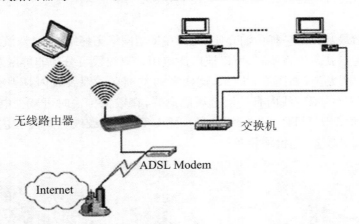

无线路由器　　交换机　　ADSL Modem　　Internet

图 8-6　无线路由器与 ADSL 及 PC 机连接示意图

（2）必须让 PC 的 IP 地址与无线路由器的管理 IP 在同一网段，子网掩码用系统默认的即可，网关无需设置。目前，大多数的无线路由器只支持 Web 页面配置方式，而不支持 Telnet 等配置模式。

（3）在浏览器中，输入无线路由器的管理 IP，桌面会弹出一个登录界面，将用户名和密码填写进入之后,就进入了无线路由器的配置界面。

（4）进入无线路由器的配置界面之后,系统会自动弹出一个"设置向导"。在"设置向导"中,系统只提供了 WAN 口的设置。建议用户不要理会"设置向导",直接进入"网络参数设置"选项。

① 网络参数设置部分。在无线路由器的网络参数设置中,必须对 LAN 口、WAN 口两个接口的参数设置。在实际应用中,很多用户只对 WAN 口进行了设置,LAN 口的设置保持无线路由器的默认状态。

要想让无线路由器保持高效稳定的工作状态,除对无线路由器进行必要的设置之外,还要进行必要的安全防范。用户购买无线路由器的目的,就是为了方便自己,如果无线路由器是一个公开的网络接入点,其他用户都可以共享,这种情况之下,用户的网络速度还会稳定吗？ 为了无线路由器的安全,用户必须清除无线路由器的默认 LAN 设置。

例如有一无线路由器,默认 LAN 口地址是 192.168.1.1,为了防止他人入侵,可以 LAN 地址更改成为 192.168.1.254,子网掩码不做任何更改。LAN 口地址设置完毕之后,点击"保存"后会弹出重新启动的对话框。

② LAN 口网络参数设置。配置了 LAN 口的相关信息之后,再配置 WAN 口。对 WAN 口进行配置之前,先要搞清楚自己的宽带属于哪种接入类型,固定 IP、动态 IP,PPPoE 虚拟拨号,PPTP,L2TP,802.1X+动态 IP,还是 802.1X+静态 IP。若使用的是固定 IP 的 ADSL 宽带,为此,WAN 口连接类型选择"静态 IP",然后把 IP 地址、子网掩码、网关和 DNS 服务器地址填写进去就可以了。

8.5 网　　线

与网卡息息相关的是网线等网络传输介质。由于常见的网卡按接口类型可分为 RJ45 接口、BNC 接口、AUI 接口,所以对应的网络传输介质也不相同。在局域网中常见的网线主要有双绞线、同轴电缆、光纤三种。

1. 双绞线

双绞线是目前最常见的一种传输介质,尤其在星型网络拓扑结构中,双绞线是必不可少的布线材料。它的特点就是价格便宜,所以被广泛应用。双绞线可分为非屏蔽双绞线（UTP）和屏蔽双绞线（STP）两大类,如图 8-7 所示,这两者的差别在于双绞线内是否有一层金属隔离膜,,如图所示。STP 的双绞线内有一层金属隔离膜,在数据传输时可减少电磁干扰,所以它的稳定性较高,但价格比 UTP 的双绞线略贵。而 UTP 的双绞线内则没有这层金属隔离膜,所以它的稳定性相对较差,但价格相对便宜。

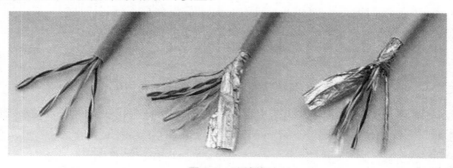

图 8-7　双绞线

　　STP 又分为 3 类和 5 类两种,而 UTP 分为 3 类、4 类、5 类、超 5 类四种。3 类线主要应用在 10Mbps 网卡中、而 5 类线及超 5 类线主要应用在 100Mbps 网卡中。UTP 的 3 类双绞线电缆是由四对的双绞线组成,其目的是为了降低信号的干扰程度,每一对双绞线一般由两根绝缘铜导线相互缠绕而成。它的布线规则是 1、2、3、6 根线有用,4、5、7、8 根线是闲置的,如图 8-8 所示。

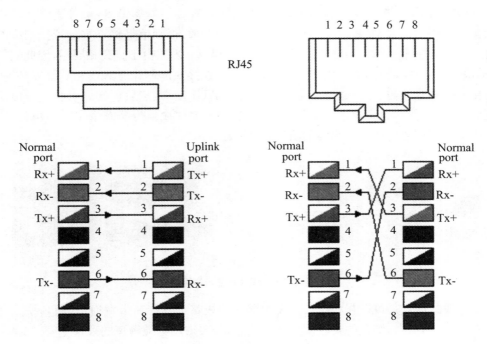

图 8-8　双绞线布线示意图

　　每条双绞线两头都必须通过安装 RJ-45 连接器(俗称水晶头),如图 8-9 左图所示,才能与网卡和集线器(或交换机)相连接。RJ-45 连接器的一端连接在网卡上的 RJ-45 接口,另一端连接在集线器或交换机上的 RJ-45 接口。

　　具体使用时可参照厂家提供的说明书。RJ-45 水晶接头必须采用专用的压线钳才能制作,如图 8-9 右图所示。

图 8-9　水晶头及夹线钳

2. 同轴电缆

同轴电缆(Coaxtal CabLe)常用于设备与设备之间的连接,或应用在总线型网络拓扑中。

同轴电缆中心轴线是一条铜导线,外加一层绝缘材料,在这层绝缘材料外边是由一根空心的圆柱网状铜导体包裹,最外一层是绝缘层。它与双绞线相比,同轴电缆的抗干扰能力强、屏蔽性能好、传输数据稳定、价格也便宜,而且它不用连接在集线器或交换机上即可使用。

根据直径的不同,又可分为细缆(RG-58)和粗缆(RG-11 两种,如图 8-10 所示。细缆的直径为 0.26 cm,最大传输距离 185 米,使用时与 50Ω 终端电阻、T 型连接器、BNC 接头与网卡相连,线材价格和连接头成本都比较便宜,而且不需要购置集线器等设备,十分适合架设终端设备较为集中的小型以太网络。缆线总长不要超过 185 米,否则信号将严重衰减。细缆的阻抗是 50 Ω。粗缆的直径为 1.27 cm,最大传输距离达到 500 米。由于直径相当粗,因此它的弹性较差,不适合在室内狭窄的环境内架设,而且 RG-11 连接头的制作方式也相对要复杂许多,并不能直接与电脑连接,它需要通过一个转接器转成 AUI 接头,然后再接到电脑上。由于粗缆的强度较强,最大传输距离也比细缆长,因此粗缆的主要用途是扮演网络主干的角色,用来连接数个由细缆所结成的网络。粗缆的阻抗是 75 Ω。

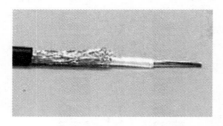 

图 8-10　同轴电缆示意图

同轴电缆的优点是可以在相对长的无中继器的线路上支持高带宽通信,而其缺点也是显而易见的:一是体积大,细缆的直径就有 3/8 英寸粗,要占用电缆管道的大量空间;二是不能承受缠结、压力和严重的弯曲,这些都会损坏电缆结构,阻止信号的传输;三是成本高。而所有这些缺点正是双绞线能克服的,因此在现在的局域网环境中,基本已被基于双绞线的以太网物理层规范所取代。

同轴电缆是用来和 BNC 接头相连接的,BNC 头是一个螺旋凹槽的金属接头,它由金属套头、镀金针头和 3C/5C 金属套管组成的,如图 8-11 所示。一般只要利用普通的钳子即可制作好。

图 8-11　BNC 接头

在细缆两端都必须安装 BNC 接头,它是通过专用 T 型接头与网卡相连接的。T 型接头与 BNC 接插件同是细同轴电缆的连接器,它对网络的可靠性有着至关重要的影响。同轴电缆与 T 型连接器是依赖于 BNC 接插件进行连接的。

最后还要将终端匹配器(也称终端适配器)安装在同轴电缆(粗缆或细缆)的两个端点上,它的作用是防止电缆无匹配电阻或阻抗不正确。它的原理是这样的:当波传递到两种介质的分界面时要发生反射,而传到导线和空气分界面的矩形电磁波反射回来会和原先的波叠加在一起,使波形错误。加上终端匹配器就可以把电磁波吸收掉,防止反射,如果没有它的话则会引起信号波形反射,造成信号传输错误。

3. 光纤

光纤(Fiber Optic CabLe)以光脉冲的形式来传输信号,因此材质也以玻璃或有机玻璃为主,它由纤维芯、包层和保护套组成,如图 8-12 所示。光纤的结构和同轴电缆很类似,也是中心为一根由玻璃或透明塑料制成的光导纤维,周围包裹着保护材料,根据需要还可以多根光纤并合在一根光缆里面。根据光信号发生方式的不同,光纤可分为单模光纤和多模光纤。

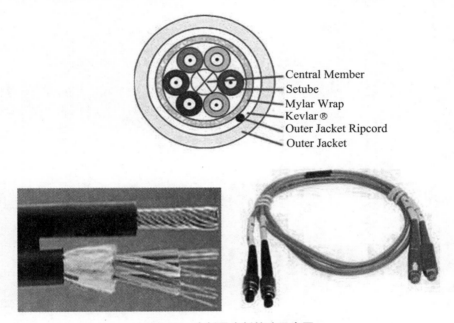

图 8-12　光纤及光纤接头示意图

光纤最大的特点是其传导的是光信号,因此不受外界电磁信号的干扰,信号的衰减速度很慢,所以信号的传输距离比以上传送电信号的各种网线要远得多,并且特别适用于电磁环境恶劣的地方。由于光纤的光学反射特性,一根光纤内部可以同时传送多路信号,所以光纤的传输速度非常的高,目前 1 Gbps 的光纤网络已经成为主流高速网络,理论上光纤网络最高可达到 50000 Gbps(50 Tbps)的速度。光纤由于其传输方式的巨大不同,具有自己的一套网络模型,那就是 10 basef、100 basef、1000 basef 局域网标准,单段最大长度可达 2000 米。

光纤网络由于需要把光信号转变为计算机的电信号,因此在接头上更加复杂,除了具有连接光导纤维的多种类型接头,如 SMa、SC、ST、FC 光纤接头外,还需要专用的光纤转发器等设备,负责把光信号转变为计算机电信号,并且把光信号继续向其他网络设备发送。

光纤是目前最先进的网线,但是它的价格较贵。目前光纤主要应用在大型的局域网中用做主干线路。

思考与练习

1. 了解网卡的结构和功能？
2. 了解目前主流交换机的功能特点？
3. 了解路由器的工作原理，并练习无线路由器的安装配置？

实　践　篇

第 9 章　拆卸计算机硬件

通过本章学习要求：(1) 掌握计算机硬件的拆卸方法和要领；(2) 了解各个组成部件的工作原理、技术参数、连接方式；(3) 将拆卸下来的部件摆放整齐并做好相应的记录。

拆卸计算机硬件应遵循的原则是先外后里。

9.1　实　验　工　具

拆装一台微机其实并不困难，如果不讲究，拆装工具只需一把十字螺丝刀。但通常需要准备下述工具，如图 9-1 所示。

图 9-1　常用的拆装工具

1. 螺丝刀

十字、一字中号带磁性螺丝刀各一把。通常用十字螺丝刀去固定机箱、主板、硬盘、软驱、光驱及各类插卡，而一字螺丝刀则用于撬起芯片等物品。

2. 鸭嘴钳

大部分的 I/O 口都是使用 D 形插头和插座。有时就会用到鸭嘴甜来拔插。

3. 镊子

使用镊子进行主板电压、外频、倍频、CMOS 及光驱、硬盘的主、从盘跳线的设置。

4. 剪刀

剪刀可以用来修剪一些东西，如捆信号线的线卡等。

5. 刷子

用来清洁机箱内的灰尘。

6. 硅胶

导热硅胶的作用就是填充处理器与散热器之间大大小小的空隙，增大发热源与散热片的接触面积。

7. 小盒子

将拆下来的小螺丝、螺帽、垫片等小零件装在里面，以免遗失。

9.2　注　意　事　项

（1）除了具有 USB 接口的设备，其他设备不能带电操作，也就是说拆装的任何操作（如插拔板卡、芯片及连线等）都要在断电（关机）的情况下进行。

（2）为防止因静电而损坏集成电路芯片，在用手去拿主机板或其他板卡、芯片之前先放掉人体的静电，特别是在干燥的季节和北方城市。具体的做法是用手触摸自来水管的金属部分，也可以先洗一下手，有条件的可带上防静电手套。

（3）在拆装过程中对所有板卡及配件要轻拿轻放，它们是易损物品，掉在地下很容易损坏。使用钳子、螺丝刀等工具时一定要小心，不要划到电路板上。

（4）所拆卸的部件做到摆放整齐，并做好相应的记录，如图 9-2 所示。

图 9-2　拆装部件摆放示意图

9.3　拆卸主机外部设备

9.3.1　拆卸内容

（1）熟悉微机外部硬件设备及连接方法。

（2）拆卸主机外部设备，包括主机电源线、显示器电源线与信号线、键盘和鼠标信号线及音频线，以及打印机信号线等。

9.3.2 拆卸步骤

拆卸主机外部设备包括拆卸主机电源线、显示器电源线与信号线、键盘与鼠标信号线、音箱音频线和打印机信号线等。在拆卸主机外部设备之前,一定要关闭主机和电源。拆卸连线前,如果连接处有固定螺丝,应先将其旋松,然后捏住连接头处用力拔线。切忌从导线部分拉拔,以免造成导线的内部断裂,影响使用。

1. 拆掉主机电源线

机箱背面与电源连接的线即是电源线,电源线接在主机箱背面的黑色插座上。用手指捏住电源线的头部用力往外拔,即可拆下电源线。如果连接得比较紧,可左右略微晃动并用力往外拔出。

2. 拆掉显示器电源线和信号线

主机与显示器的连接有两种方式:对于 AT 电源,主机与显示器既连有信号线又连有电源线;对于 ATX 电源,主机与显示器通常仅连有信号线,而且显示器的电源线直接连到市电插座上。对于 AT 规格的微机,为了防止用户连错输入/输出电源线,制造商将显示器电源线与主机电源线的插头、插座制作得完全不同。在拆卸显示器电源线时,捏住插头轻轻左右晃动并用力往外拔。

显示器信号线与主机有螺丝紧固。先将螺丝松开,再将信号线拔下。从外形上可以看出,主机上用来连接 VGA 显示器信号线的插座是 15 针小 D 形母头。

3. 拆卸鼠标和键盘

鼠标的接头有 PS/2,COM1(串行口)和 USB 三种,其拆卸方法不同:对于 PS/2 接头,用手指捏住鼠标连接头垂直往外拔,即可拆下鼠标信号线;对于串行口接头,在拆卸之前,应先将固定螺丝旋松,再将鼠标信号线拔下;对于 USB 接头,只需捏住插头用力往外拔即可。

拆卸键盘与拆卸鼠标的方法相同。

4. 拆卸音箱

音箱与主机间有一条音频线连接,音频线连接在声卡的 Speaker 接口上。先拔下音箱的电源线,再拔下音频线,即可拆下音箱。

5. 拆卸打印机

打印机与主机间连有信号线,信号线接在主机的并行口上。拆卸打印机信号线之前,先拔下电源线,再松开紧固螺丝,最后将信号线拔下。

6. 拆卸 USB 接头设备

USB 接头与主机上 USB 接口之间的连接没有螺丝固定,只需捏住插头用力往外拔即可。

7. 拆卸网络线

一般有线网络都以网络线(双绞线)与网卡相连,拆卸方法是:捏住网络线与网卡连接处的水晶头(RJ45)接头处的压扣,然后再往外拔即可。无线网卡这一步可以省略。

9.3.3 填写记录数据

数据记录表

显示器品牌		键盘的键数	
显示器类型		鼠标类型	
显示器型号、大小		鼠标接口类型	
键盘品牌		鼠标按键数	
键盘接口类型			

9.4 拆卸主机机箱,了解机箱内部结构和电源的结构

9.4.1 拆卸内容

了解机箱的构造、各部分的功能;了解电源的规格和性能指标,熟悉电源与机箱的连接方式;记录有关数据。

9.4.2 拆卸步骤

(1) 打开机箱侧面盖板或外罩,画出机箱结构大致示意图,记录光驱、软驱和硬盘的安装位置及固定方式。

(2) ATX 电源通过一个 20 条线的插头与主板连接,上面有一个压扣。压下插头上的压扣,捏住电源插头左右轻轻摇动,向上稍加用力即可拆除主板上的电源线。AT 电源通过 2 个 6 条线的插头与主板连接,捏住电源插头轻轻往后拔,以便松开插头与插座之间的倒钩,再左右摇动插头稍加用力即可拔起。由于 P4 级别的 CPU 耗电量巨大,系统还需要单独为 CPU 供电。因此在 CPU 的附近提供了一个 4 芯(或者 6 芯或者 8 芯)的电源插座,拆卸方法与 20 线的主板电源线方法相同。

(3) 拔出硬盘、光驱、软驱等的电源插头,若较紧,可左右晃动将其拔出。

(4) 从机箱背面松开电源固定螺丝,拆下电源,认真察看电源使用铭牌、记录电源插头类型和个数。

(5) 画出主板大致结构示意图;记录下各种插卡的安装位置;记录控制面板上的电源开关(Power Switch)、电源指示灯(Power)、复位开关(Reset)、硬盘工作状态指示灯(HDD)等与主板连接的位置。

(6) 从主板上拔掉喇叭及机箱面板连接线,每拔 1 个记下位置、连接线颜色、插头处"POWER SW"、"HDD LED"与"RESET SW"之类的文字标识及主板接口处的文字标识,以便安装时不致错乱,目前最新的主机箱与微机主板的连接插头已经做成整体式,各插头与主板的连接插针很容易对应识别,直接识别后对应插入即可。

9.4.3　填写记录数据

数据记录表

电源类型		软驱电源接头个数	
提供的输出电压		其他电源接头	
电源功率		电源认证标志	
大四针电源接头个数及外形		画出机箱面板控制线接线位置图(标注)	

9.5　光驱、软驱、硬盘的拆卸

9.5.1　拆卸内容

拆卸光驱、软驱、硬盘。掌握拆卸硬盘的方法和步骤,记录有关数据。

9.5.2　拆卸步骤

拆卸光驱、软驱、硬盘应遵循从上到下的原则。

硬盘、软驱通常是固定在 3.5 吋的框架内,而光驱则固定在 5 吋的框架内,具体拆卸方法和步骤如下:

(1) 拆除光驱、软驱、硬盘的数据线:用拇指和食指捏住数据线的连接头,左右均匀用力,将其缓缓拆下(切不可直接拽数据线,那样很容易将数据线拔坏)。同样的方法将其在主板上的另一端拔出。特别要注意其插口处的结构及针脚排列方式;特别需要注意的是无论光驱、硬盘还是软驱数据线口处电路板上均标有"1"与"34"或者"40"的标记,其中"1"对应数据电缆的红边,在主板上 IDE 接口处也同样标有数字标识,同样是"1"对应数据电缆的红边。

(2) 松开固定光驱、软驱、硬盘的螺丝,依次将它们从框架中取出(不同的主机箱,硬盘、软驱的拆卸方法略有不同,需仔细观察,不可蛮干)。

9.5.3　填写记录数据

数据记录表

硬　盘			
硬盘品牌		数据线针数	
硬盘的接口		磁头、柱面、扇区数	
容量		首针脚位置图示	
缓存大小		数据电缆接口处标识	
主轴转速		主从盘跳线	

				续表
	软 驱			
软驱品牌		首针脚位置图示		
数据线针数		数据电缆接口处标识		
	光 驱			
光驱品牌		光驱速度		
光驱类型		数据电缆接口处标识		
光驱接口类型		主从盘跳线		

9.6 拆卸显卡、声卡、网卡

9.6.1 拆卸内容

拆卸显卡、声卡和网卡；了解显卡、声卡和网卡的结构、芯片类型等参数；记录有关数据。

9.6.2 拆卸步骤

（1）卸下机箱上固定显卡的螺丝。
（2）两手捏住显示卡的两端用力拔出（注意主板上的 AGP 接口的一端是否有固定卡，若有应先松开固定卡，方可拔出显卡）。
（3）声卡、网卡的拆卸方法同显卡。

9.6.3 填写记录数据

数据记录表

显卡芯片		显卡输出接口数	
显存大小		显卡总线接口	
声卡的类型		网卡类型	
声卡芯片		网卡芯片	

9.7 拆 卸 主 板

9.7.1 拆卸内容

拆卸主板。掌握主板的拆卸方法和步骤。

9.7.2　拆卸步骤

（1）主板与底板通常使用铜柱和塑料脚座固定，底板上的铜柱与主板上的螺孔对应。

（2）松开固定主板的螺丝。

（3）将主板从固定底板上取出（有的主板除了用螺丝固定外，还用塑料脚座固定，这时要用镊子或尖嘴钳逐一夹紧塑料脚座底端，轻抬主板使塑料脚座滑离主板）。

（4）从底板上拆卸主板。

9.7.3　填写记录数据

数据记录表

主板结构类型		PCI 插槽数	
CPU 插座类型		其他插槽	
芯片组类型		IDE 接口和软驱接口	
主板厂家		BIOS 芯片型名	
主板型号（Model）		CMOS 供电电池	
内存插槽数		外部 I/O 接口	
有无 AGP 插槽		整个主板布局示意图	按比例画出测绘图（下面）

9.8　拆卸 CPU 及其风扇

9.8.1　拆卸内容

拆卸 CPU 及其风扇；认识 CPU 的外观；掌握 CPU 的拆装方法；了解 CPU 的种类、性能指标；记录有关数据。

9.8.2　拆卸步骤

首先要拆除 CPU 风扇，然后才能拆除 CPU，CPU 的拆除需根据 CPU 的种类按照相应的方法拆卸。

1. 拆卸 CPU 风扇电源线

（1）从 CPU 风扇上找到电源线，沿着电源线找到插头并将其拔下。

（2）松开固定 CPU 风扇的搭卡，对酷睿（Core）系列 CPU 的冷却风扇，先逆时针旋转固定风扇的定位柱。

（3）松开后提起冷却风扇，如有硅胶固定的时候请轻拔风扇。

2. 从 Slot 1 插槽上拆卸 Pentium Ⅱ CPU

如果用户的微机中使用的是 Pentium Ⅱ CPU，则拆卸起来就比较费力，因为 Slot 1 插槽不像 ZIF 插座可以先松开 CPU。拆卸步骤如下：

(1) Pentium Ⅱ CPU 上端有两个压柄，控制着 CPU 两侧的两个三角形卡榫的缩放，先将压柄扳向中间。

(2) 用手指勾住 CPU 散热片的下端缓慢向上用力，使 CPU 脱离 Slot 1 插槽。

(3) 将 CPU 沿滑轨抽出。

3. 从 Socket 上拆卸 CPU

现在的 Socket 主板一般有 Socket370，Socket 478，Socket 775，Socket 1156，Socket 1366 等，这类主板全部都采用 ZIF 省力插座，所以拆卸 CPU 比较容易。操作步骤如下：

(1) 将 ZIF 插座旁的锁扣杆往外放开，再向上扳至垂直位置，酷睿(Core)系列 CPU 底座边有锁扣杆，向下轻压锁扣杆，然后向离开 CPU 底座的方向轻移，再提起锁扣杆，打开 CPU 盒盖。

(2) 取下 CPU，酷睿(Core)系列 CPU 采用触点式"插针"，简单向上轻提即可。

(3) 盖上 CPU 插座盖子，以免 CPU 插座毁损。

9.8.3 填写记录数据

数据记录表

CPU 品牌		主频	
CPU 接口		CPU 针脚数	
内频		CPU 风扇类型	
外频		CPU 插座盖	

9.9 拆卸内存条

9.9.1 拆卸内容

内存条的拆卸；了解内存的种类和功能；记录有关数据。

9.9.2 拆卸步骤

内存条插在主板的内存插槽里。内存条有 72 线、168 线、184 线和 240 线等。内存条的拆卸非常简单，但要用技巧，不能用蛮力。拆卸内存条的方法和步骤：

(1) 在主板上找到内存条。

(2) 将内存插槽两侧的固定扣向外侧扳开并下压。

(3) 取出内存条。

9.9.3　填写记录数据

数据记录表

内存种类		生产厂家	
金手指数(内存线数)		内存刷新速度	
内存容量		内存插槽数	
芯片颗粒数			

9.10　清点所拆卸的部件

清点所拆卸的部件,检查拆下部件是否摆放整齐,核对有关数据。

9.11　笔记本电脑的拆卸(仅参考)

9.11.1　笔记本拆装注意事项

笔记本电脑结构精密,卡扣较多,容易拆错,而且各品牌、各型号笔记本拆卸方法不尽相同,故拆卸时要十分小心谨慎。

如果您不是专业的工程师,笔记本电脑在质保期内不要尝试拆装笔记本电脑,对于比较旧的老本子,如果有小问题需要亲自解决的话,也一定要遵循拆卸原则。

1. 笔记本拆装前注意事项

(1) 收集资料。如果对要拆的这款笔记本了解的并不多,拆解前,首先应该研究笔记本各个部件的位置。建议先查看随机带的说明手册,一般手册上都会标明各个部件的位置。少数笔记本厂商的官方网站,提供拆机手册供用户下载,这些手册对拆机有莫大的帮助。

(2) 拆卸前关闭电源,并拆去所有外围设备,如 AC 适配器、电源线、外接电池、PC 卡及其它电缆等;因为在电源关闭的情况下,一些电路、设备仍在工作,如直接拆卸可能会引发一些线路的损坏。

(3) 当拆去电源线和电池后,打开电源开关、一秒后关闭。以释放掉内部直流电路的电量。

(4) 拆卸各类电缆(电线)时,不要直接拉拽,而要握柱其端口,再进行拆卸。

(5) 配备相应工具。

2. 拆卸时需要的注意事项

(1) 拆卸笔记本时需要绝对细心,对要拆装的部件一定要仔细观察,明确拆卸顺序、安装部位,必要时记下步骤和要点,并画出相应的示意图。

(2) 使用合适的工具,如螺丝刀、镊子等。使用时要十分小心,不要对电脑造成人为损伤。

(3) 拆卸各类电缆(电线)时,不要直接拉拽,而要明确其端口是如何吻合的,然后再动手,且用力不要过大。

(4) 由于笔记本很多部件都是塑料材质,拆卸时要松开紧固卡扣,用力要柔,不可蛮干。

（5）不要压迫硬盘、光驱等部件。

（6）由于笔记本当中很多部件或附件十分细小，比如螺丝、卡扣、弹簧等，所以认真记录每个部件的位置，相关附件的大小，拆下的部件要按类分放。

9.11.2　拆卸步骤

（1）切断电源。

（2）笔记本电脑通常标记成 4 面，如图 9-3 所示，将 D 面朝上。

（3）拆卸主机电池。

图 9-3　笔记本电脑通常标识为四面

（4）拆卸笔记本的外设，比如光驱、硬盘。

（5）拆卸 D 面上的全部螺丝，对角拆卸（即拆 1 个螺丝后拆下 1 个对角的螺丝）防止主板变形，且依次序从右向左排放。

（6）折叠笔记本 4 面，将其背脊处的多个螺丝卸下且依次摆放。

（7）将笔记本盖子打开，即 BC 面张开，找到 C 面的螺丝及相应的卡扣。

（8）拆卸键盘。找到 C 面的键盘四周的相关卡扣，解开这些卡扣，在提起键盘时要小心，键盘的背面有与主板连接的小电缆，可以使用鹰嘴镊子夹住其接口，小心拉取，这一步要求做好相应的记录，且画示意图。

（9）拆卸 C 面。C 面四周有一些与 D 面互卡的卡子，请小心拆解这些卡扣，这一步要求做好相应的记录，且画示意图。

（10）拆卸液晶屏。拆下 C 面后可以看见在 C 面与 B 面连接处有相应的小螺丝，取下这些螺丝后即可拆卸下液晶屏，但一定要注意：先拆下液晶屏与主板的连接电缆（排线），拆卸时使用鹰嘴镊子比较好，这一步要求做好相应的记录，且画示意图。

（11）拆卸外设的卡盒；外设一般如 PC 卡、软驱卡盒、光驱卡盒及硬盘卡盒，这一步要求做好相应的记录，且画示意图。

（12）拆卸 CPU 的散热片，有些低档笔记本甚至于有冷却风扇，也要同样拆下。

（13）拆卸 CPU。

（14）拆卸主板。与台式机主板拆卸方法类似。

（15）清点设备，且记录。

9.11.3 拆卸实例（以 Dell E6410/E6400 机型为例）

1. E6410/E6400 端口以及外观示意图

（1）正面示意图解，如图 9-4 所示。

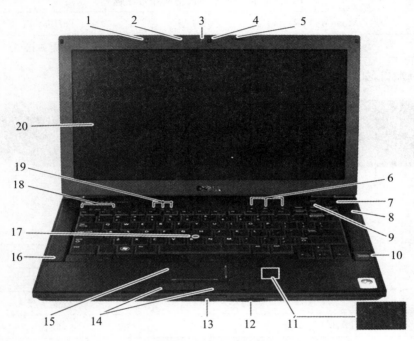

图 9-4 正面示意图解

E6410/E6400 正面示意图对应序号注解			
1	环境光线传感器	11	非接触式智能读卡器（可选）
2	麦克风（可选）	12	SD 读卡器
3	摄像头灯（可选）	13	LCD Latch
4	摄像头（可选）	14	触摸板对应按键
5	液晶屏挂钩	15	触摸板
6	声音控制按钮	16	左喇叭
7	电源按钮	17	指点杆
8	右喇叭	18	设备指示灯
9	Latitude On Flash 按钮	19	键盘指示灯（诊断灯）
10	指纹识别（可选）	20	液晶屏面板

（2）后面端口示意图，如图 9-5 所示。

图 9-5　后面端口示意图

E6410 后面端口示意图对应序号注解			
1	Modem 口（RJ-11）	3	DisPlay 口
2	网口（RJ-45）	4	外接电源接口

（3）左侧端口，如图 9-6 所示。

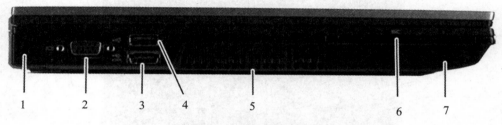

图 9-6　左侧端口示意图

E6410/E6400 左侧端口示意图对应序号注解			
1	安全锁孔	5	出风口
2	VGA 口	6	智能卡槽
3	eSATA 口（可支持 USB）	7	硬盘
4	USB 口		

（4）右侧端口，如图 9-7 所示。

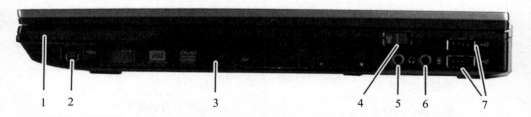

图 9-7　右侧端口示意图

E6410/E6400 右侧端口示意图对应序号注解			
1	PC Card 槽或 ExpressCard 槽	5	耳机接口
2	IEEE 1394 口	6	外置 mic 接口
3	光驱	7	USB 接口
4	无线网卡开关		

（5）底部，如图 9-8 所示。

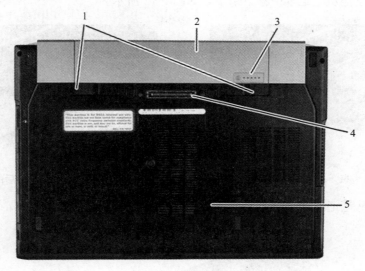

图 9-8　底部示意图

E6410/E6400 底部端口示意图对应序号注解			
1	Battery 卡扣	3	Battery 电量指示灯
2	电池	4	E-docking 连接口
5	底座盖板下包括以下设备： WLAN 无线网卡 WWAN 宽带 Modem 卡 内存 纽扣电池 散热片/CPU 风扇 CPU		

2. 电池拆装指南

（1）请首先移除笔记本外接电源。将笔记本翻到底部，平置于桌面，如图 9-9 所示。

（2）找到笔记本底部固定电池的两个卡扣，分别向内方向推动笔记本卡扣，如图 9-10 所示。

图 9-9　底部朝上，平置于桌面

图 9-10　向内方向推动笔记本卡扣

（3）将笔记本电池沿着箭头图示方向向外推出电池。如图 9-11 所示。

（4）成功将电池从笔记本中移下来了。如图 9-12 所示。

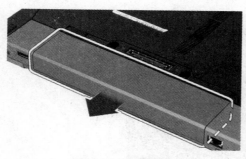 

图 9-11　取出电池　　　　　　　　　　　图 9-12　取出电池后的电脑

（5）下图是从笔记本底部取下来的电池。如图 9-13 所示。

图 9-13　笔记本电池

3.　内存拆装指南

（1）内存槽在笔记本底部盖板之下。首先将笔记本翻到底部，平置于桌面。拧松固定笔记本底部盖板的螺丝，沿着图示箭头方向均匀用力滑出盖板，如图 9-14 所示。

（2）滑出盖板后，沿着箭头方向向上抬起底部盖板即可，如图 9-15 所示。

图 9-14　拧下固定螺丝，滑出盖板　　　　　图 9-15　沿箭头方向抬起盖板

（3）取下盖板后，如图 9-16 所示，找到内存和内存槽（靠近散热片下方位置。）。

（4）双手同时向两侧掰开固定内存的卡扣，松开内存，内存将自动向上弹起。如图 9-17 所示。

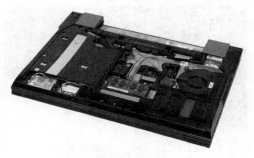

图 9-16 取下盖板后的电脑

图 9-17 松开内存卡扣

（5）将弹起的内存顺着倾斜方向双手移除。如图 9-18 所示。

（6）相同方法取下第二个内存槽中的内存。如图 9-19 所示。

图 9-18 取出第一片内存

图 9-19 取第二片内存

（7）两条内存条从笔记本内存槽中取下来了。如图 9-20 所示。

（8）从笔记本上取下的两条内存条，如图 9-21 所示。安装内存，请按以上步骤反向操作即可。

图 9-20 取出内存后的电脑

图 9-21 内存条

（9）如系统出现间隙性死机，或者报内存错误提示时，可以取下内存进行清洁。请使用干净的纸张擦拭内存条的金手指部分，再重新安装好内存，请确认内存条完全插入内存条。确认标准：插入内存条时能听到咔的声音。

4. 光驱拆装指南

（1）找到光驱所在位置，请首先按压笔记本光驱右下端的释放按钮。如图 9-22 所示。

（2）光驱释放按钮将自动弹出，抓住释放按钮弹出部分，沿着图示箭头方向均匀用力抽出光驱即可。如图 9-23 所示。

图 9-22　按下光驱释放按钮

图 9-23　均匀用力抽出光驱

（3）下图是从笔记本光驱槽中取出来的光驱。如图 9-24 所示。

图 9-24　笔记本光驱

5. 硬盘拆装指南

（1）先将笔记本翻到底部，平置于桌面。找到硬盘所在位置，如图 9-25 所示。

（2）找到固定硬盘的螺丝，使用螺丝刀拧下图示中标识的螺丝。如图 9-26 所示。

图 9-25　找到硬盘的位置

图 9-26　拧下固定螺丝

（3）按图示箭头方向均匀用力抽出硬盘。如图 9-27 所示。

（4）从笔记本上取下的硬盘，如图 9-28 所示。此时硬盘是和硬盘托架一起抽出来的。

图 9-27　沿箭头方向取出硬盘

图 9-28　取出后的笔记本硬盘

（5）更换硬盘需将硬盘托架螺丝取下，再将硬盘和托架分离。请参考图 9-29 所示方向分离托架。

图 9-29　取下硬盘托架

6. 键盘拆装指南

（1）首先需取下声音调整按钮所在的长边条。从右侧扣起，然后整条掀起。中间卡扣比较紧时，可均匀用力取出。如图 9-30 所示。

（2）找到固定键盘的螺丝，使用螺丝刀拧下这两颗螺丝。如图 9-31 所示

图 9-30　取下声音调整按钮条

图 9-31　拧下键盘固定螺丝

（3）松开固定螺丝后，再将键盘从笔记本中释放出来。注意，键盘左右边缘各有 3 个凸起卡扣，以便键盘固定于笔记本中。取键盘时，可以左右移动，方便卡扣能正常从笔记本中松开。如图 9-32 所示。

（4）按图示箭头倾斜抽出键盘。如图 9-33 所示。

图 9-32　沿图示方向晃动键盘

图 9-33　沿箭头方向取出键盘

（5）E6410/E6400 等机型键盘是插入式键盘（图 9-34），不是用线连接到主板上。请确保插入式键盘连接头从笔记本掌托处移出。安装键盘时，请按以上步骤反向操作即可，请确保插入部分连接正常。取出的键盘如图 9-35 所示。

图 9-34　　插入式键盘

图 9-35　　取出的键盘

7. 无线网卡（WLAN）拆装指南

（1）无线网卡槽在笔记本底部盖板左下角，如图 9-36。很容易找到局域网无线网卡（WLAN）槽。放大后如图 9-37 所示。

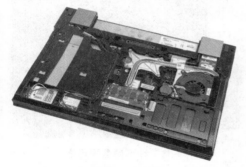

图 9-36　取下后盖板的电脑

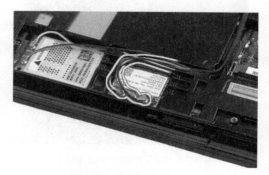

图 9-37　局域网无线网卡

（2）WLAN 无线网卡左边是 WWAN 无线网卡，一般是需向销售代表特别订购（拆装方法与 WLAN 无线网卡方法相同）。取下固定在无线网卡上的三条天线。

（3）拧松固定无线网卡的螺丝，将弹起的无线网卡顺着倾斜方向移除。如图 9-38、图 9-39 所示。

图 9-38　拧下固定螺丝

图 9-39　沿箭头方向取出网卡

（4）无线网卡（WLAN）从笔记本槽中取下来了，如图 9-40、图 9-41 所示。

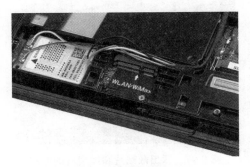

图 9-40　取出网卡后的电脑

图 9-41　无线网卡

8. 风扇和散热片拆装以及灰尘清理指南

（1）首先取下风扇的电源线。然后拧开固定散热片的四个螺丝。可以按 1324 的顺序拧螺丝。如图 9-42、图 9-43 所示。

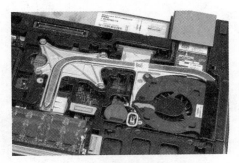

图 9-42　拔下风扇的电源线电源

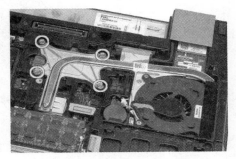

图 9-43　按顺序拧下固定螺丝

（2）螺丝松开后，因风扇还有一部分是在底座框架下面，就可以将散热片和风扇沿着箭头图示抬起。并沿着箭头图示方向从侧面抽出散热片和风扇。如图 9-44、图 9-45 所示。

图 9-44　抬起散热片及风扇

图 9-45　抽出散热片和风扇

（3）当风扇离开底座位置时，请平行抬起风扇和散热片。如图 9-46 所示。

（4）已经将风扇和散热片从笔记本主机上移除了。如图 9-47 所示。

（5）下图是从笔记本上取下的风扇和散热片。如图 9-48 所示。

清理灰尘。用小毛刷，将附着的灰尘清除干净。或直接使用 USB 小型吸尘器、吹气球之类的设备进行清理。如果不方便拆机时，也可以在机器断电情况下，使用家用小功率吸尘器对准笔记本左侧散热片和底部风扇排风口进行灰尘清理。

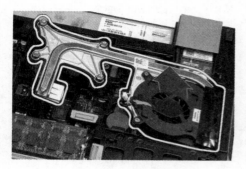

图 9-46　抬起风扇

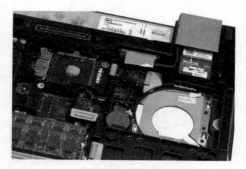

图 9-47　取出散热片和风扇后的电脑

图 9-48　散热片及风扇

9. Latitude On Flash 卡拆装指南

（1）E6410 Latitude On Flash 卡是插在 WPA 槽中的，是 MiniPCI 接口。在笔记本底部盖板之下的右上角（如图 9-49 所示）。首先将笔记本翻到底部，平置于桌面。拧松固定笔记本底部盖板的螺丝，取下盖板后，再取出 LCD 左侧转轴的盖板（笔记本反过来的右上角）。

（2）拧下固定该盖板的螺丝。如图 9-50 所示。

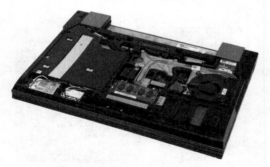

图 9-49　取下后盖板的电脑

图 9-50　拧下固定螺丝

（3）该盖板是通过卡扣固定在笔记本底座上。沿着图示方向均匀用力向外移除盖板。再将已经移动的盖板向上方向取下盖板。如图 9-51、图 9-52 所示。

（4）拧下固定 Latitude On Flash 卡的螺丝。将弹起的 Latitude On Flash 卡顺着倾斜方向移除。如图 9-53 所示。

（5）Latitude On Flash 卡从笔记本槽中取下来了。图 9-56 是从笔记本上取下的 Latitude On Flash 卡示意图。安装 Latitude On Flash 卡，请按以上步骤反向操作即可。

图 9-51　向外移除盖板

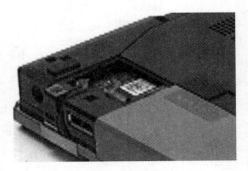

图 9-52　取下盖板

图 9-53　拧下固定螺丝

图 9-54　取出 Latitude On Flash 卡

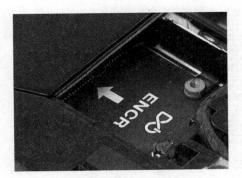

图 9-55　取出卡后的电脑

图 9-56　Latitude On Flash 卡

第 10 章　计算机的硬件安装

通过本章学习能够掌握安装一台计算机的有关知识。

组装计算机硬件应遵循的原则是:仔细观察、先里后外、轻拿轻放,均匀用力。

10.1　释 放 静 电

释放静电的方法同 9.2 节内容。

10.2　安装 CPU(以 Socket 插座的 CPU 为例进行讲解)

10.2.1　CPU 芯片的安装

(1) 将主板平放在桌面上,找到一块乳白色正方形的 CPU 插槽,仔细察看这个正方形的四个角,其中一个角会缺一针或有一个三角形的标记。

(2) 取出 CPU,把英文字摆正看到正面,左下角会有一个金色三角形记号,如图 10-1 所示。

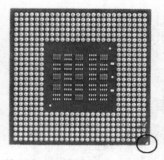

图 10-1　CPU 上的三角形标记

(3) 拉起 CPU 插座侧面的固定杆约 90 度,如图 10-2 所示。

(4) 将 CPU 上面的三角形记号对准插座的三角形记号方向,将 CPU 放入插槽内,并稍用力压一下 CPU,保证 CPU 的引脚完全插到位,如图 10-3 所示。

图 10-2　拉起侧边固定杆

图 10-3　将 CPU 安装进插槽

（5）放下固定杆到底，卡入 CPU 插槽上的凸起部分，固定住 CPU，如图 10-4 所示。

图 10-4　放下固定杆

图 10-4　放大图

10.2.2　CPU 风扇的安装

（1）首先安装散热风扇支架，如图 10-5 所示。

（2）在 CPU 表面（光亮部分）均匀薄薄地涂复一层导热硅胶。

（3）将风扇平放在 CPU 上，扣住支架，如图 10-6 所示。

图 10-5　安装散热风扇支架

图 10-6　扣住支架

（4）将散热风扇的连接线插入主板的电源插座（Fan 或 CPU Fan），如图 10-7 所示。

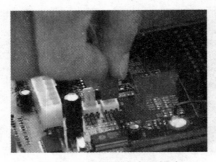

图 10-7　连接风扇电源插座

图 10-8　主板上的内存插槽

10.3　安　装　内　存

现在常用的内存有 168 线的 SDRAM 内存和 184 线的 DDR SDRAM 内存两种，其主要外观区别在于 SDRAM 内存金手指上有两个缺口，而 DDR SDRAM 内存只有一个。

（1）先找到内存条插槽位置，如图 10-8 所示。

（2）扳开内存插槽两端的卡子，如图 10-9 所示。

（3）使内存条插脚的缺口与插座上的定位凸起对应，将内存条垂直放入插槽中，双手拇指按住内存条垂直向下用力，使内存条完全插入插座，如图 10-10 所示。

图 10-9　扳开内存插槽两端的卡子

图 10-10　插入内存

（4）将紧压内存两端的白色固定卡子压到位，确保内存条被固定住。

10.4　安　装　主　板

在主板上装好 CPU 和内存后，即可将主板装入机箱中。

机箱的整个机架由金属组成。其 5 吋固定架，可以安装几个设备，比如光驱等；3 吋固定架，是来固定软驱、3 吋硬盘等；电源固定架，是用来固定电源。而机箱下部那块大的铁板用来固定主板，称之为底板，上面的很多固定孔是用来上铜柱或塑料钉来固定主板的，现在的机箱在出厂时一般就已经将固定柱安装好。而机箱背部的槽口是用来固定板卡及打印口和鼠标口的，在机箱的四面还有四个塑料脚垫。不同的机箱固定主板的方法不一样，有的采用螺钉固定，稳固程度很高，但要求各个螺钉的位置必须精确。主板上一般有 5 个到 7 个固定孔，你要选择合适的孔与主板匹配,选好以后,把固定螺钉旋紧在底板上,(现在的大多机箱已经安装了固定柱,而且位置都是正确的,不用再单独安装了,供学生实习用机就更不用安装了)。然后把主板小心地放在上面,注意将主板上的键盘口、鼠标口、串并口等和机箱背面挡片的孔对齐,使所有螺钉对准主板的固定孔,依次把每个螺丝安装好。总之,要求主板与底板平行,决不能碰在一起,否则容易造成短路。如图 10-11 所示。

图 10-11　常见立式机箱

1. 固定主板

(1) 将机箱平放在工作台上,先将主板放在底板上面,仔细看清主板的孔位对应到底板的螺丝孔。

(2) 将主板小心地放到底板上,使机箱底板上所有的固定螺钉对准主板上的固定孔,并把每个螺钉拧紧(不要太紧)固定好,如图 10-12 所示。

图 10-12　固定好的主板

2. 连接主板上的各种信号线

将面板上的各信号线插头连接到主板上各自的端口上,有＋/一极性的插座要注意插入方向(一般红线为"＋"),如果插反了,指示灯不亮,如图 10-13 所示。

图 10-13　连接主板上的信号线

10.5　安 装 硬 盘

安装硬盘前,先认识一下硬盘的接口,它共有 3 组接口,从右向左分别是:电源端口,粗 4 针;主/从盘(Master/Slave)配置端口,6 针或更多针;数据接口,40 针,如图 10-14 所示。图 10-15 为主板上的 IDE 接口所示。

图 10-14　硬盘接口及跳线说明

1. 先设置硬盘主、从配置跳线

如果只有一个硬盘,应将"主从配置"端口中的"短接端子"安放到 Master 位置,使其作为主设备工作(出厂设置一般为"主设备");如果有两个硬盘,则一个作为主设备工作,另一个作为从设备工作。硬盘的主从设置应参照硬盘上的标识和说明书设置,如图 10-16 所示。

图 10-15　主板上的 IDE 接口

图 10-16　跳线设置

2. 固定硬盘

将硬盘金属盖面向上,由机箱内部推入硬盘安放机仓(一般在软驱下面),尽量靠前,但又与机箱前面板间保持一点距离,以利于散热。然后,左右各用 2 颗螺钉将它固定在机箱内。如有可能,最好与软驱间隔一个仓位,以便更好地散热。如图 10-17、10-18 所示。

图 10-17　将硬盘放进机箱

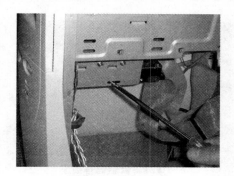

图 10-18　固定硬盘

10.6　安 装 光 驱

光盘驱动器信号电缆插座,如图 10-19 所示。

音频线与音频插座、电源插座,如图 10-20 所示。

设置光盘驱动器跳线:如和硬盘共用一个 IDE 接口,一定要注意光驱的跳线,不要和硬盘跳线设置一样。若不和硬盘共用一个 IDE 接口,跳线可随意设置。

图 10-19　光驱的信号电缆插座

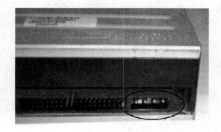

图 10-20　电源插座

（1）对于新机箱,通常在机箱面板的上端有三个 5.25 英寸的安装槽,在机箱内部找到固定面板的塑料卡,用平口螺丝刀撬起它们,然后往外一拉,面板就可以被拆开。

（2）拆下前面板之后,就可以看到机箱内放置光驱的位置,它分了几层,每一层间都有滑轨分隔,只要将光驱水平推入机箱内即可。

（3）用螺丝将光驱固定好,固定时选择对角线上的两个螺孔位置,注意光驱两侧螺丝的固定位置要相同。

10.7　安 装 软 驱

软盘驱动器信号插座,如图 10-21 所示。

使用的电源插座是小型接头,如图 10-22 所示。

（1）将软盘驱动器从机箱前方的预留缺口置入。

（2）将软盘驱动器两侧拧上螺丝。

图 10-21　软驱信号插座

图 10-22　软盘驱动器电源插座

10.8　接插数据线

1. 安装硬盘数据线

（1）连接硬盘信号线：将 1 号数据线边（红色）对准硬盘数据线接口的 1 号位置（通常是靠近硬盘电源一侧），均匀用力，插入槽中，如图 10-23 所示。

（2）将硬盘数据线另一端连接到主板的 IDE1 插槽中，如图 10-24 所示。

图 10-23 连接数据线

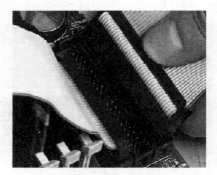

图 10-24　将硬盘数据线连接到主板上

2. 安装光驱数据线

（1）将 40 线 IDE 扁平电缆一端插入主板的 IDE2 插槽中，另一段插入光驱的 40 线端口并注意方向（同硬盘数据），如图 10-25 所示。

（2）有声卡可连接音频线，如图 10-26 所示。

图 10-25　连接数据线

图 10-26　连接音频线

3. 安装软驱数据线

软盘驱动器所使用的电缆与 IDE 电缆不同,为 34 线的电缆。如图 10-27 所示。

图 10-27　软驱数据线

(1) 将信号电缆线一端的红边与软驱的数据线接口的 1 号针对应相连

(2) 将软驱数据线的另一端插在主板上的软驱插槽(FDC)内。

10.9　安 装 电 源

(1) 准备好螺丝等配件,准备好主机电源。

(2) 将机箱立起来,把电源从机箱侧面放进去。如图 2-28 所示。

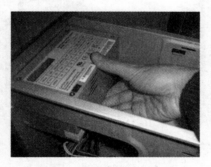

图 10-28　将电源放入机箱

(3) 将电源的位置摆好后,再从机箱外侧拧紧 4 个螺丝以固定住电源盒。

(4) 看清电源盒中引出的那个 20 针的电源插座,把它引出并插到主板上的电源插孔位置(注意卡钩位置)。如图 10-29、10-30 所示。

图 10-29　主板上的 20 针电源插座

图 10-30　将电源与主板连接好

(5) 连接各部件电源应按以下步骤操作。

① 连接硬盘电源线,将机箱电源"大 4 线"连接器中的一个,插入硬盘电源端口。如图 10-31所示。

② 连接光驱电源线图,如图 10-32 所示。

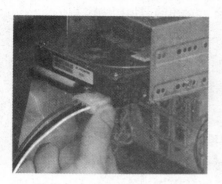

图 10-31　安装硬盘的电源线

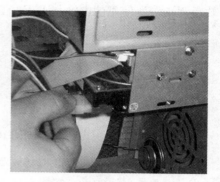

图 10-32　连接光驱电源线

③ 连接软驱电源线,软驱电源线是机箱电源上的"小 4 线",插入时要注意插入的方向如图 10-33 所示。

图 10-33　连接软驱电源

10.10　安　装　显　卡

(1) 首先要确认所要安装显卡的接口类型,再在主板上找到与之相匹配的 AGP 或 PCI 插槽的位置,如图 10-34 所示。

图 10-34　主板上的 AGP 和 PCI 插槽

(2) 接下来插入显卡。如图 10-35 所示。

将显卡插入 AGP 插槽后,将 AGP 插槽边上的小扳手向上扳,当听到"咔"的一声,说明显卡已被正确地卡住了。

（3）接下来固定显卡。如图 10-36 所示。

图 10-35   插入显卡

图 10-36   拧紧螺丝

（4）若显卡带有风扇，则要将显卡风扇的电源线插入主板对应的插座上。

10.11   整 理 布 线

整理机箱内的线缆：将多余长度的线缆和没有使用的电源插头折叠、捆绑，使机箱内部整洁、美观。同时注意不要让线缆碰到主板上的部件，尽量给 CPU 风扇周围留出更大的空间，以利散热。如图 10-37、10-38 所示。

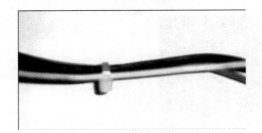

图 10-37   整理线缆

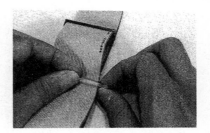

图 10-38   使用线卡整理数据线

10.12   连接显示器

（1）连接显示器。将显示器数据线与机箱后的显示信号线插座连接，并旋紧信号线两侧的螺丝，如图 10-39 所示。

图 10-39   连接显示器

（2）连接好显示器信号线后，再将显示器电源线连接到电源插座上，这样就完成了显示器的安装。

10.13　连接键盘和鼠标

鼠标和键盘连接线，如图 10-40 所示。

主板上的鼠标和键盘插孔，如图 10-41 所示。

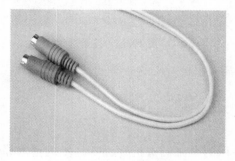

图 10-40　鼠标和键盘连接线

图 10-41　主板上的鼠标和键盘插孔

将插孔上的箭头与数据线接头上的凹槽相对应，连接鼠标和键盘，如图 10-42 所示。

图 10-42　连接鼠标和键盘

10.14　连接主机电源

在连接主机电源之前，一定要仔细检查各种设备的连接是否正确、接触是否良好，尤其要注意各种电源线是否有接错或接反的情况，检查确认无误后，连接机箱的电源线。

自检时如果没用警报声，表明一切正常，最后盖好机箱盖，拧上固定螺丝，如图 10-43 所示。

计算机的硬件安装到此全部安装完毕。

不过，此时的机器，只是"裸机"，还不是真正意义上的计算机。要实现人机对话，还必须安装操作系统、应用软件及必要的驱动程序。

图 10-43　自检正常后盖好机箱盖

思考与练习

1. 硬盘和光驱的主、辅盘的跳线是怎么设置的？
2. 硬盘、光驱和软盘信号线的首针位置有什么标志？
3. 安装完，启动后软驱灯一直亮着是怎么回事？

第 11 章　BIOS 设置

通过本章学习要求掌握 BIOS、CMOS 含义及其基本设置；了解 CMOS 与 BIOS 的区别和联系

11.1　BIOS 设置的意义

BIOS(Basic Input Output System 即基本输入输出系统)设置程序是被固化到计算机主板上的 ROM 芯片中的一组程序,其主要功能是为计算机提供最底层的、最直接的硬件设置和控制,是操作系统与硬件之间的桥梁,负责在计算机启动时监测硬件设备,载入操作系统并向硬件发出指令。BIOS 设置程序是储存在 BIOS 芯片中的,只有在开机时才可以进行设置,而通过 BIOS 设置程序所设置的参数与数据则存储在 CMOS 芯片中。通过 BIOS 设置程序对基本输入输出系统进行管理和设置,使系统运行在最好状态下。BIOS 设置程序还可以排除系统故障或者诊断系统问题。

11.2　BIOS 与 COMS 的区别

BIOS 里面装有设置系统参数的程序,由它设置的各种参数会存放在 CMOS 芯片中。CMOS 是指互补金属氧化物半导体(是一种应用于集成电路芯片制造的原料),它是 BIOS 的载体。CMOS 实际上是主板上一块可读写的 RAM 芯片,由主板上的电池供电。如果主板上的电池断电,则存储在 CMOS RAM 芯片中的数据也将丢失。

一般说来 BIOS 是只读程序,不能改写,但现在 BIOS 程序一般每两周就会更新一次,考虑到 BIOS 升级的原因,所以现在许多的 BIOS 也是可以改写的,但改写时必须要使用相对应公司的升级工具。

BIOS 和 CMOS 是两个关系密切,但又完全不同的概念,不能混淆。BIOS 是系统设置程序,是完成参数设置的工具,而 COMS 芯片则是存放该设置参数的存放场所。由于它们和系统设置都密切相关,所以有 BIOS 设置和 COMS 设置的说法。不过完整的说法应当是通过BIOS 设置程序对 COMS 参数进行设置,一般所说的 BIOS 设置和 COMS 设置都是其简化叫法,指的都是同一回事。

11.3　BIOS 工作流程

(1) 启动计算机电源,电源会发送一个信号给 CPU,CPU 在信号的激发下进入工作状态,开始读取 CMOS 中的程序也就是 BIOS,而这些程序代码大多和系统硬件测试有关。这个过程称之为 POST,即英文"POWER ON SELF TEST"(加电自检)的缩写。

(2) 初始化系统硬件,初始化硬件中的寄存器。在此步骤里,从外观来看上,比较明显的是:你会注意到键盘上的 Num Lock、Caps Lock、Scroll Lock 等指示灯都会闪亮一下;另外,若

计算机已连接一台针式打印机,那么会听到打印头复位的声音。

初始化寄存器的含义实际上就是复位,就是说所有的系统部件的工作都从头再来;大家在遇到机器"死机"的情况时,都会按一下机箱上面的"RESET"键来复位一下,也是让全部的系统的系统部件的工作从头再来。

（3）初始化能源管理机制。所有与电脑节能有关的寄存器、记时器等都开始工作或者其工作从头再来。

（4）检测内存(RAM)。BIOS 通过对于 RAM 的检测,可以计算出当前电脑上使用的内存的大小;另外,BIOS 还能检测出内存存在的某些质量问题。

（5）激活键盘。在自检内存时,屏幕上会出现【按 XX 键跳过内存测试】或者【按 XX 键进入 CMOS 设置】的提示;而在此之前,键盘是不能使用的。

（6）测试串、并行通信接口。

（7）初始化软盘、硬盘控制器。

（8）通过上述测试后,如有错误 BIOS 则给出提示,否则将会显示系统硬件配置列表。

（9）寻找启动设备,找到后 BIOS 会将系统的控制权交给启动设备中的操作系统。

11. 4　进入 BIOS 设置的方法

1. BIOS 的种类

在计算机上使用的 BIOS 程序,根据制造厂商的不同分为:Award BIOS 程序、AMI BIOS 程序、Phoenix BIOS 程序以及其他的免跳线 BIOS 程序和品牌机特有的 BIOS 程序,如 IBM 等等。

2. 进入 BIOS SETUP 的方法

Award BIOS:按【Ctrl】+【Alt】+【Esc】或【Del】键,屏幕有提示。

AMI BIOS:按【Del】或【Esc】键,屏幕底部有提示。

Phoenix BIOS:按【F2】键,屏幕底部有提示。

由于篇幅的限制,在此只介绍最常见的 Award BIOS 设置程序和 AMI BIOS 设置程序的基本设置方法,其他的 BIOS 的设置方法与此有许多相同之处,可作参考。不同的系统主机板有不同的 BIOS 版本,正确的使用和及时的升级主板 BIOS 程序是确保计算机正常、高效工作的必要保障。

11. 5　Award BIOS 设置详解

Award BIOS 是目前兼容机中应用较为广泛的一种 BIOS,但是由于其信息全为英文,且需要对相关专业知识有较深入的理解,所以有些用户设置起来感到困难很大。如果这些有关信息设置不当,将会大大影响整台计算机的性能。下面介绍一下 Award BIOS 中有关设置选项的含义和设置方法。开机后按【Del】键进入 Award BIOS 设置的主菜单,如图 11-1 所示。要注意的是,如果按得太晚,计算机将会启动系统,这时只有重新启动计算机了。计算机开机后立刻按住【Del】键直到进入 CMOS。进入后,可以用方向键移动光标选择 CMOS 设置界面上的选项,然后按【Enter】键进入子菜单,按 ESC 键返回上一级菜单,用【Page Up】和【Page Down】键来选择具体选项,按【F10】键保留并退出 BIOS 设置。

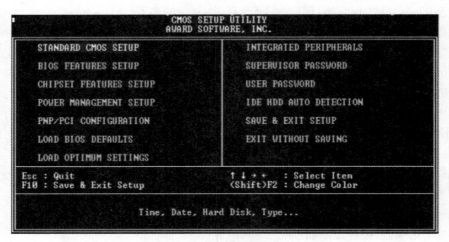

图 11-1　BIOS 设置主菜单

主菜单中主要有以下几个菜单项：

1. Standard CMOS Setup(标准 CMOS 设定)

在主菜单中将光标移到 Standard CMOS Setup 项，按【Enter】键，出现图 11-2 所示的画面。

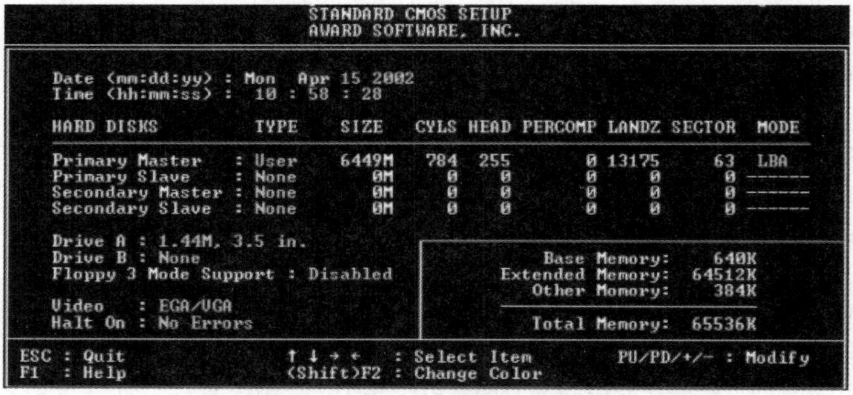

图 11-2　基本参数设置

在该画面中，用户可以根据实际情况修改日期、时间、第一主 IDE 设备(硬盘)和从 IDE 设备(硬盘或 CD-ROM)，第二主 IDE 设备(硬盘或 CD-ROM)和从 IDE 设备(硬盘或 CD-ROM)，软驱 A 与 B 的类型，显示系统的类型，何种出错状态要导致系统启动暂停等。

(1) 用户可将 Type(类型)和 Mode(模式)项设置为 Auto，使 BIOS 自动检测硬盘。也可以选择主菜单中的 IDE HDD Auto Detection 项。用户还可以使用 User 选项，手动设定硬盘的参数，此时必须输入柱面数(Cylinders)、磁头数(Heads)、写预补偿(Percomp)、磁头着陆区(Landzone)、每柱面扇区数(Sectors)和工作模式(Mode)等几种参数。硬盘大小在上述参数设定后自动产生。

(2) 在显示类型中选择 EGA/ VGA(EGA、VGA、SEGA、SVGA、PGA 显示适配卡选用)、CGA40(CGA 显示卡，40 列方式)、CGA80(CGA 显示卡，80 列方式)、MONO(单色显示方式，包括高分辨率单显卡)等 4 种。

（3）在暂停的出错状态选项中有以下几种模式供选：All Errors（BIOS 检测到任何错误，系统启动均暂停并且给出出错提示）；No Errors（BIOS 检测到任何错误都不使系统启动暂停）；All But Keyboard（BIOS 检测到除了键盘之外的错误后使系统启动暂停，键盘错误暂停）；All But Disk/Key（BIOS 检测到除了键盘或磁盘之外的错误后使系统启动暂停）。

2. BIOS Features Setup（BIOS 具体功能设定）

在主菜单中将光标移到 BIOS　Features　Setup 项，按【Enter】键，出现图 11-3 所示的画面。

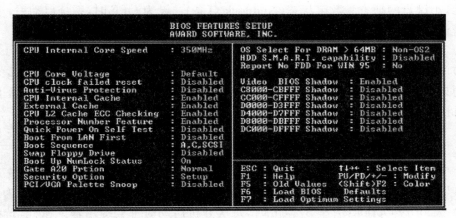

图 11-3　具体功能设定

该项用来设置系统配置选项，其中有些选项由主板本身设计确定，有些选项可以进行修改设定，以改善电脑系统的性能。主要功能说明如下：

（1）CPU Internal Cache：缺省设为 Enable（开启），它允许系统使用 CPU 内部的一级缓存（L1 Cache）。486、586 档次的 CPU 内部一般都带有 Cache，除非当该项设为 Enable 时系统工作不正常，否则此项一般不要轻易改动。该项若设置为 Disable（关闭），将会降低系统的性能。

（2）External Cache：缺省设为 Enable，它用来控制主板上的二级缓（L2 Cache）。根据主板上是否带有 Cache，选择该项的设置。

（3）Quick Power On Self Test：缺省设置为 Enable，该项主要功能为加速系统加电自测过程，它将跳过一些自测试，使引导过程加快。

（4）Hard Disk Boot From：选择由主盘、从盘或 SCSI 硬盘启动。

（5）Boot Sequence：选择机器加电时的启动顺序。当电脑正常启动时，会出现以下几种启动顺序：

◆ C,A：系统将按硬盘、软驱的顺序寻找启动盘；

◆ A,C：系统将按软驱、硬盘的顺序寻找启动盘；

◆ CD-ROM,C,A：系统按 CD-ROM、硬盘、软驱的顺序寻找启动盘；

◆ C,CD-ROM,A：系统按硬盘、CD-ROM、软驱的顺序寻找启动盘（请注意，某些老式主板并不支持由 CD-ROM 启动）；

◆ D,A：系统从第二个硬盘、软驱的顺序寻找启动盘；

◆ LSI20,C：系统从 LSI20 磁盘、硬盘的顺序寻找启动盘；

◆ ZIP,C：系统从 ZIP 磁盘、硬盘的顺序寻找启动盘。

（6）Swap Floppy Drive：（交换软盘驱动器）缺省设定为 Disable。当设为 Disable 时，

BIOS 把软驱连线扭接端子所接的软盘驱动器当作第一驱动器。当它开启时,BIOS 将把软驱连线对接端子所接的软盘驱动器当作第一驱动器,即在 DOS 下 A 盘当作 B 盘用,B 盘当作 A 盘用。

(7) Boot Up Floppy Seek:当设为 Enable 时,机器启动时 BIOS 将对软驱进行寻道操作。

(8) Floppy Disk Access Control:当该项选在 R/W 状态时,软驱可以读和写,其他状态只能读。

(9) Boot Up Num lock Status:该选项用来设置小键盘的缺省状态。当设置为 ON 时,系统启动后,小键盘的缺省为数字状态(Numlock 灯亮)。设为 OFF 时,系统启动后,小键盘的状态为箭头状态。

(10) Boot Up System Speed:该选项用来确定系统启动时的速度为 High 还是 Low。

(11) Type Matic Rate Setting:该项可选 Enable 和 Disable。当置为 Enable 时,如果按下键盘上的某个键不放,机器按重复按下该键处理。当置为 Disable 时,如果按下键盘上的某个键不放,机器按键入该键一次对待。

(12) Type Matic Rate:如果(11)选项置为 Enable,那么可以用此选项设定当按下键盘上的某个键一秒钟,那么相当于按该键 6 次。该项可选 6、8、10、12、15、20、24、30。

(13) Type Matic Delay:如果(11)选项置为 Enable,那么可以用此选区项设定按下某一个键时,延迟多长时间后开始视为重复键入该键。该项可选 250、500、750、1000,单位为毫秒。

(14) Security Option:选择 System 时,每次开机启动时都会提示输入密码,选择 Setup 时,仅在进入 CMOS Setup 时会提示输入密码。

(15) PS/2 Mouse Function control:当该项设为 Enable,机器提供对于 PS/2 类型鼠标的支持。否则,选 Disable。

(16) Assign PCI IRQ or VGA:选 Enable 时,机器将自动设定 PCI 显示卡的 IRQ 到系统的 DRAM 中,以提高显示速度和改善系统的性能。

(17) PCI/ VGA Palett Snoop:该项用来设置 PCI/VGA 卡能否与 ISA/VESA VGA 卡一起用。当 PCI/VGA 卡与 MPEG ISA/VESA VGA 卡一起用时,该项应设为 Enable,否则,设为 Disable。

(18) OS Select For DRAM>64MB:该项允许在 OS/2 操作系统中,使用 64MB 以上的内存。该项可选为 NON-OS2 或 OS2。

(19) System BIOS Shadow:该选项的缺省设置默认为 Enable,当它开启时,系统 BIOS 将拷贝到系统 DRAM 中,以提高系统的运行速度和改善系统的性能。

(20) Video BIOS shadow:缺省设定为开启(Enable),当它开启时,显示卡的 BIOS 将拷贝到系统 DRAM 中,以提高显示速度和改善系统的性能。

(21) C8000-CBFFF Shadow/DFFFF Shadow:这些内存区域用来作为其他扩充卡的 ROM 映射区,一般都设定为禁止(Disable)。如果有某一扩充卡 ROM 需要映射,则应搞清楚该 ROM 将映射的地址和范围,可以将几个内存区域都置为 Enable。但这样将造成内存空间的浪费,因为映射区的地址将占用系统的 640KB 至 1024 KB 之间的某一段内存。

3. Chipset Features Setup(芯片组功能设定)

在主菜单中将光标移到 Chipset Features Setup 项,按【Enter】键,出现图 11-4 所示的画面。

该项主要用来设置系统板上芯片的特性,主要有以下几个选项:

图 11-4　芯片组功能设定

（1）ISA Bus Clock frequency（ISA 总线时钟频率），该项的设定值有：PCI CLK/3、PCI CLK/4。

（2）Auto Configuration（Enabled）自动状态设定，当设定为 Enabled 时 BIOS 依最佳状态设定，此时 BIOS 会自动设定 DRAM 延迟时间，所以各子项目不能修改，笔者强烈建议选用 Enabled，因为任意改变 DRAM 的时序可能造成系统不稳或不开机。

（3）Aggressive Mode（Disabled）高级模式设定，如果系统运行稳定，又希望提高效能，可以尝试将此项设为 Enabled，不过必须使用较快的 DRAM（60ns 以下）。

4. Power Management Setup（电源管理设定）

在主菜单中将光标移到 BIOS Features Setup 项，按【Enter】键，出现图 11-5 所示的画面。

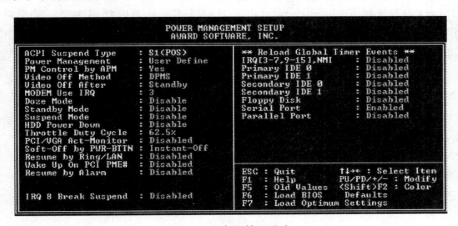

图 11-5　电源管理设定

该项为电源管理设定，用来控制主板上的"绿色"功能。该功能定时关闭视频显示和硬盘驱动器以实现节能的效果。具体来说，实现节电的模式有 4 种：

◆ Doze 模式：当设定时间一到，CPU 时钟变慢，其他设备照常运行；

◆ Standby 模式：当设定时间一到，硬盘和显示将停止工作，其他设备照常运行；

◆ Suspend 模式：当设定时间一到，除 CPU 以外的所有设备都将停止工作；

◆ HDD Power Down 模式：当设定时间一到，硬盘停止工作，其他设备照常运行。

该菜单项下面的可供选择的内容有以下几种：

（1）Power Management：节电模式的主控项，有 4 种设定。

◆ Max Saving（最大节电）：在一个较短的系统不活动的周期（Doze、Standby、Suspend、HDD Power Down4 种模式的缺省均为 1 分钟）以后，使系统进入节电模式，这种模式节电最大；

◆ Mix Saving（最小节电）：系统在经过一段较长的不活动周期后（Doze、Standby、Suspend3 种模式的缺省值均为 1 小时，HDD Power Down 模式的缺省值为 15 分钟），进入节电模式；

◆ Disable：关闭节电功能，是缺省设置；

◆ User Defined（用户定义）：允许用户根据自己的需要设定节电的模式。

（2）Video Off Method（视频关闭）：该选项可设为 V/HSync ＋ Blank、DPMS、Blank Screen 3 种。

◆ V/HSync＋Blank 将关闭显示卡水平与垂直同步信号的输出端口，向视频缓冲区写入空白信号；

◆ DPMS（显示电源管理系统）设定允许 BIOS 在显示卡有节电功能时，对显示卡进行节能信息的初始化。只有显示卡支持绿色功能时，才能使用这些设定。如果没有绿色功能，则应将该行设定为 Blank Screen（关掉屏幕）。当管理系统关掉显示器屏幕时，缺省设定能通过关闭显示器的垂直和水平扫描以节约更多的电能。没有绿色功能的显示器，缺省设定只能关掉屏幕而不能终止 CRT 的扫描。

（3）PM Timers（电源管理计时器）：下面的几项分别表示对电源管理超时设置的控制。Doze、Stand By 和 Suspend Mode 项设置分别为模式激活前的机器闲置时间，在 MAX Saving 模式，它每次在一分钟后激活。在 MIN Saving 模式，它在一小时后激活。

（4）Power Down 和 Resume Events（进入节电模式和从节电状态中唤醒的事件）。该项所列述的事件可以将硬盘设在最低耗电模式。工作、等待和悬挂系统等非活动模式中若有事件发生，如敲任何键或 IRQ 唤醒、鼠标动作、Modem 振铃时，系统自动从电源节电模式下恢复过来。

（5）Soft-Off By Pwr-Bttn：ATX 机箱的设计不同于传统机箱，按下开关 4 秒以上才能关闭系统。选择 instant-off 方式将使 ATX 机器等同于传统机器，若置为 delay 4sec（延迟 4 秒）方式，那么按住开关的时间不足 4 秒时将使系统进入 Suspend 模式。

5. PNP/PCI Configuration Setup（即插即用与 PCI 状态设定）

该菜单项用来设置即插即用设备和 PCI 设备的有关属性。

（1）PNP OS Installed：如果软件系统支持 Plug And Play，如 Windows 95，可以设置为 Yes。

（2）Resources Controlled By：Award BIOS 支持"即插即用"功能，可以检测到全部支持"即插即用"的设备，这种功能是为类似 Windows 95 之类操作系统所设计，可以设置为 Auto（自动）或 Manual（手动）。

（3）Resources Configuration Data：缺省值是 Disabled，如果选择 Enable，每次开机时，Extend System Configuration Data（扩展系统设置系统数据）都会重新设置。

（4）IRQ3/4/5/7/9/10/11/12/14/15，Assingned To：在缺省状态下，所有的资源除了 IRQ3/4，都设计为被 PCI 设备占用，如果某些 ISA 卡要占用某资源可以手动设置。

6. Integrated Peripherals Setup(外部设备设定)

该菜单项用来设置集成主板上的外部设备的属性。

（1）IDE HDD Block Mode：如果选择 Enable，可以允许硬盘用快速块模式（Fast Block Mode)来传输数据。

（2）IDE PIO Mode：这个设置取决于系统硬盘的速度，共有 Auto、0、1、2、3、4 六个选项，PIO 模式为 4 的硬盘传输速率为 16.67 MBps，其他模式小于这个速率。请不要选择超过硬盘速率的模式，这样会丢失数据。

（3）IDE UMDA(Ultra DMA)Mode：Intel 430TX 芯片组提供了 Ultra DMA 传输模式，它可以把传输速率提高到一个新的水准。

7. Load BIOS Defaults(装入 BIOS 缺省值)

主板的 CMOS 中有一个出厂时设定的值。若后期的设置混乱，则可使用该项进行恢复。由于 BIOS 缺省设定值可能关掉了所有用来提高系统性能的参数，因此使用它容易找到主板的安全值或排除因 BIOS 设置不当而引起的错误。该项设定只影响 BIOS 和芯片组特性的选定项，不会影响标准的 CMOS 设定。移动光标到屏幕的该项然后按下【Y】键，屏幕显示是否要装入 BIOS 缺省设定值，回答【Y】即装入，回答【N】即不装入。选择完后，返回主菜单。

8. Supervisor Password And User Password Setup(管理者与使用者的密码设定选项)

User Password Setting 功能为设定密码。如果用户要设定主板 BIOS 的密码，首先应输入当前密码，确定密码后按【Y】，屏幕会自动回到主画面。

（1）User Password(用户密码)可以使用系统，但不能修改 CMOS 的内容。

（2）Supervisor Password(超级用户密码)可以输入、修改 CMOS 的设定值。Supervisor Password 是为了防止他人擅自修改 CMOS 的内容而设置的。

以上介绍的是 Award BIOS Setup 的常用选项的含义及设置办法。更改设置后，请选 Save and Exit Setup 项来保存修改的内容，以便使所修改的内容生效。

当然，Award BIOS 只是一种目前比较常见的 BIOS 之一，各大主板制造商都在它的基础上进行了修改与添加，因而本文也只是从用户的角度给大家提供一个参考，对于不同的主板，最好能在使用前仔细阅读随机附带的主板说明书或询问销售商。

11.6　AMI BIOS 设置详解

1. 按以下步骤进入 AMI BIOS 设定程序

（1）开系统电源或重新启动系统，显示器屏幕将出现自我测试信息。

（2）当屏幕中间出现"Press＜Del＞to enter setup"提示时，按下【Del】键，就可以进入 BIOS 设定程序。

（3）以方向键移动至要修改的选项，按下【Enter】键即可进入该项的子画面。

（4）使用方向键及【Enter】键即可修改所选项目的值，也可用鼠标(包括 PS/2 鼠标)选择 BIOS 选项并修改。

（5）任何时候按下【Esc】键即可回到上一画面。

（6）在主画面下，按下【Esc】键，选择【Saving Changes And Exit】即可储存你的新设定并重新启动系统。选择【Exit Without Saving】，则会忽略用户的改变而跳出设定程序。

2. Standard Setup(标准设定)窗口

(1) Date/Time：显示当前的日期/时间，可修改。

(2) Floppy Drive A、B：设定软盘驱动器类型为：

None/720KB/1.2MB/1.44MB/2.88MB

(3) Pri Master/Slave 以及 Sec Master/Slave：包括以下几个选项：

◆ HDD Type(硬盘类型)：Auto(自动检测)、SCSI(SCSI HDD)、CD-ROM 驱动器、Floptical(LS-120 大容量软驱)或是 Type1-47 等 IDE 设备。

◆ LBA/Large：硬盘 LBA/Large 模式是否打开。目前 540 MB 以上的硬盘都要将此选项打开(On)，但在 Novell Netware 3.XX 或 4.XX 版等网络操作系统下要视情况将它关掉(Off)。

◆ Block Mode：将此选项设为 On，有助于硬盘存取速度加快，但有些旧硬盘不支持此模式，必须将此选项设为 Off。

◆ 32 Bit Mode：将此选项设为 On，有助于在 32 位的操作系统(如 Windows 98/NT)下加快硬盘传输速度，有些旧硬盘不支持此模式，必须将此选项设为 Off。

◆ PIO Mode：支持 PIO Mode0 至 Mode5(UDMA/33)。用 BIOS 程序自动检查硬盘时，会自动设置硬盘的 PIO Mode。

注意：当在系统中接上一台 IDE 设备(如硬盘、光驱等)时，最好进入 BIOS，让它自动检测。如果使用的是抽屉式硬盘的话，可将 Type 设成 Auto，或将 Primary 以及 Secondary 的 Type 都改成 Auto 即可。所谓 Primary 指的是第一 IDE 接口，对应于主板上的 IDE0 插口，Secondary 指的是第二 IDE 接口，对应于主板上的 IDE1 插口。每个 IDE 接口可接 Master/Slave(主/从)两个 IDE 设备。

3. Advanced Setup(高级设定窗口)

(1) 1st/2nd/3rd/4th Boot Device：开机启动设备的顺序，可选择由 IDE0-3、SCSI、光驱、软驱、LS-120 大容量软驱，或由 Network(网络)开机。

(2) S.M.A.R.T For Hard Disk：开启(Enable)硬盘 S.M.A.R.T 功能。如果硬盘支持，此选项可提供硬盘自我监控的功能。

(3) Quick Boot：开启此功能后，可使开机速度加快。

(4) Floppy Drive Swap：若将此功能 Enable，可使 A 驱与 B 驱互换。

(5) PS/2 Mouse Support：是否开启 PS/2 鼠标口，若设定为 Enable，则开机时，将 IRQ12 保留给 PS/2 鼠标使用，若设定为 Disable，则 IRQ12 留给系统使用。

(6) Password Check：设定何时检查 Password(口令)，若设定成 Setup 时，每次进入 BIOS 设定时将会要求输入口令，若设定成 Always 时，进入 BIOS 或系统开机时，都会要求输入口令，但先决条件是必须先设定口令(Security 窗口中的 User 选项)。

(7) Primary Display：设定显示卡的种类。

(8) Internal Cache：是否开启 CPU 内部高速缓存(L1 Cache)，应设为 Enable。

(9) External Cache：是否开启主板上的高速缓存(L2 Cache)，应设为 Enable。

(10) System BIOS Cacheable：是否将系统 BIOS 程序复制到内存中，以加快 BIOS 存取速度。

(11) COOO-DCOO,16K Shadow：此 8 项是将主内的 Upper Memory(上端内存)开启，将所有插卡上的 ROM 程序映射到内存中，以加快 CPU 对各设备 BIOS 的调用速度。Disable：

不开启本功能；Enable：开启，且可提供读写区段功能；Cached，开启，但不提供读写功能。

4. Chipset Setup(芯片组设定)窗口

本功能中的选项有助于系统效率的提升，建议使用默认值。若将某些 Chipest、DRAM/SDRAM 或 STAM 部分的 Timing 值设得过快，可能会导致系统"死机"或运行不稳定，这时可试着将某些选项的速度值设定慢一点。

(1) USB Function Enabled：此选项可开启 USB 接口的功能，如没有 USB 设备，建议将此选项设为 Disable，否则会浪费一个 IRQ 资源。

(2) DRAM Write Timing：设定 DRAM 的写入时序，建议值如下：

◆ 70ns DRAM：X—3—3—3；

◆ 60ns DRAM：X—2—2—2。

(3) Page Mode DRAM Read Timing：设定 DRAM 读取时序，建议值如下：

◆ 70ns DRAM：X—4—4—4；

◆ 60ns DRAM：X—3—3—3。

(4) RAS Precharge period：设定 DRAM/EDO RAM 的 Precharge(预充电)时间，建议设成 4T。

(5) RAS to CAS Delay Time：设定 DO RAM 中 RAS 到 CAS 延迟时间，建议设定成 3T。

(6) EDO DRAM Read Timing：设定 EDO DRAM 读取时序，建议值如下：

◆ 70 ns DRAM：X—3—3—3；

◆ 60ns DRAM：X—2—2—2。

(7) DRAM Speculative Read：此选项是设定 DRAM 推测性的引导读取时序，建议设定成 Disable。

(8) SDRAM CAS Latency：设定 SDRAM 的 CAS 信号延迟时序，建议设定值如下：

◆ 15 ns(66 MHz)/12ns(75 MHz)SDRAM：3；

◆ 10 ns(100 MHz)SDRAM：2。

(9) SDRAM Timing：设定 SDRAM(同步内存)的时序，建议设定值如下：

◆ 15 ns(66 MHz)/12 ns(75 MHz)SDRAM：3—6—9；

◆ 10 ns(100 MHz)SDRAM：3—4—7。

(注意：若系统因 SDRAM 速度过高而运行不稳时，建议将 SDRAM 速度调慢。)

(10) SDRAM Speculative Read：此选项是设定 SDRAM 推测性的引导读取时序，建议设定成 Disable。

(11) Pipe Function：此选项设定是否开启 Pipe Function(管道功能)，建议设定成 Enable。

(12) Slow Refresh：设定 DRAM 的刷新速率，有 15/30/60/120μs，建议设在 60μs。

(13) Primary Frame Buffer：此选项保留，建议设定成 Disable。

(14) VGA Frame Buffer：设定是否开启 VGA 帧缓冲，建议设为 Enable。

(15) Passive Release：设定 Passive Release(被动释放)为 Enable 时，可确保 CPU 与 PCI 总线主控芯片(PCI Bus Master)能随时重获对总线的控制权。

(16) ISA Line Buffer：是否开启 ISA 总线的 Line Buffer，建议设为 Enable。

(17) Delay Transaction：设定是否开启芯片组内部的 Delay Transaction(延时传送)，建议设成 Disable。

(18) AT Bus Clock：设定 ISA 总线时钟，建议设成 Auto。

5. Power Management Setup(能源管理)窗口

能源管理功能可使大部分周边设备在闲置时进入省电功能模式,减少耗电量,达到节约能源的目的。电脑在平常操作时,是工作在全速模式状态,而电源管理程序会监视系统的图形处理、串并口、硬盘的存取、键盘、鼠标及其他设备的工作状态,如果上述设备都处于停顿状态,则系统就会进入省电模式。当有任何监控事件发生,系统即刻回到全速工作模式的状态。省电模式又分为全速模式(Normal)、打盹模式(Doze)、待命模式(Standby)、挂起模式(Suspend),系统耗电量大小顺序:

Normal ＞Doze＞Standby＞Suspend。

（1）Power Management/APM:是否开启 APM 省电功能。若开启(Enable),则可设定省电功能。

（2）Green PC Monitor Power State/Video Power Down Mode/Hard Disk power Down Mode:设定显示器、显示卡以及硬盘是否开启省电模式,可设定成 Standby、Suspend 以及 Off (即不进入省电模式)。

（3）Video Power Down Mode:设定显示器在省电模式下的状态:Disable(不设定)、Stand By(待命模式)、Suspend(沉睡模式)。

（4）Hard Disk power Down Mode:设定硬盘在省电模式下的状态。

（5）Standby Timeout/Suspend Timeout:本选项可设定系统在闲置几分钟后,依序进入 Standby Mode/Suspend Mode 等省电模式。

（6）Display Activity:当系统进入 Standby Mode 时,显示器是否进入省电模式,Ignore (忽略不管)、Monitor(开启)。

（7）Monitor Serial Port/Paralell Port/Pri—HDD/Sec—HDD/VGA/Audio/Floppy:当系统进入省电模式后,是否监视串并行口、主从硬盘、显示卡、声卡、软驱的动作。Yes:监视,即各设备如有动作,则系统恢复到全速工作模式,No:不监视。

（8）Power Button Override:是否开启电源开关功能。

（9）Power Button Function:此选项是设定当使用 ATX 电源时,电源按钮(SUS-SW)的作用。Sofr Off:按一次就进入 Suspend Mode,再按一次就恢复运行。Green:按第一下便是开机,关机时要按住 4 秒。

（10）Ring resume From Sofr Off:是否开启 Modem 唤醒功能。

（11）RIC Alarm Resume From Sofr Off:是否设定 BIOS 定时开机功能。

6. PCI/PnP Setup 窗口

此项可设定即插即用(PnP)功能。

（1）On Board USB:是否开启芯片组中的 USB 功能。

（2）Plug and Play Aware OS:如用户的操作系统(OS)具有 PnP 功能(如 Windows 95),此项应选 Yes,若不是,则选都不是。如某些 PnP 卡无法检测到时,建议设成 No。

（3）PCI Latency Timer:此选项可设定 PCI 时钟的延迟时序。

（4）Off Board PCI IDE Card:如使用了其他的 PCI IDE 卡,则此项必须设定,这要根据 PCI、IDE 卡是插在哪个 Slot 槽上而定,并设定以下各 IDE IRQ 值。Slot 5、6 以及 Hardwared 为保留选项。

（5）Off Board PCI IDE Primary IRQ:设定 PCI IDE 卡上 IDE0 所要占用的 INT♯,一般都是设定成 INT♯ A。

(6) Off Board PCI IDE Secondary IRQ：设定 PCI、IDE 卡上 IDE1 所要占用的 INT♯，一般都是设定成 INT♯ B。

(7) Assign IRQ to PCI VGA Card：指定一个 IRQ 给 VGA 卡使用，通常有用指定 IRQ 给 VGA 卡。

IRQ 3、4、5、7、9、10、11、12、14、15/DMA Channel 0、1、3、5、6、7：本选项是设定各 IRQ/DMA 是否让 PnP 卡自动配置，若设定成 PCI/PnP，则 BIOS 检测到 PnP 卡时，会挑选所有设成 PCI/PnP 状态的其中一个 IRQ/DMA 来使用。反之，若设成 ISA/EISA，则 BIOS 将不会自动配置，一般设为 PCI/PnP。

7. Peripheral Setup(外围设备设定)窗口

(1) Onboard FDC：是否启用主板上的软驱接口。

(2) Onboard Serial Port 1：选择串行口 1(COM1)的地址，一般设成 Auto。

(3) Serial Port 1 IRQ：此选项可设定串行口 1 的 IRQ，建议设成 4。

(4) Onboard Serial Port 2：选择串行口 2 的地址，一般设成 Auto。

(5) Serial Port 2 Mode：若设成 Normal，一般接鼠标、Modem 用。如有红外线装置(IrDA)，则建议设成 IrDA ASKIR。

(6) Serial Port 2 IRQ：此选项可设定串行口 2 的 IRQ，建议设成 3。

(7) Onboard Parallel Port：选择并行口的地址。

(8) Onboard Parallel Mode：选择并行口的传输模式(ECP/EPP/Normal)。默认为标准模式(Normal)。

(9) Parallel Mode IRQ：设定并行口 IRQ，建议设定成 7。

(10) EPP Version：设定 EPP Mode 为 1.7 或 1.9 版。

(11) Onboard IDE：是否启用主板上的 PCI IDE0、IDE1 接口。如果采用外接的 IDE 卡，则此项必须改成 Disable，反之则设成 Both。此选项若设置错，将会导致硬盘、光驱等 IDE 设备检测不到。

8. Security(安全)窗口

(1) User：允许 User(用户)设定密码，输入密码后，必须再输入一次确认。

(2) Anti-Virus：此选项开启后，可防止病毒入侵硬盘的 Boot 区以及 BIOS。

9. Utility(实用)窗口

Detect IDE：此功能可以自动检测所有接在 IDE0 及 IDE1 上的设备，包括硬盘、CD-ROM、LS-120 等，且会自动判断其 PIO 模式，以及 LBA/Normal/Large 模式，一次即可检测完毕。

11.7　BIOS 的备份和升级(仅参考)

目前，计算机的硬件技术发展很快，为了使原来的计算机具备更高的性能，需要对它进行升级。升级并不是更换新的，因为对于普通的用户来说，一则没有必要，二则没有经济能力来追赶潮流。在这里介绍的不是计算机的升级，而是主板 BIOS 的升级。

BIOS(Basic Input Output System)，即基本输入输出系统。目前，市场上 586 档次以上主板的 BIOS 绝大多数采用的 Flash EPROM(闪速可擦可编程只读存储器)存储器，可直接用软件改写升级，因而给 BIOS 的升级带来极大的方便。目前 BIOS 的生产厂商主要有 Award、

AMI、Phoenix 和 MR 等。升级的好处总体上可以归纳为以下两点：

首先，提供对新的硬件或技术规范的支持。计算机硬件技术日新月异的发展使得早期生产的主板不能正确识别新硬件或新技术规范，升级 BIOS 以后，不仅可以很好地支持新硬件，而且支持的倍频也会有所提高。

其次，修正老版本 BIOS 中的一些 BUG。这也是升级 BIOS 的一个十分重要的原因。例如有些主板在启动时检测 CD-ROM 的时间过长，但升级 BIOS 后，检测速度有了明显的改观，而且对硬件的支持也更好了。

所以，从某种意义上说，升级主板的 BIOS 就意味着整机性能的提升和功能的完善。

11.7.1　升级前的准备工作

升级之前，必须明确自己的主板是否支持 BIOS 的升级，最好的办法是找到主板的说明书，从中查找相关的说明。不过，并不是所有的主板说明书中都有此方面的介绍，这时也可以咨询一下销售商或找懂行的朋友帮忙。如果以上方法行不通的话，就必须亲自动手。方法是：观察主板上的 BIOS 芯片，如果是 5 针或 32 针的双列直插式的集成电路，而且上面印有 BIOS 字样的话，该芯片大多为 Award 或 AMI 的产品。然后，揭掉 BIOS 芯片上面的纸质或金属标签，仔细观察一下芯片，会发现上面印有一串数字，如果号码中有数字 28 或 29，那么就可以证明该 BIOS 是可以升级的。

升级之前，必须拥有专用的 BIOS 写入程序（擦写程序或擦写器）和新版本的 BIOS 数据文件。BIOS 的写入程序其实就是一个可执行文件，不同的 BIOS 生产商使用的程序是不同的，最好不要混用。即 Award 芯片最好用它自身的写入程序，这是最安全、最保险的方法。所以，在升级 BIOS 之前，必须明确自己的主板使用的是何种品牌的 BIOS 芯片，然后找到相应的写入程序。目前主板上使用最多的是 Award 和 AMI 芯片，其写入程序分别为 Award Flash 和 AMI Flash。

BIOS 数据文件，一般以 BIN 为扩展名。需要注意的是，BIOS 文件一定要与主板的型号严格一致，即使是同一品牌的主板，只要型号不一致，其 BIOS 数据也不能通用。比如华硕 TX 97 的 BIOS 文件就不能用来升级华硕 P2B 的主板 BIOS，否则后果是不堪设想的。写入程序和 BIOS 数据文件可以分别从 BIOS 生产商和主板厂商的网站上获得。对于没有条件上网的朋友，可以向销售商索取。另外许多电脑报刊的光盘上也会收录这些文件。也有的主板生产商将二者压缩在同一个文件中，放在网站上供用户下载。

11.7.2　升级主板 BIOS 的具体操作

在确定已经具备生级条件后，就可以进行 BIOS 的升级操作。操作步骤如下。

1. 准备工作

一般主板上有个 Flash ROM 跳线开关，用于设置 BIOS 的只读或可读写状态。关机后在主板上找到它并将其设置为可写（Enable 或 Write）。详情请参照主板的使用手册。另外，建议在 CMOS 中的启动顺序设置成从 A 盘引导。

2. 引导计算机进入 DOS 安全模式

升级 BIOS 绝对不能在 Windows 系统下进行，万一遇上设备冲突，主板就可能报废，所以一定要在 DOS 系统下升级,而且不能加载任何驱动程序。若启动的是 Windows 9X,则在出现 Starting Windows 9X 时按下 Shift＋F5;若启动是 DOS 6.22,在出现 Starting MS-DOS 6.22时按下 F5,跳过 Config. sys 和 Autoexec. bat 进入 DOS 提示符。俗话说"百密难免一疏",所以为防万一,建议最好事先准备一张不包含 Config. sys 和 Autoexec. bat 两个文件的系统启动盘,并将写入程序和 BIOS 文件拷贝到其中,然后直接从软驱启动系统。

3. 开始升级 BIOS

下面就以 Award BIOS 为例,介绍升级主板 BIOS 的具体操作过程。再次重申,在升级主板之前,请一定要确保所使用的启动磁盘是完好的,并有足够的空间来保存原始的 BIOS 信息。

升级 Award BIOS 步骤如下:

(1) 刷新 BIOS 前需要先准备一张 DOS 启动软盘,制作方法有以下两种:

可以使用 Windows 98 系统格式化一张系统磁盘,在 Windows 98 中单击【我的电脑】,在 3.5 软盘上点击鼠标右键,选择【格式化】,然后选择【仅复制系统文件并格式化】即可。

可以在 MS-DOS 模式下,在 DOS 提示符下键入 Format a:/s 格式化一张 DOS 启动软盘。

(2) DOS 启动盘制作完成后您可以将 BIOS 刷新程序 Awdflash. exe,BIOS 文件 *. bin 同时复制到刚刚制作的软盘当中(注意要在同一目录)。然后用该软盘启动 DOS,如果是用 Windows 98/ME 的启动盘来升级 BIOS,注意当屏幕出现 Starting Windows 98……时,按下 Shift＋F5 组合键跳过 Config. sys 文件的执行。因为在升级 BIOS 时不能有内存管理程序的执行。

(3) 启动到 DOS 后进行 BIOS 刷新,在 DOS 提示符下执行:

A:\＞Awdflash *. bin/cc/cd/cp/sn/py

确定后就会自动完成 BIOS 的刷新操作并重新启动。*. bin 为 BIOS 文件名,需要输入您下载的新版本的 BIOS 文件名,而且要带. bin 的后缀才可以。如果需要备份旧版本的 BIOS,可以按以下步骤进行:

键入 A:\＞Awdflash *. bin/cc/cp/cd 之后,(请注意 BIOS 文件名与参数之间需留有一空格)片刻将会出现图 11-6 所示的界面。

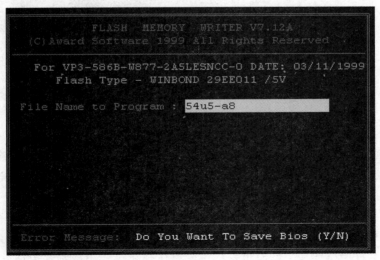

图 11-6

提示文字为"Do You Want To Save BIOS(Y/N)",是否要将主板上现有的 BIOS 程序存盘。如果要存盘,就键入【Y】,计算机将会提示你想存储的 BIOS 程序文件名,如图 11-7 所示。

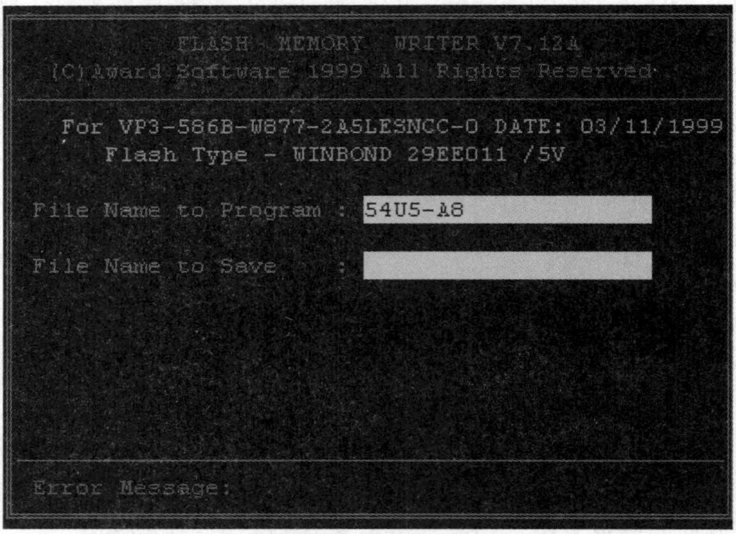

图 11-7

输入文件名并按【Enter】键就会存储文件到软盘上,并退出界面回到提示符状态。如果不存盘,键入【N】,出现图 11-8 所示的画面。

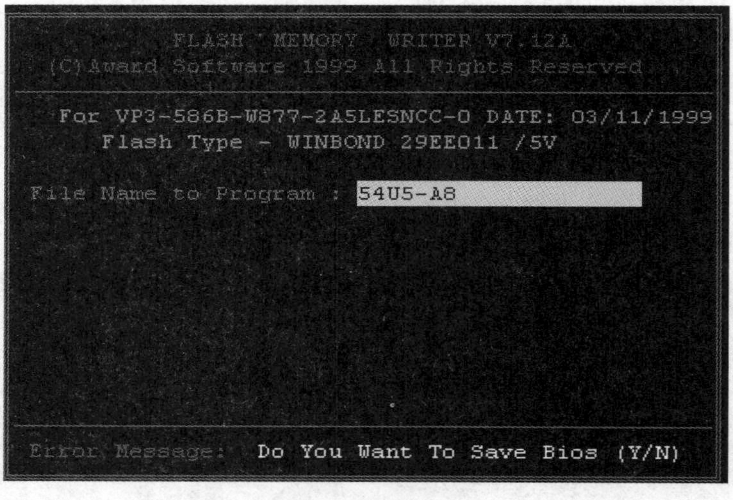

图 11-8

然后会出现"Are you sure to program(Y/N)"提示,意思是你真的想写程序到 BIOS 吗,键入【Y】就会写程序到 BIOS,(此时一段时间绝对不能断电或停机)约过几秒钟新程序就会写完并出现"1FFFF OK"等信息,到此 BIOS 就升级完了。按 F1 键重新启动,按 F10 退出返回到 DOS 状态。如键入【N】就不写程序到 BIOS。

在刷新的过程中不要进行其他任何操作,也千万不要尝试中断程序的运行或重新启动机器,这些操作都会使电脑瘫痪。同时也要尽量避免在刷新过程中遇到停电或死机等情况的发生,因为这些都会导致 BIOS 刷新失败。

　　BIOS 刷新完成后,此时刷新程序会提示两条信息,一条是按 F1 键重新启动,另一条是按 F10 键退出并返回 DOS,可以根据实际情况来选择。如果认为刷新操作,是完全正确的,就可以按 F1 键进行重新启动;如果认为刷新过程中,还是存在一些错误或不当,那么按 F10 键退至 DOS 状态,然后再按照上述的操作过程重新刷新。如果系统能正常引导并运行,就表明升级成功。最后,恢复在第一步中改动过的设置,至此就完成了升级 BIOS 的整个过程。

11.7.3　升级 BIOS 失败后的解决方法

　　在升级 BIOS 时,可能会由于写入的 BIOS 版本不对、不全或本身存在的错误,在升级过程中出现断电现象等原因导致升级失败,这时可以用如下方法进行挽救工作。

1. 用软驱和 ISA 显卡引导系统

　　主板厂商提供 BIOS 程序让普通用户升级,就料到会有升级失败而导致机器瘫痪的意外,所以事先加入了普通用户不可改写的 Boot Block(引导块)用以启动软驱和基本插卡,然后再恢复 BIOS。Award 的 BIOS 芯片中的 Boot Block 在写入 BIOS 时不会被写,所以用户仍可以引导系统。不过,自举模块只支持软驱和 ISA 显卡。所以用户必须找一个 ISA 显卡,二手市场上 10 元钱左右就可以买到,另外还要确保软驱可以正常使用。接下来的工作就是从软驱引导系统,用上述方法将备份的 BIOS 数据文件重新写入主板的 BIOS 中。如果用户在升级过程中没有备份原来的 BIOS 文件,可以找一个与用户的主板型号完全一致的可以正常使用的主板,读出它的 BIOS 文件,然后再执行写入操作。

2. 更换一个新的 BIOS 芯片

　　这是最直接的方法,但是实施起来有一定的难度,主要原因是:如果用户的主板比较老了,其 BIOS 芯片在市场上较难寻觅。当然这也不是绝对的,有些主板厂商向用户提供 BIOS 芯片,有的甚至还是免费的,所以最好与销售商或主板厂商联系,看看是否有用户需要的 BIOS 芯片。如果用户幸运地得到的话,用它替换旧的芯片即可。

3. 热插拔法

　　所谓"热插拔法",是指在开机的情况下通过替换 BIOS 芯片的方法恢复损坏的 BIOS 芯片的操作方法。首先,找一台主板型号与用户的完全一致的机器,将它引导至安全的 DOS 方式下,然后轻轻地拔下好的 BIOS 芯片,再将坏的 BIOS 插到主板上,最后依照上面讲述的步骤将用户原来备份好的 BIOS 数据文件恢复到 BIOS 芯片中。这样,用户的 BIOS 就重获新生了。这里要注意的是,在热拔插的过程中动作一定要轻,千万不能损坏 BIOS 芯片的引脚。最好的方法是先在关机的情况下将好的 BIOS 芯片拔出,然后再插回去,注意不要插得太紧。再进行上面介绍的热插拔法,以确保安全。如果用户找不到一样的主板,可以找一块其他的可以正常工作的主板,用上面的方法重写 BIOS,但要屏蔽掉 BIOS 版本和主板不一致的检查,方法是带参数执行写入程序,比如重写 Award BIOS 的方法是在 A 盘提示符下,从键盘输入"awdflash ∗.bin/py"(其中 ∗.bin 是要写入的 BIOS 数据文件名)。

4. 用写入设备重写 BIOS

　　市场上有专门的 BIOS 写入设备,可以对 BIOS 进行刷新和升级,也可用来修复被 CIH 病毒破坏的 BIOS 芯片。

第 12 章　硬盘分区与格式化

工厂生产的硬盘必须经过低级格式化、分区和高级格式化(以下均简称为格式化)三个处理步骤后,才能利用它们存储数据。其中磁盘的低级格式化通常由生产厂家完成,而用户则需要使用工具软件对硬盘进行分区和格式化。常常将每块硬盘(即硬盘实物)称为物理盘,而将在硬盘分区之后所建立的 C 盘、D 盘等称为逻辑盘。逻辑盘是系统为控制和管理物理硬盘而建立的操作对象,一块物理盘可以设置成一块逻辑盘,也可以设置成多块逻辑盘来使用。

目前市场上主流硬盘的容量越来越大,市场上较常见的硬盘容量已经达到 320 GB。如果在使用这么大的硬盘时,不进行分区,那将对计算机性能的发挥和文件的管理带来不便。因此,在使用新购置的硬盘时需将硬盘根据需要划分为几个容量相对较小的分区并进行格式化,然后再安装操作系统或存储数据。当计算机在重新安装操作系统时,如果用户对原来的分区不满意,也可重新对硬盘进行分区。由于在分区或格式化硬盘时,将丢失硬盘中原有的所有数据,稍有不慎,就会带来不可挽回的损失。所以在对硬盘进行分区或格式化前,一定要详细地了解硬盘分区和格式化的相关知识和操作方法。

通过本章学习,要求掌握硬盘分区的相关知识,熟练掌握 Fdisk 分区工具的使用方法、Partition Magic 的使用以及格式化硬盘的方法。

12.1　硬　盘　分　区

分区从实质上说是对硬盘的一种格式化。创建分区时已经设置了硬盘的各项物理参数,指定硬盘主引导记录(即 Master Boot Record,一般简称为 MBR)和引导记录备份的存放位置。而对于文件系统以及其他操作系统管理硬盘所需要的信息则是通过之后的高级格式化,即 Format 命令来实现。

物理硬盘就是磁盘实体,逻辑硬盘则是经过硬盘分区所建立的磁盘区。如果在一个硬盘上建立了两个磁盘区,则每个磁盘区就是一个逻辑磁盘,即该硬盘上有两个逻辑磁盘。

12.1.1　分区格式

目前流行的操作系统,常用的分区格式有 4 种。

1. FAT16

分区格式采用 16 位的文件分配表,能支持的最大分区为 2 GB,是应用最多和获得操作系统支持最多的一种硬盘分区格式,缺点是硬盘的实际利用效率低。

2. FAT32

分区格式采用 32 位的文件分配表,突破了每个分区容量仅为 2 GB 的限制,方便了对硬盘的管理,减少了硬盘空间的浪费,提高了硬盘利用效率,缺点是比采用 FAT16 格式分区的硬盘要慢,也不支持 DOS 系统。

3. NTFS

这是网络操作系统 Windows NT 的硬盘分区格式,具有安全性和稳定性,有利于硬盘空间利用及软件的运行速度,能记录用户的操作,通过限制用户权限,保护了网络系统与数据的安全,支持该分区格式的操作系统有 Windows NT/2003/XP/7。

4. Ext 和 Swap

这是为自由软件 Linux 设计的,具有较快的速度和较小的 CPU 占用率。

12.1.2 分区操作

分区是指对硬盘的物理存储空间进行逻辑划分,将一个较大容量的硬盘分成多个大小不等的逻辑区间的过程,如图 12-1 所示。

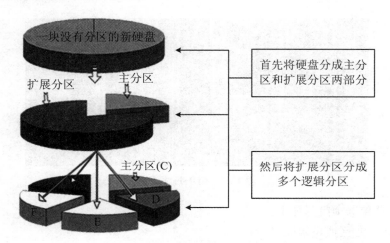

图 12-1 硬盘分区示意图

12.2 硬盘分区工具 FDISK 的使用

1. 启动 FDISK

首先需要用光盘启动盘启动计算机,图 12-2 是启动后得到的画面。

图 12-2 运行 FDISK

在提示符后敲入命令 fdisk,然后回车,将会看到图 12-3 所示画面。

画面提示用户磁盘容量已经超过了 512 M,为了充分发挥磁盘的性能,建议选用 FAT32 文件系统,最后一行"Do you wish to enable large disk support(Y/N)?",意思是询问用户是否希望使用大硬盘模式,在此需要键入"Y",否则就无法创建超过 2 GB 容量的硬盘分区。输入

【Y】键后按回车键。现在已经进入了 Fdisk 的主画面（图 12-4），即可完成建立分区操作。

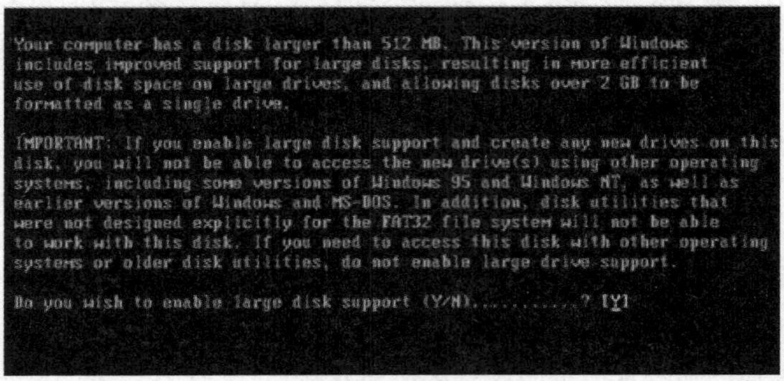

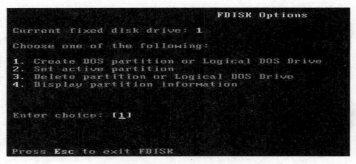

图 12-3　确认硬盘分区界面

图 12-4　FDISK 主界面

图 12-4 中菜单选项解释如下：

◆ 创建 DOS 分区或逻辑驱动器；

◆ 设置活动分区；

◆ 删除分区或逻辑驱动器；

◆ 显示分区信息。

接下来将创建新分区，选择【1】后按回车键，画面显示如下。

图 12-5 中菜单选项解释如下：

◆ 创建主分区；

◆ 创建扩展分区；

◆ 创建逻辑盘。

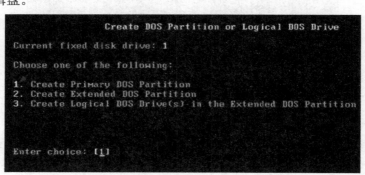

图 12-5　创建分区界面

一般说来,硬盘分区遵循着"主分区→扩展分区→逻辑盘"的次序原则,即 1→2→3,而删除分区则与之相反。一个硬盘可以划分多个主分区,但没必要划分那么多,一个足矣。主分区之外的硬盘空间就是扩展分区,而逻辑盘是对扩展分区再行划分得到的。

2. 创建主分区(Primary Partition)

选择【1】后回车确认,Fdisk 开始检测硬盘(Verifying drive integrity)(如图 12-6 所示),变化的百分比是目前检测完成情况。

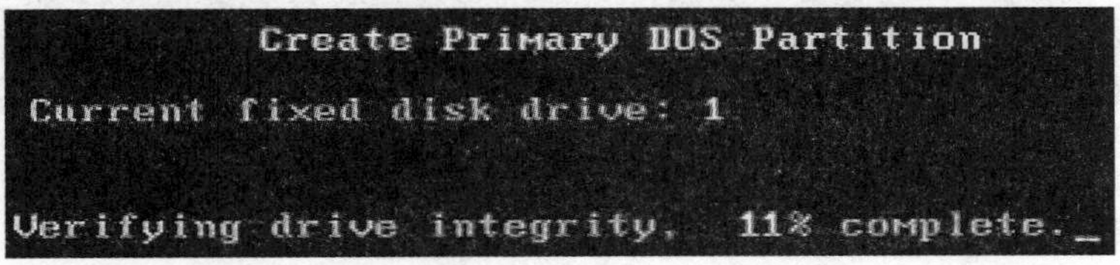

```
            Create Primary DOS Partition
Current fixed disk drive: 1


Verifying drive integrity,    11% complete._
```

图 12-6　FDISK 检测硬盘界面

硬盘检测完成以后,屏幕显示如下(如图 12-7 所示),图中英文的意思是:你是否希望将整个硬盘空间作为主分区并激活? 主分区一般就是 C 盘,如果此时选择【Y】,整个硬盘空间就一个分区,即整个硬盘就一个 C 盘。显然目前硬盘容量都很大,一个分区不便于使用与管理,所以按【N】并按回车。

```
            Create Primary DOS Partition
Current fixed disk drive: 1

Do you wish to use the maximum available size for a Primary DOS Partition
and make the partition active (Y/N)......................? [Y]
```

图 12-7　基本分区是否选择为全部硬盘空间界面

选择【N】显示硬盘总空间(Total disk space),并继续检测硬盘……,如图 12-8 所示。

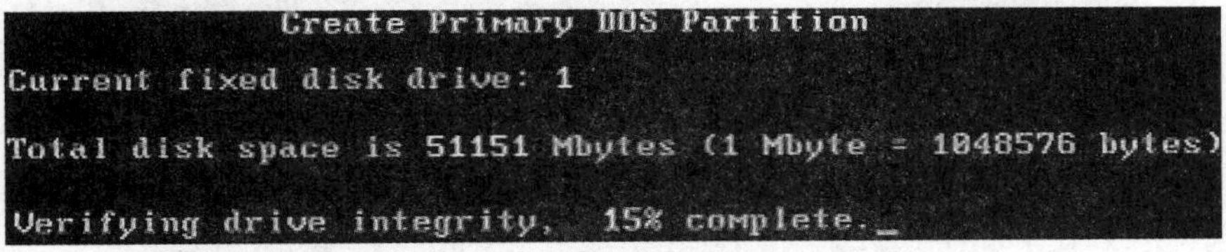

```
            Create Primary DOS Partition
Current fixed disk drive: 1

Total disk space is 51151 Mbytes (1 Mbyte = 1048576 bytes)

Verifying drive integrity,    15% complete._
```

图 12-8　FDISK 继续检测硬盘界面

检测硬盘完成后,屏幕提示用户设置主分区的容量,此时可直接输入分区大小(以 MB 为单位)或分区所占硬盘总容量的百分比(%),输完后回车确认(如图 12-9 所示)。

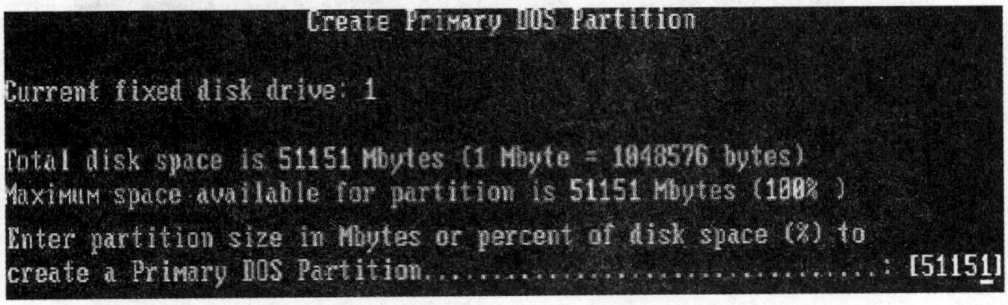

```
            Create Primary DOS Partition
Current fixed disk drive: 1

Total disk space is 51151 Mbytes (1 Mbyte = 1048576 bytes)
Maximum space available for partition is 51151 Mbytes (100% )

Enter partition size in Mbytes or percent of disk space (%) to
create a Primary DOS Partition...............................: [51151]
```

图 12-9　设置基本分区空间界面

主分区 C 盘已经创建,按 ESC 键继续操作(如图 12-10 所示)。

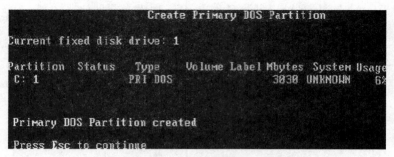

图 12-10　确认基本分区空间界面

3. 创建扩展分区(Extended Partition)

按 Esc 键回至 Fdisk 主菜单,如图 12-11 所示。

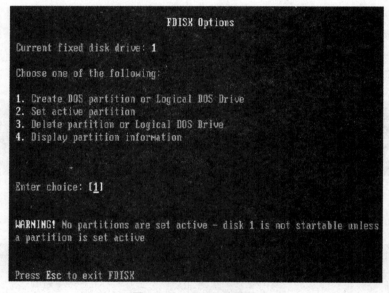

图 12-11　FDISK 主界面

继续选择【1】,在下图中选【2】,开始创建扩展分区(如图 12-12 所示)。

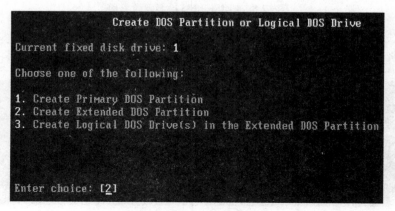

图 12-12　创建分区界面

硬盘检验中(图 12-13),稍候……

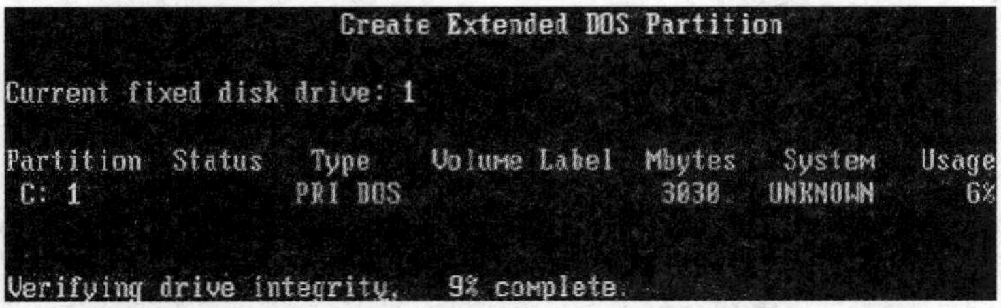

图 12-13　FDISK 检测硬盘界面

习惯上会将除主分区之外的所有空间划为扩展分区,直接按回车即可。当然,如果你想安装非 Windows 操作系统,则可根据需要输入扩展分区的空间大小或百分比(如图 12-14 所示)。

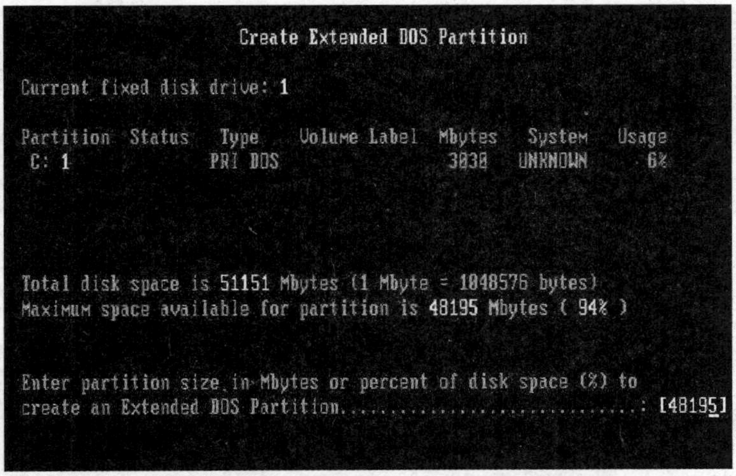

图 12-14　选择扩展分区空间界面

按回车键即可,扩展分区创建成功,按 ESC 键继续操作(如图 12-15 所示)。

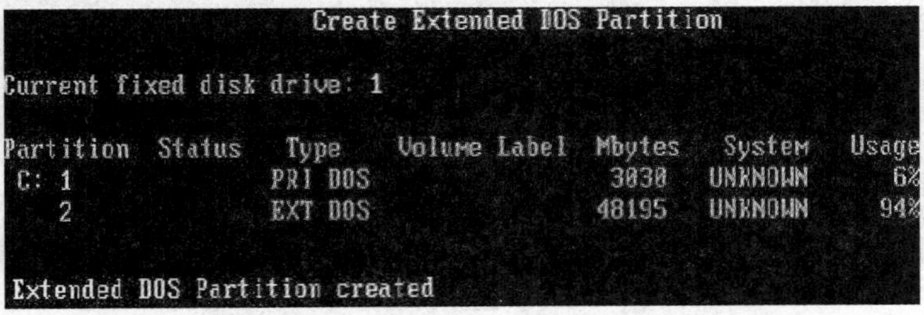

图 12-15　确认扩展分区空间界面

4. 创建逻辑盘(Logical Drives)

继续上面的操作后,画面提示没有任何逻辑盘(如图 12-16 所示),接下来的任务就是创建逻辑盘。

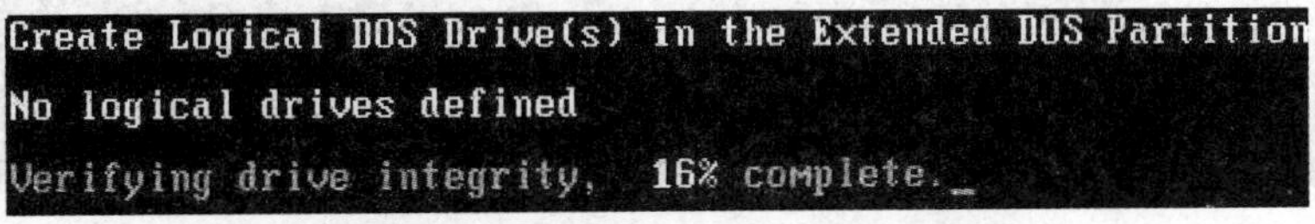

图 12-16　显示无逻辑盘并检测硬盘界面

前面提过逻辑盘在扩展分区中划分,在此输入第一个逻辑盘的大小(如图 12-17 所示)。例如:"5005"或百分比 10%,但最高不能超过扩展分区的大小。

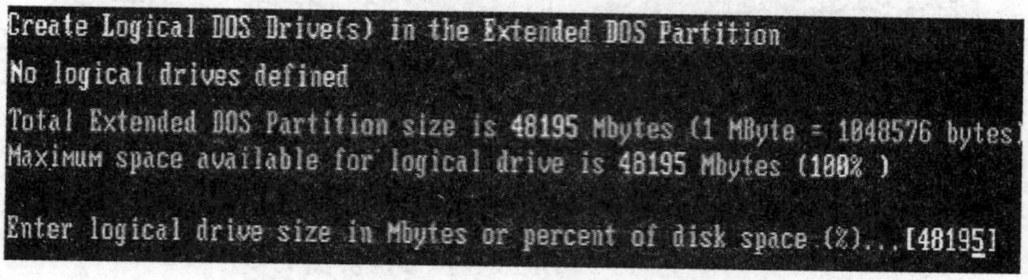

图 12-17　设置第一个逻辑分区空间界面

逻辑盘 D 已经创建,如图 12-18 所示。

图 12-18　完成创建第一个逻辑分区空间界面

如创建 D 盘一样,继续创建其他逻辑盘(如图 12-19 所示)。

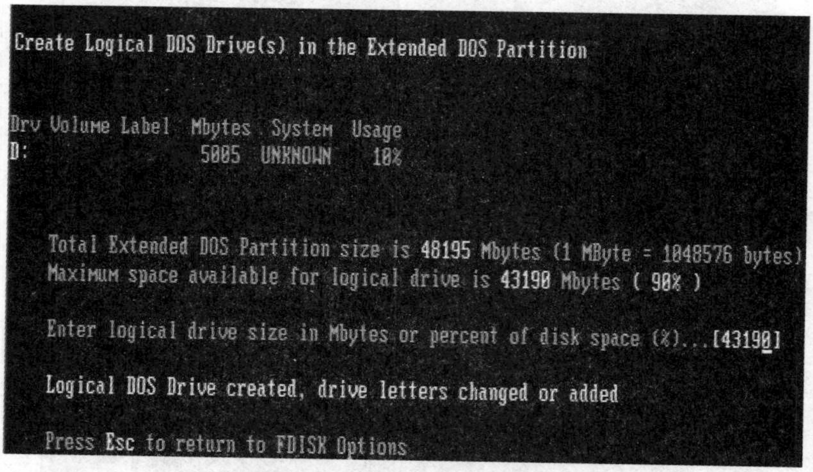

图 12-19　设置下一个逻辑分区空间界面

如按下回车则逻辑盘 E 已创建,大小为剩余空间(如图 12-20 所示),按 ESC 返回。

图 12-20　选择下一个逻辑分区空间界面

当然,你还可以创建更多的逻辑盘,一切由你自己决定。

5. 设置活动分区(Set Active Partition)

按【Esc】键回到主菜单,选【2】设置活动分区(如图 12-21 所示)。只有主分区才可以被设置为活动分区!

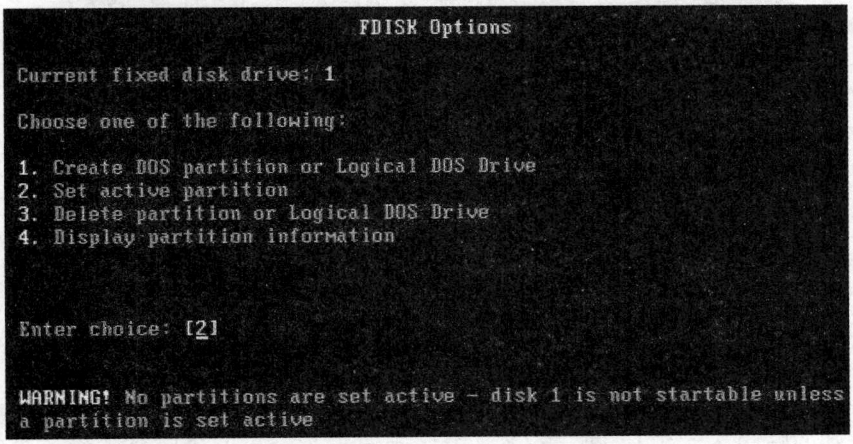

```
                        FDISK Options

Current fixed disk drive: 1

Choose one of the following:

1. Create DOS partition or Logical DOS Drive
2. Set active partition
3. Delete partition or Logical DOS Drive
4. Display partition information


Enter choice: [2]


WARNING! No partitions are set active - disk 1 is not startable unless
a partition is set active
```

图 12-21　FDISK 主界面

选择数字【1】并按回车键,即设 C 盘为活动分区。当硬盘划分了多个主分区后,可设其中任一个为活动分区(如图 12-22 所示)。

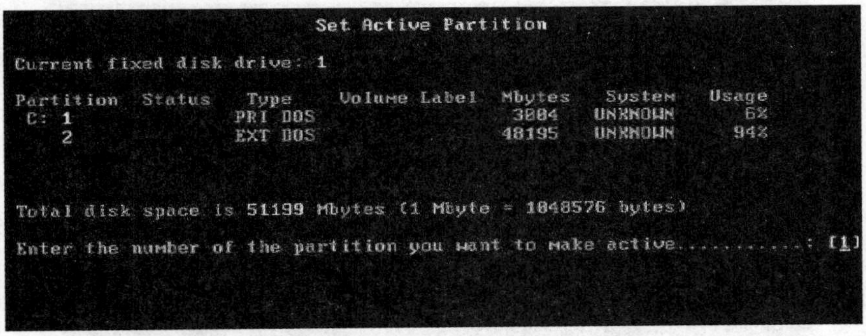

```
                     Set Active Partition
Current fixed disk drive: 1

Partition  Status   Type   Volume Label   Mbytes   System   Usage
C: 1                PRI DOS                3004     UNKNOWN  6%
   2                EXT DOS                48195    UNKNOWN  94%


Total disk space is 51199 Mbytes (1 Mbyte = 1048576 bytes)

Enter the number of the partition you want to make active..........: [1]
```

图 12-22　选择活动分区界面

C 盘已经成为活动分区,并在 States 下面标识 A,按 ESC 键继续(如图 12-23 所示)。

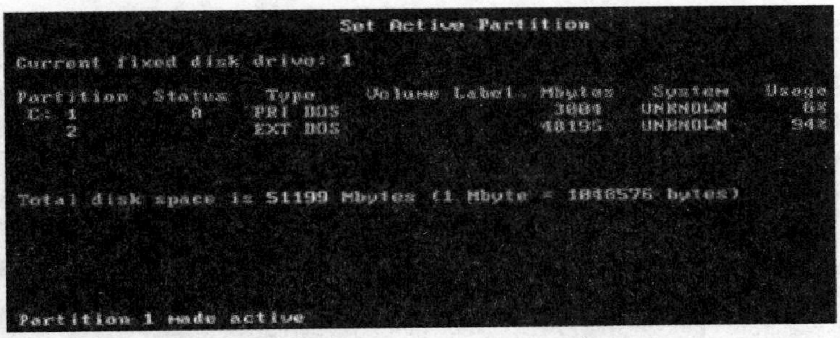

```
                      Set Active Partition
Current fixed disk drive: 1

Partition  Status   Type   Volume Label   Mbytes   System   Usage
C: 1         A      PRI DOS                3004     UNKNOWN  6%
   2                EXT DOS                48195    UNKNOWN  94%


Total disk space is 51199 Mbytes (1 Mbyte = 1048576 bytes)




Partition 1 made active
```

图 12-23　确认活动分区界面

6. 删除分区

如果你打算对一块硬盘重新分区,那么你首先要做的是删除旧分区! 因此仅仅学会创建分区是不够的! 删除分区,在 Fdisk 主菜单中选【3】后按回车键(如图 12-24 所示)。

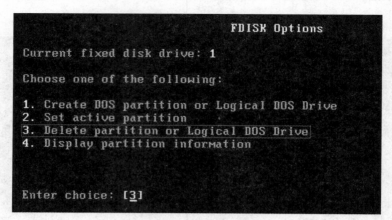

图 12-24　FDISK 主界面

删除分区的顺序从下往上,即"非 DOS 分区→逻辑盘→扩展分区→主分区",即 4→3→2→1 的顺序。

除非你安装了非 Windows 的操作系统,否则一般不会产生非 DOS 分区。所以在此选先选【3】(如图 12-25 所示)。

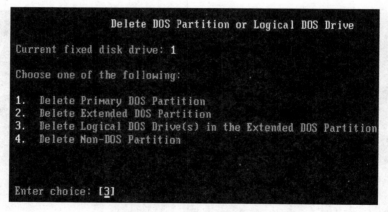

图 12-25　删除分区主界面

输入欲删除的逻辑盘盘符,按回车确定(如图 12-26、图 2-27 所示)。

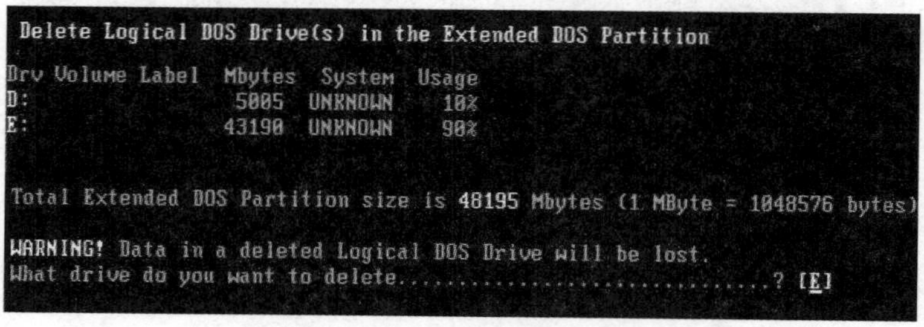

图 12-26　选择删除的逻辑盘符界面

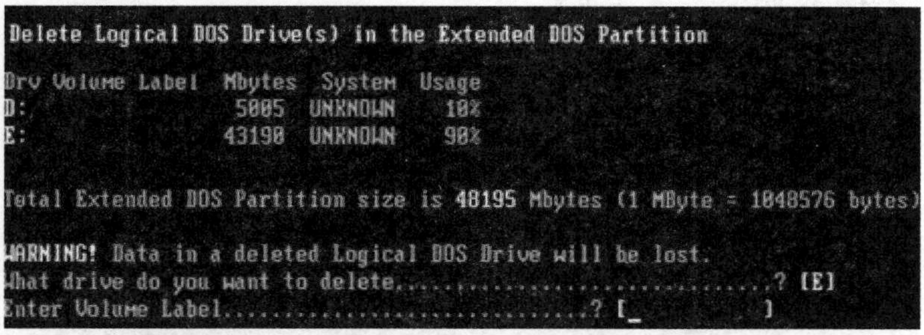

```
Delete Logical DOS Drive(s) in the Extended DOS Partition

Drv Volume Label  Mbytes  System  Usage
D:                 5005   UNKNOWN  10%
E:                43190   UNKNOWN  90%

Total Extended DOS Partition size is 48195 Mbytes (1 MByte = 1048576 bytes)

WARNING! Data in a deleted Logical DOS Drive will be lost.
What drive do you want to delete................................? [E]
Enter Volume Label.................................? [_          ]
```

图 12-27　输入删除的逻辑盘的卷标界面

敲入该分区的盘符、卷标名(若无则空)。按【Y】确认删除(如图 12-28 所示)。

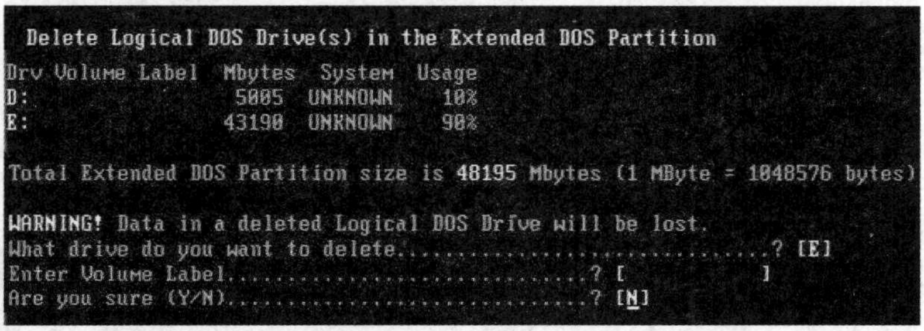

```
Delete Logical DOS Drive(s) in the Extended DOS Partition
Drv Volume Label  Mbytes  System  Usage
D:                 5005   UNKNOWN  10%
E:                43190   UNKNOWN  90%

Total Extended DOS Partition size is 48195 Mbytes (1 MByte = 1048576 bytes)

WARNING! Data in a deleted Logical DOS Drive will be lost.
What drive do you want to delete................................? [E]
Enter Volume Label..........................? [          ]
Are you sure (Y/N).............................? [N]
```

图 12-28　是否确认删除的逻辑盘的卷标界面

按上述操作,可将所有逻辑盘删除(如图 12-29 所示)。

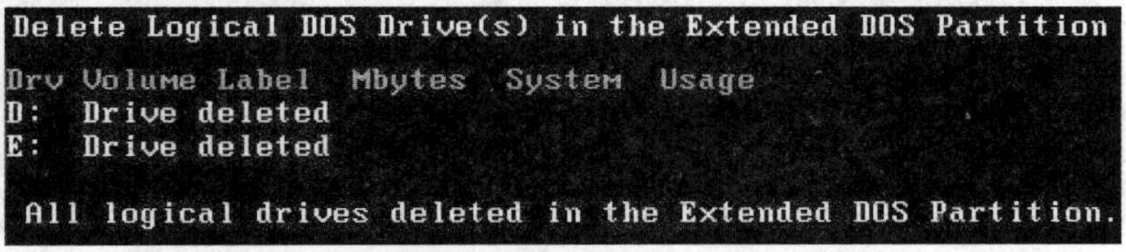

```
Delete Logical DOS Drive(s) in the Extended DOS Partition
Drv Volume Label   Mbytes   System   Usage
D:   Drive deleted
E:   Drive deleted

All logical drives deleted in the Extended DOS Partition.
```

图 12-29　已经删除的逻辑盘界面

按【Esc】键返回到主菜单,再次选【3】,预备删除扩展分区,选【2】后回车(如图 12-30 所示)。

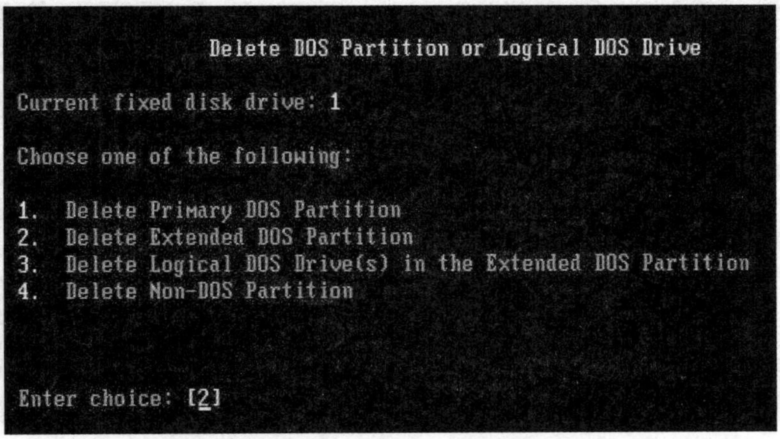

```
               Delete DOS Partition or Logical DOS Drive

Current fixed disk drive: 1

Choose one of the following:

1.  Delete Primary DOS Partition
2.  Delete Extended DOS Partition
3.  Delete Logical DOS Drive(s) in the Extended DOS Partition
4.  Delete Non-DOS Partition




Enter choice: [2]
```

图 12-30　选择删除分区界面

确认删除,按【Y】(如图 12-31 所示)。

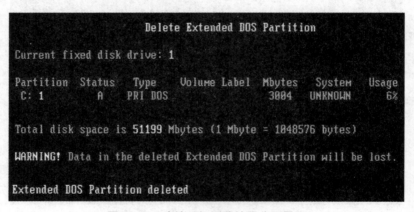

```
                   Delete Extended DOS Partition

Current fixed disk drive: 1

Partition  Status   Type    Volume Label   Mbytes   System   Usage
  C: 1       A     PRI DOS                  3004    UNKNOWN    6%
     2             EXT DOS                  48195              94%



Total disk space is 51199 Mbytes (1 Mbyte = 1048576 bytes)

WARNING! Data in the deleted Extended DOS Partition will be lost.
Do you wish to continue (Y/N)................? [Y]
```

图 12-31   选择删除扩展分区界面

扩展分区已经删除(如图 12-32 所示)。

```
                   Delete Extended DOS Partition

Current fixed disk drive: 1

Partition  Status   Type    Volume Label   Mbytes   System   Usage
  C: 1       A     PRI DOS                  3004    UNKNOWN    6%

Total disk space is 51199 Mbytes (1 Mbyte = 1048576 bytes)

WARNING! Data in the deleted Extended DOS Partition will be lost.

Extended DOS Partition deleted
```

图 12-32   确认已经删除扩展分区界面

返回到主菜单,依旧选【3】,再选【1】,删除主分区(如图 12-33 所示)。

```
              Delete DOS Partition or Logical DOS Drive

Current fixed disk drive: 1

Choose one of the following:

1.  Delete Primary DOS Partition
2.  Delete Extended DOS Partition
3.  Delete Logical DOS Drive(s) in the Extended DOS Partition
4.  Delete Non-DOS Partition




Enter choice: [1]
```

图 12-33   选择删除分区界面

按【1】，表示删除第一个主分区。当有多个主分区时，需要分别删除（如图 12-34 所示）。

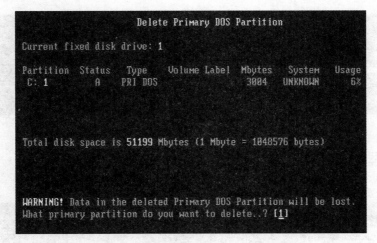

图 12-34　选择删除主分区界面

按【Y】确认删除（如图 12-35 所示）。

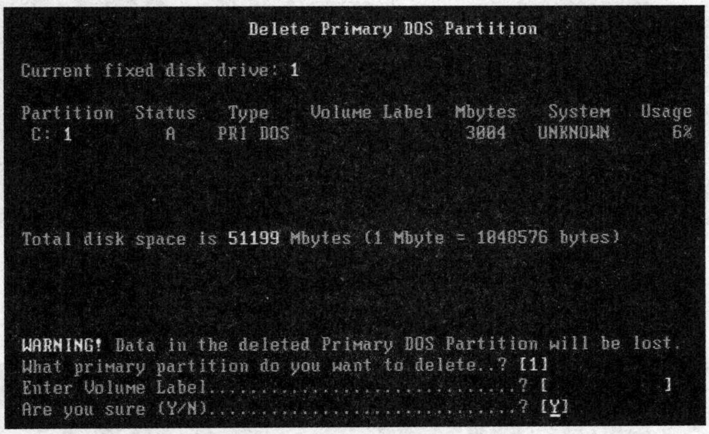

图 12-35　确认删除主分区界面

主分区已经删除（如图 12-36 所示）。

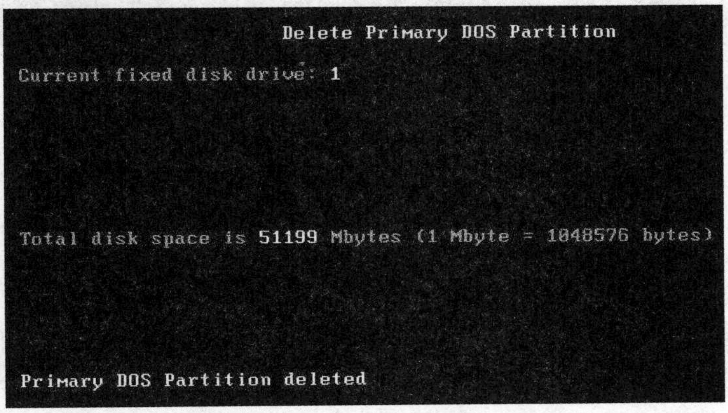

图 12-36　无分区界面

重启后操作生效(如图 12-37 所示)。

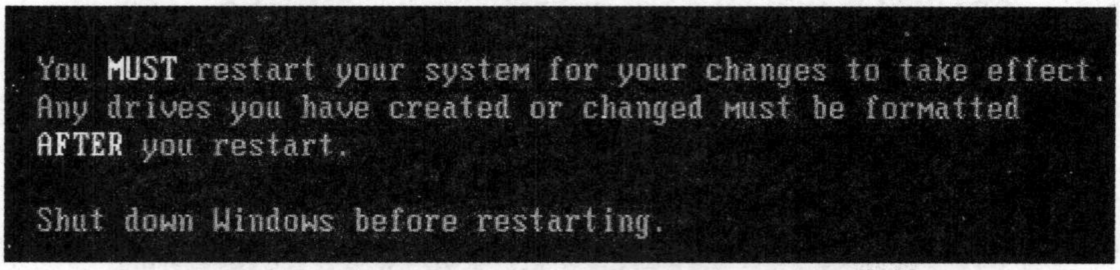

```
You MUST restart your system for your changes to take effect.
Any drives you have created or changed must be formatted
AFTER you restart.

Shut down Windows before restarting.
```

图 12-37　显示重启动分区设置生效界面

7. 显示分区信息

硬盘分区划分好后,返回主菜单后选择 4 出现如图 12-38 画面。

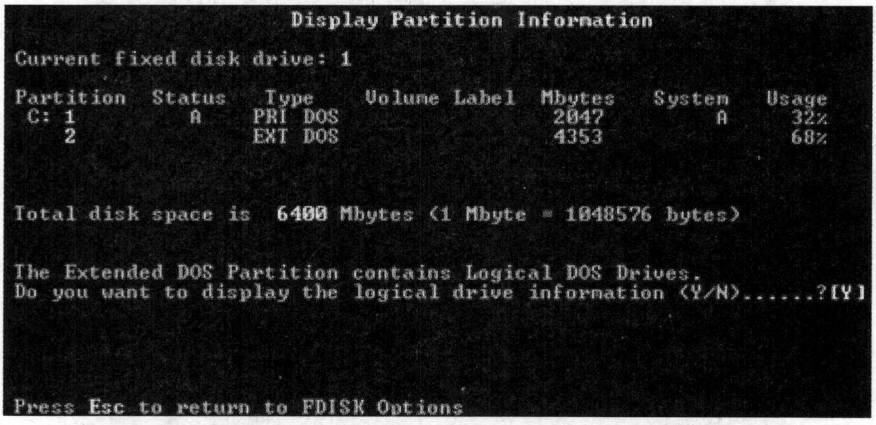

```
                    Display Partition Information
Current fixed disk drive: 1

Partition  Status    Type    Volume Label   Mbytes   System   Usage
C: 1        A       PRI DOS                  2047      A        32%
   2                EXT DOS                  4353               68%


Total disk space is  6400 Mbytes (1 Mbyte = 1048576 bytes)


The Extended DOS Partition contains Logical DOS Drives.
Do you want to display the logical drive information (Y/N)......?[Y]


Press Esc to return to FDISK Options
```

图 12-38　显示分区界面

按【Y】或回车键,显示逻辑盘 D、E 的信息(如图 12-39 所示)。

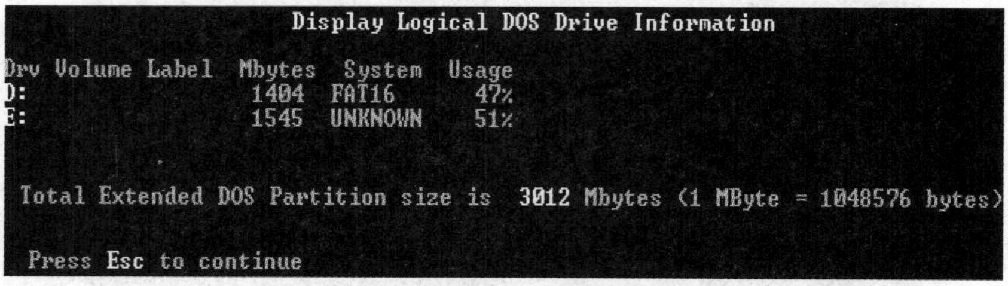

```
                 Display Logical DOS Drive Information
Drv Volume Label   Mbytes  System   Usage
D:                  1404    FAT16    47%
E:                  1545    UNKNOWN  51%


Total Extended DOS Partition size is  3012 Mbytes (1 MByte = 1048576 bytes)

 Press Esc to continue
```

图 12-39　显示逻辑分区界面

12.3　格式化硬盘

硬盘分区后,必须重新启动计算机,分区才能够生效;重启系统后必须格式化硬盘的每个盘,这样磁盘才能够使用。

用光盘启动后,提示为 A:\>,此为虚拟软盘,FDISK.EXE 文件即在此目录下,光盘盘符一般为最后一个逻辑盘的下一个字母,本书为 F:盘,执行格式化的文件 FORMAT.COM 在光盘的 WIN98 文件夹或 I386 文件夹中,用 CD 命令转入该目录中,键入 FORMAT 即可,操作如图 12-40 所示。

```
Microsoft Windows 98 [版本 5.1.2600]
<C> 版权所有 1985-2001 Microsoft Corp.

A:\> F:
F:\>
F:\> CD  WIN98
F:\WIN98>_
```

图 12-40　DOS 界面

键入 FORMAT 命令后开始格式化硬盘。

回车后屏幕显示警告硬盘数据将丢失,按【Y】键开始格式化(如图 12-41 所示)。

```
A:\>FORMAT C: /S
WARING, ALL   DATA   ON-REMOVABLE DISK
DRIVE C:   WILL BE LOST!
Proceed   with   Format (Y/N) ? y
```

图 12-41　确认运行格式化命令界面

经过一定时间,C:盘格式化完毕,程序要求输入 C:盘的卷标,根据需要输入卷标并按回车键(若不设卷标直接按回车键),最后屏幕显示如图 12-42 所示信息。

```
A:\>FORMAT C:/S
        Checking existing disk format.
        Verifying 1551.34M
        Format complete.
        Writing out file allocation table.
        Complete.
        System transferred.
        Volume lable (11 characters, ENTER for none)?
        1,623,511,040 bytes total disk space
              397,312 bytes used by sysyem
        1,623,113,728 bytes availabe on disk
              4096 bytes in each allocation unit
              396,267 allocation on disk.
        Volume Serial Number is 3053-07D4
        A:\>_
```

图 12-42　格式化完成界面

格式化好 C 盘后,再格式化 D、E 盘,键入 FORMAT D:或 FORMAT E:。至此硬盘便可使用了,下面开始安装操作系统。

基于 Windows 操作系统的安装,分区及格式化均可在安装过程中一并完成。

第 13 章　操作系统的安装与维护

　　计算机需安装的软件包括系统软件、应用软件、驱动程序。究竟要安装哪些软件由用户根据自身的需要决定,但操作系统是必须要安装的。下面就介绍 Windows 操作系统的安装与设置。

13.1　Windows XP 操作系统的安装

13.1.1　安装前的准备

　　(1) 准备好 Microsoft Windows XP 安装光盘。
　　(2) 记录安装序列号。

13.1.2　Windows XP 的安装

　　启动计算机,进入 COMS 设置程序,将 CD-ROM 设置为第一启动盘,将 Windows XP 安装光盘放入光驱,重新启动计算机,即出现图 13-1 所示。
　　屏幕上显示 Press any key to boot from CD⋯,请快速按任意键继续。

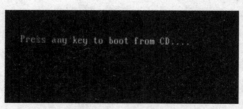

图 13-1　Windows XP 光盘启动界面

　　(1) 按任意键后,安装程序将检测计算机的硬件配置,从安装光盘提取必要的安装文件,之后出现【欢迎使用安装程序】画面,图 13-2 所示。

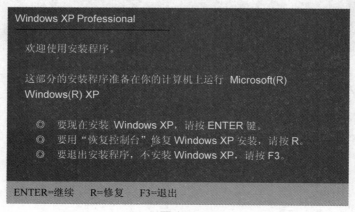

图 13-2

◆ 若要安装 XP 就按【回车】键。

◆ 若要修复已有的 XP 操作系统就按【R】键。

◆ 若不想安装 XP 操作系统就按【F3】。

（2）按【回车】键,安装 Windows XP Professional,出现 Windows XP 安装许可协议,如图 13-3 所示。

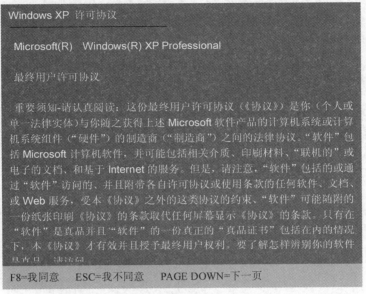

图 13-3

（3）请仔细阅读 Windows XP Professional 许可协议。（注按 PageDown 键可往下翻页, 按 PageUp 键可往上翻页）。如果您不同意该协议,请按 ESC 键退出安装;如果您同意该协 议,请按 F8 键继续,出现显示硬盘分区信息的界面,如图 13-4 所示(本教材以 80 GB 硬盘为例)。

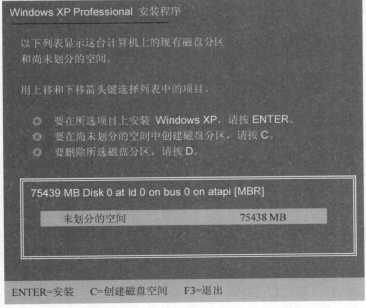

图 13-4

（4）创建分区。具体操作步骤如下：

① 创建第一个分区。将光标移动到"未划分空间"上，根据系统提示按 C 键创建新分区，大小为 20000 MB，如图 13-5 所示。

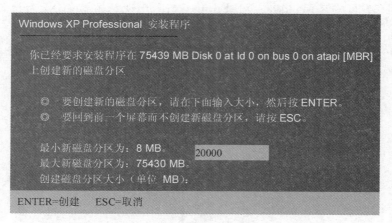

图 13-5

在光标所在处输入欲创建分区的大小，在本例中输入 20000，即 20 GB，然后按 Enter 键确认，分区创建成功后如图 13-6 所示。

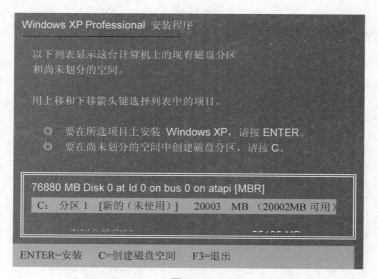

图 13-6

② 再将光标移动到"未划分空间"处，重复刚才创建第一分区的步骤，将余下的空间划分为若干个分区，所有分区创建成功后如图 13-7 所示。

（5）若要删除已有的磁盘分区，用上下光标键移动，选择要删除的分区，并根据系统提示按 D 键将选中的分区删除，删除分区系统很慎重，屏幕将出现提示信息，如图 13-8 所示。

根据屏幕提示，如果确定要删除该分区，请按 ENTER 键，由于删除分区将导致数据丢失，系统将进一步提示用户确认，如图 13-9 所示。

若真的要删除该分区请按【L】键确认，分区成功删除后，系统将自动返回到分区列表界面，该分区删除后的空间归为未划分空间；如果要放弃删除操作，请按【ESC】键返回上一界面。

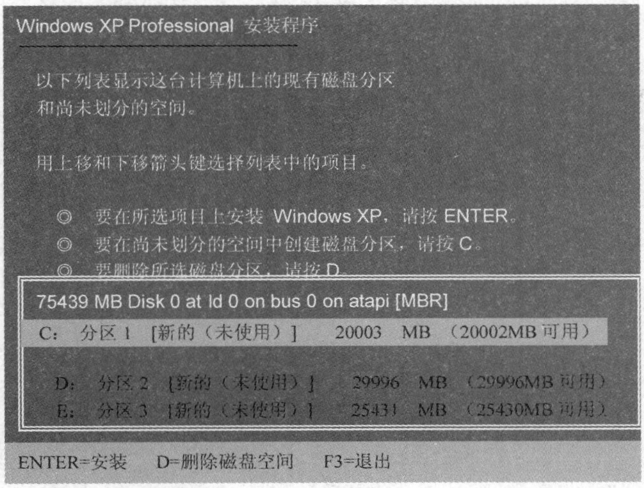

Windows XP Professional 安装程序

以下列表显示这台计算机上的现有磁盘分区
和尚未划分的空间。

用上移和下移箭头键选择列表中的项目。

 ◎ 要在所选项目上安装 Windows XP，请按 ENTER。
 ◎ 要在尚未划分的空间中创建磁盘分区，请按 C。
 ◎ 要删除所选磁盘分区，请按 D

75439 MB Disk 0 at Id 0 on bus 0 on atapi [MBR]

 C: 分区 1　[新的（未使用）] 20003 MB　（20002MB 可用）

 D: 分区 2　[新的（未使用）] 29996 MB　（29996MB 可用）
 E: 分区 3　[新的（未使用）] 25434 MB　（25430MB 可用）

ENTER=安装 D=删除磁盘空间 F3=退出

图 13-7

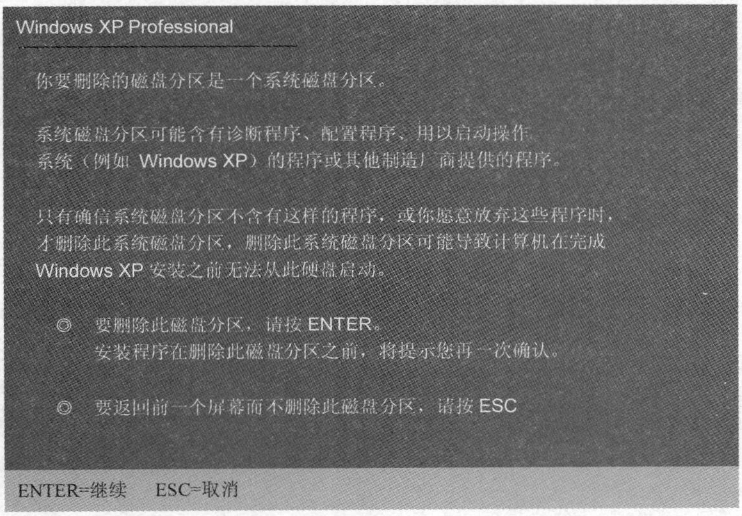

Windows XP Professional

你要删除的磁盘分区是一个系统磁盘分区。

系统磁盘分区可能含有诊断程序、配置程序、用以启动操作
系统（例如 Windows XP）的程序或其他制造厂商提供的程序。

只有确信系统磁盘分区不含有这样的程序，或你愿意放弃这些程序时，
才删除此系统磁盘分区，删除此系统磁盘分区可能导致计算机在完成
Windows XP 安装之前无法从此硬盘启动。

 ◎ 要删除此磁盘分区，请按 ENTER。
  安装程序在删除此磁盘分区之前，将提示您再一次确认。

 ◎ 要返回前一个屏幕而不删除此磁盘分区，请按 ESC

ENTER=继续 ESC=取消

图 13-8

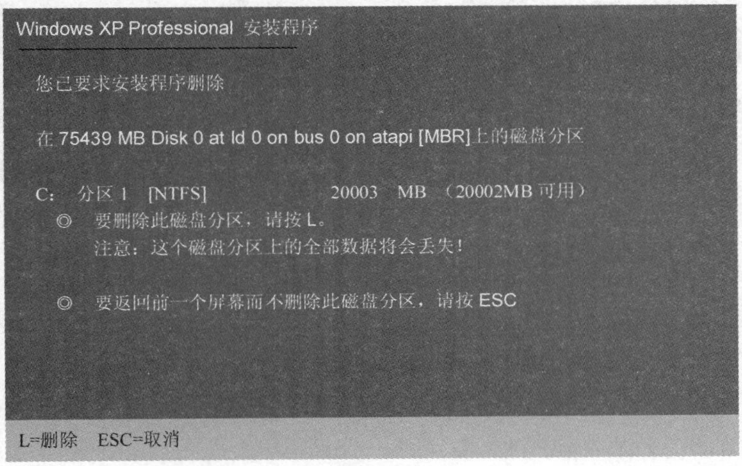

Windows XP Professional 安装程序

您已要求安装程序删除

在 75439 MB Disk 0 at Id 0 on bus 0 on atapi [MBR] 上的磁盘分区

 C: 分区 1　[NTFS] 20003 MB　（20002MB 可用）
 ◎ 要删除此磁盘分区，请按 L。
  注意：这个磁盘分区上的全部数据将会丢失！

 ◎ 要返回前一个屏幕而不删除此磁盘分区，请按 ESC

L=删除 ESC=取消

图 13-9

　　重复上述操作可将所有分区删除。所有分区删除后，又可重新划分新的磁盘分区了。如图 13-10 所示。

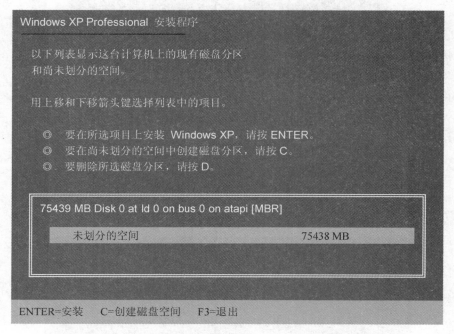

图 13-10

　　(6) 根据第 4 步重新创建分区，如图 13-7，并用上、下光标键选择要安装 Windows XP 操作系统的分区，按【Enter】键确认，系统将出现格式化该分区的选项，如图 13-11 所示。

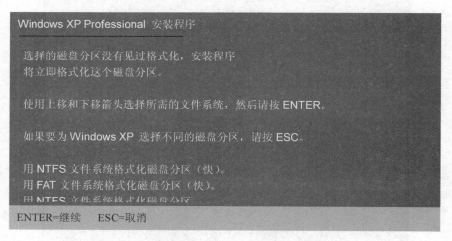

图 13-11

　　根据您的需要选择相应的选项格式化分区，将光标移动到符合您要求的选项上，按 Enter 键确认后系统将进入磁盘格式化界面，如图 13-12 所示。

　　(7) 分区格式化完成后，安装程序将从安装光盘复制文件到硬盘 Windows 安装文件夹上，如图 13-13，此过程大概持续几分钟。文件复制完成后，出现重新启动计算机的提示。

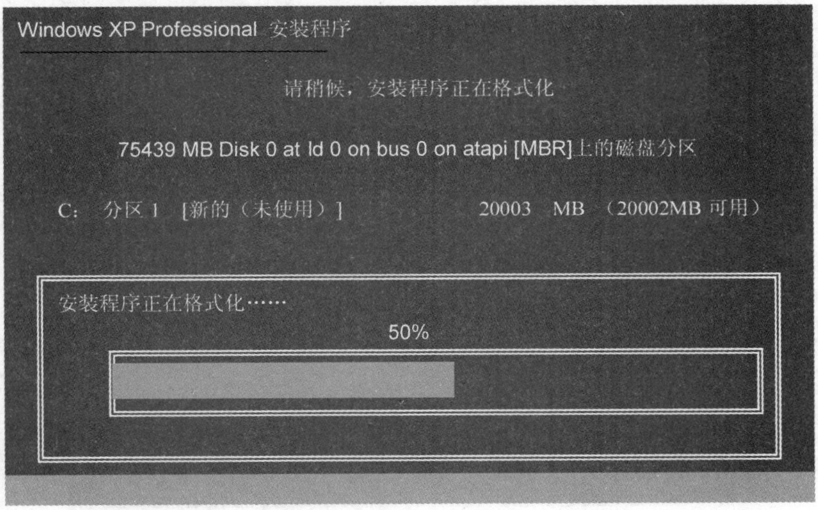

Windows XP Professional 安装程序
请稍候，安装程序正在格式化
75439 MB Disk 0 at Id 0 on bus 0 on atapi [MBR]上的磁盘分区
C: 分区 1 [新的（未使用）] 20003 MB （20002MB 可用）
安装程序正在格式化……
50%

图 13-12

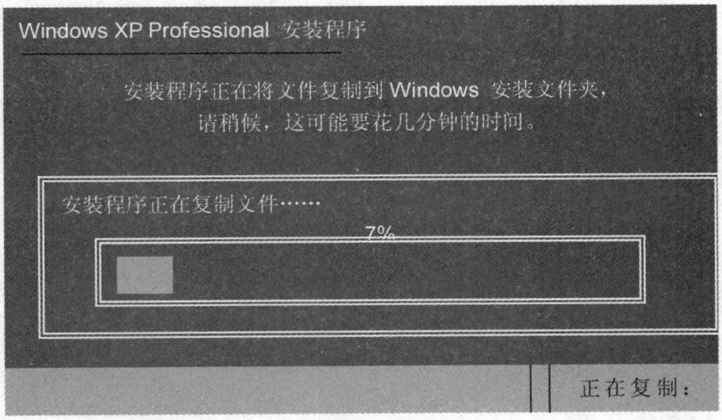

Windows XP Professional 安装程序
安装程序正在将文件复制到 Windows 安装文件夹，
请稍候，这可能要花几分钟的时间。
安装程序正在复制文件……
7%
正在复制：

图 13-13

(8) 文件复制完毕将重新启动计算机，随后出现 Windows XP Professional 安装界面，系统继续安装程序，如图 13-14 所示。

Microsoft®
Windows xp
Professional
请稍候...
Microsoft

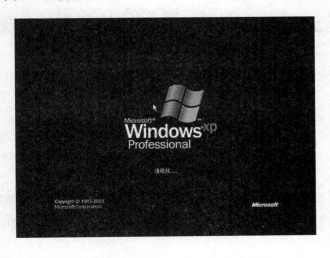

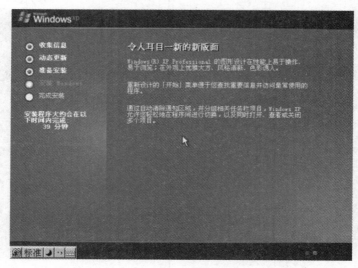

图 13-14

（9）安装程序将检测和安装设备，在这个过程中，将出现区域和语言选项窗口。第一次安装 XP 直接单击【下一步】，如图 13-15 所示。

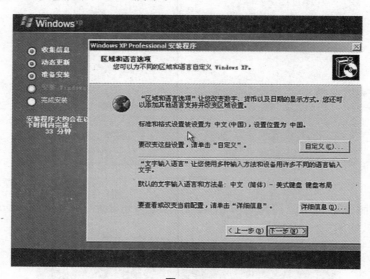

图 13-15

（10）单击【下一步】后，出现【自定义软件】对话框，如图 13-16，输入相应的姓名和单位，如果您是家庭用户，单位（D）栏可以空缺。

计算机名，可以由字母、数字或其他字符组成。

系统管理员密码，可以为空，若一旦设置了密码，请妥善保管好，在系统登录及系统修复时需要输入此密码。

（11）如下图 13-17 所示，输入安装序列号。

（12）单击【下一步】，安装程序自动为你创建又长又难看的计算机名称，自己可任意更改，输入两次系统管理员密码，请记住这个密码，Administrator 系统管理员在系统中具有最高权限。如图 3-18 所示。

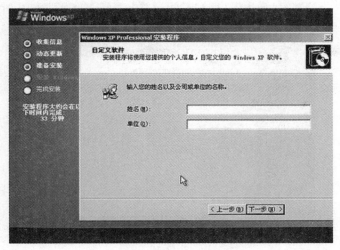

图 13-16

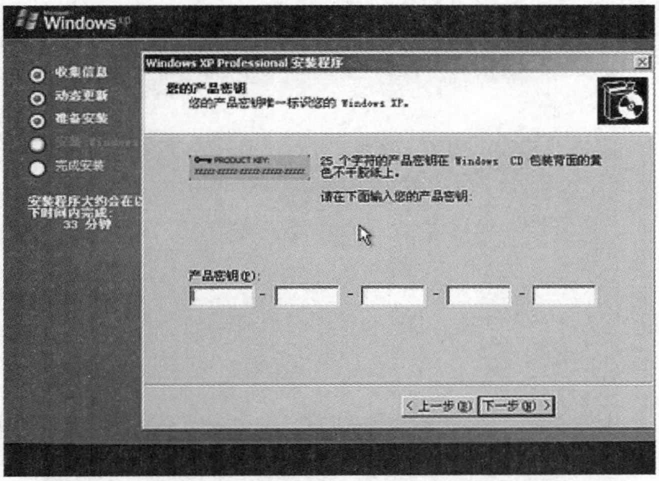

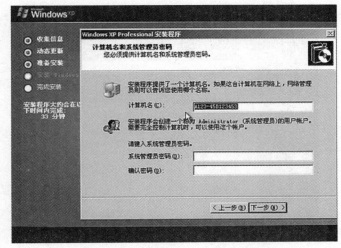

图 13-17

图 13-18

（13）单击【下一步】继续，弹出【日期和时间设置】对话框，如图 13-19 所示。

图 13-19

（14）请较正当前的日期/时间/时区，并单击【下一步】继续，安装程序将进行网络设置，安装 Windows XP Professional 组件，此过程将持续 10～30 分钟。如图 13-20 所示。

图 13-20

（15）安装网络的过程中，将出现【网络设置】对话框。如图 13-21 所示。

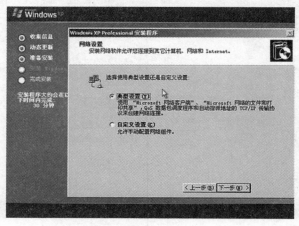

图 13-21

对于新手建议选择【典型设置】选项，点击【下一步】按钮，出现【工作组或计算机域】对话框，如图 13-22 所示。

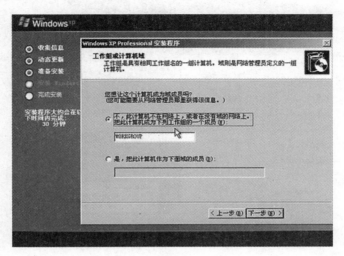

图 13-22

如果您的计算机不在网络上，或者计算机在没有域的网络上，或者您想稍后再进行相关的网络设置，则选择默认的第一项选项，如上图所示。如果您是网络管理员，并需要立即配置这台计算机成为域成员，则选择第二项。选择完成之后。

（16）点击【下一步】按钮，系统将完成网络设置，并继续完成安装。如图 13-23 所示。

图 13-23

安装程序在检测和安装设备期间屏幕可能会黑屏并抖动几秒钟，这是由于安装程序在检测显示器，请不必惊慌。至此，安装程序会自动完成全过程，不需用户参与。安装完成后自动重新启动，第一次启动需要较长时间，请耐心等候，接下来是欢迎使用画面，提示设置系统。

（17）点击【确定】按钮，将出现 Windows XP Professional 的桌面。操作系统就安装完成了（如图 13-24 所示）。

（18）后续工作。安装完 XP 之后的后续工作还有很多，主要包括：打补丁、安装驱动、设置网络、安装应用软件等。

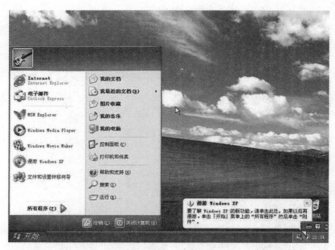

图 13-24

13.1.3 安装其他硬件驱动程序

显卡、声卡、网卡等硬件驱动程序的安装,这些硬件一般在购机时都附送相应的驱动程序,安装时只需通过【控制面板】中的【添加新硬件】向导,即可安装这些硬件的驱动程序,在此不再赘述。

13.2 Windows 7 的安装

以下系分步骤详解 Windows 7 的安装过程,每个步骤后均有显示屏幕界面的图,因为对应关系明确,故不再标注图号。

(1)用 Windows 7 的系统安装光盘引导电脑启动。

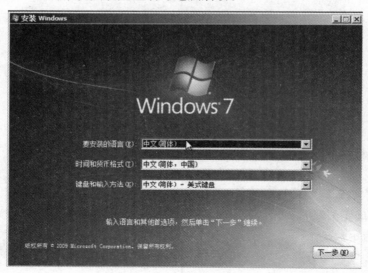

　　如果你是在一台没有安装过操作系统的电脑上面进行安装,那么系统会自动进入到
Windows 7 的安装程序;如果你的电脑上面已经安装过 Windows 系统,则需要在看到光盘启
动的提示时按任意键来进入到 Windows 7 安装程序。系统经过加载后,会显示出 Windows 7
安装程序的第一个选择界面,选择要系统安装的默认语言。

　　(2) 直接点击"下一步"按钮即可。

　　(3) 在这里直接点击"现在安装"按钮。

　　(4) 阅读许可条款后选中"我接受许可条款",然后点击"下一步"按钮。

（5）如果你的电脑上已经安装有其他版本的 Windows 系统，可以选择"升级"来将当前系统升级到 Windows 7，不过还是建议全新安装。点击"自定义"选项。

（6）选择 Windows 7 安装的硬盘分区，点击"驱动器选项"。

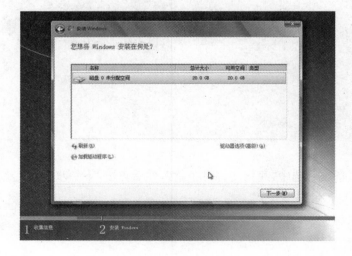

（7）在硬盘分区操作选项中，对硬盘重新进行分区和格式化操作。

（8）选中要安装 Windows 7 的分区，然后点击"下一步"按钮。安装程序就自动开始向硬盘复制并安装 Windows 7，不需任何干预。

在安装过程中，系统可能会有几次重启，不需要进行任何操作。

　　相对于 Windows 7 的体积而言,Windows 7 的安装速度非常快,通常一台主流配置的电脑在经过 20 分钟左右的时间就能够安装完成了。

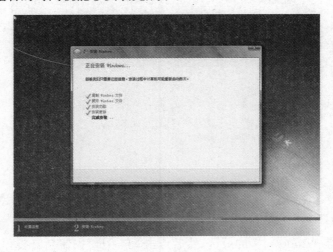

　　Windows 7 的启动界面不再是呆板的静态图像,闪光的 Windows 标志非常漂亮。

　　安装过程结束后第一次启动系统时会对电脑的性能自动进行检测,以对系统性能进行优化。

（9）第一次进入 Windows 7 系统，需要创建一个账号并设置计算机名称，完成后点击"下一步"继续。

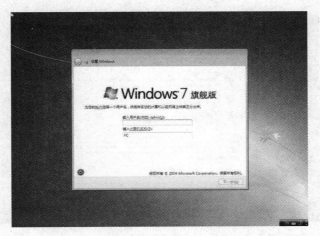

（10）创建账号后需要为账号设置一个密码。如果不需要密码，直接点击"下一步"即可。

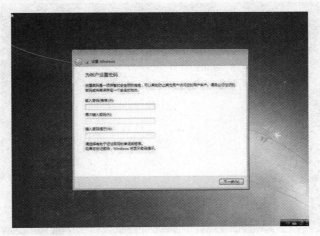

（11）输入 Windows 7 的产品序列号，如果你现在没有序列号，也可以暂时不填，等待进入系统后再输入并激活系统。

（12）设置的是 Windows Update，建议大家选择"使用推荐设置"来保正 Windows 系统的安全。

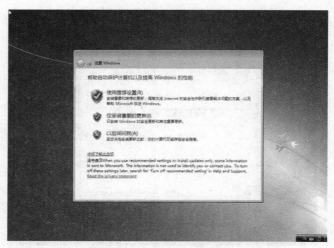

（13）校对过时间和日期后，点击"下一步"按钮继续。

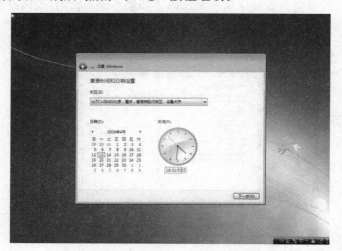

（14）设置的就是当前网络所处的位置，不同的位置会让 Windows 防火墙产生不同的配置。

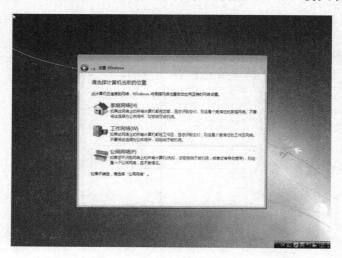

所有设置都完成后,系统将根据新的设置更新配置。

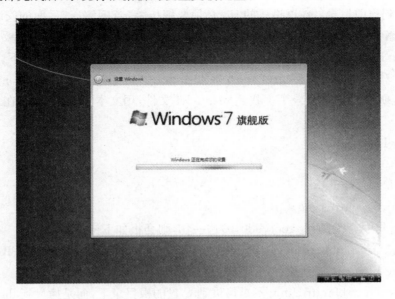

Windows 7 安装完毕后,重新启动的系统桌面。

13.3　多操作系统的安装与管理

随着计算机硬件水平的提高,越来越多的用户在计算机上安装双系统,下面介绍双系统的安装:在 Windows XP SP3 下硬盘安装 Linux Fedora 13(DVD 版)。

1. 安装软件前的准备

(1) 进入 Windows XP 系统,下载 grub4dos-0.4.4.zip。

(2) 下载 fedora 镜像文件:Fedora-14-i386-DVD.iso,只能将该 iso 文件下载到 FAT32 格

式的盘,而不是 NTFS 的盘。

(3) 解压到当前目录:DVD 格式的 iso 必须要解压缩,若不解压,后面的安装步骤找不到 image 文件。解压后有不少的文件和目录,其中 isolinux 和 image 目录比较重要。

(4) 将 isolinux 目录下的 vmlinuz 和 initrd. img 文件拷贝到 C 盘根目录下。

(5) 安装和配置 grub:将 grub4dos. 0. 4. 4. zip 中的 grldr、grldr. mbr、grub. exe 以及 menu. lst 解压所到 C 盘根目录下。找到 menu. lst 文件,用文本编辑器打开,在最后加入下面内容:

title install fedora 13

root(hd0,0)

kernel(hd0,0)/vmlinuz

initrd(hd0,0)/initrd. img

◆ 上述语句中,有时加上 root(hd0,0)这一句,则会报如下错误:

Error 11:Unrecongnized device string,or you omitted the required DEVICE part which should lead the filename 遇到这种情况,也可以去掉这一句。

◆ 如果 vmlinuz 和 initrd. img 不是拷贝到 C 盘的根目录下,而是拷贝到 dir 目录下,则上面的相应变成(hd0,0)/dir/vmlinuz

◆ title 这行就是在开机时所看到的菜单,显示就是 install fedora 13,这个可以根据自己的喜好去写。

kernel 后面接的是你将要用 GRUB 引导安装的内核位置。

initrd 后面接的是你所要安装内核在启动过程中会用到的。

关于 GRUP 的使用,可以参见 grub 使用教程。

(6) 修改 boot. ini 文件,一般 C 盘下有隐藏文件 boot. ini,如果找不到,则可以通过如下两种方式编辑 boot. ini 文件

◆ 右键点击我的电脑——>属性,在系统属性中选高级 Tab,点击"启动和故障恢复"中的设置,在"系统启动"中,在要手动编辑启动选项,请单击"编辑",选择编辑。

◆ 在 cmd 窗口中,cd 到 C 盘根目录下,然后输入 edit boot. ini。编辑 boot. ini 文件,在最后加入 C:\grldr="Start Grub",保存,退出。

(7) 在 Windows 中留出一块空间,用于安装 linux。可以用右键"我的电脑——>管理"启动计算机管理程序,利用磁盘管理先预留一块空间,最好 10 G 以上。

2. 重启系统,选择"Start Grub",进入 grub 启动

(1) 选择 Install Fedora 13,进入安装。当出现"Installation Method"时,选择"Hard drive"

(2) 当出现"select Partition",这里需要定位到你的 install. img 文件,由于是 DVD 的 ISO,因此假设已经解压到 E 盘的根目录下了,这时,首先选择一个逻辑盘,可以逐个尝试;directory holding image,默认的是/images/install. img,如果并不是解压到 E 盘的根目录,而是解压到了 dir 下,则应该将上述路径修改成/dir/images/install. img。不断尝试不同的/dev/sdxx,总能成功

(3) 接下来就是清爽的 GUI 图形安装界面了,按照你自己的需求来选择相应的应用程序

安装即可。

切记安装过程中要求输入系统的 root 密码，一定要牢记，若没有 root 密码的话，在 Fodera13(或者几乎所以的 Linux 系统)下，将只有/home 目录也就是用户目录下的文件才具有操作权限，其他的文件或者软件以及大部分的系统设置都会因需要 root 身份验证而无法使用。

(4) 具体安装见 Fedora 13 安装图解。

3. Fedora 安装完成后重启的一些问题及其解决方法

(1) 当重启系统后，会遇到进入不了你以前安装的 Windows XP 系统，直接进入并启动了 Fodera13。

这个情况是由于在安装 Fodera 后，Fodera 系统自动在 Fodera 的 Linux 系统分区下面安装了一个 Grub，而其中的 menu. lst 文件内容只有启动 Fodera13 的选项内容，缺少 DOS 启动选项，因而自然也就不可能进入 DOS，出现你之前十分熟悉的 Windows 启动界面了。

解决方法如下：

◆ 进入到 Fodera 13 下面，启动终端。

◆ 输入命令：su。

◆ 按照提示输入：root 密码。

◆ 继续输入命令：gedit /boot/grub/menu. lst。

◆ 编辑 menu. lst，加入以下内容，保存并退出：

title enter DOS and boot Windows XP sp3 for the first harddisk

root(hd0,0)

makeactive

chainloader+1

◆ 接下来，输入命令：reboot。

重启电脑，当进入到 Fodera 13 启动界面时，按任意键进入 Fodera 下的 Grub 界面，选择 enter DOS and boot Windows XP sp3 for the first harddisk。

这样就进入到 Window Xp 启动界面了。

(2) 在你第一次启动进入 Fodera13 系统后，会发现系统界面是全英文的，也没有中文输入法。

解决方法如下：

重启 Fodera，在登录界面(也就是要求你输入登录密码那里)，在其左下角选择系统启动的语言为：中文，登录即可。

13. 4　Linux Fedora 安装图解

以下系分步骤详解 Linux Fedora 安装图解，每个步骤后均有显示屏幕界面的图，因其对应关系明确，故不再标注图号。

(1) 开启虚拟机，新建虚拟机。

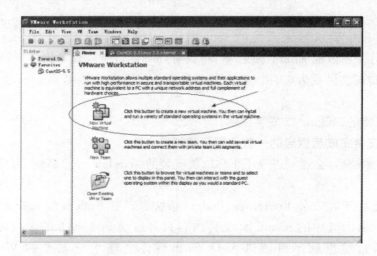

（2）启动新建虚拟机。

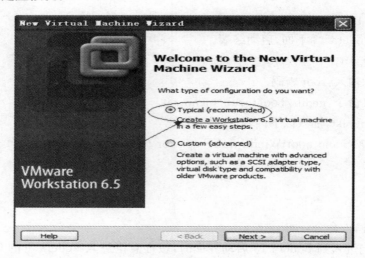

（3）选择载入了 Fedora13 安装镜像的的虚拟光驱。

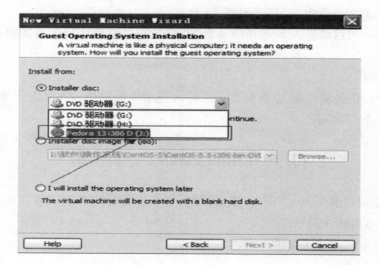

（4）选择 OS 版本。

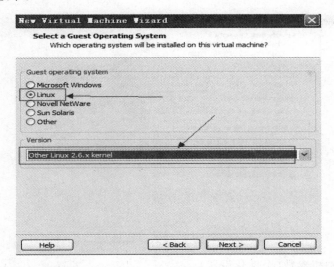

（5）选择 Fodera 13 安装位置（任一足够大的文件夹即可，不用单独为 Fedora13 准备一个磁盘分区）。

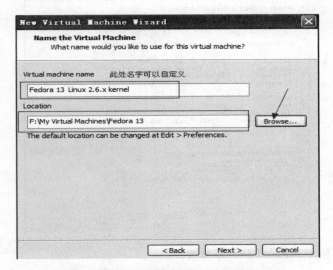

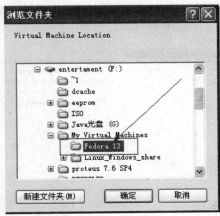

（6）设置你虚拟机的系统虚拟硬盘大小。

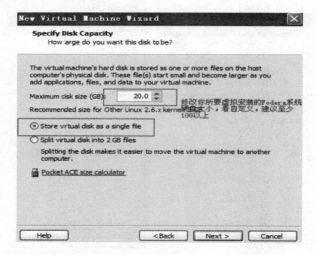

（7）自定义虚拟机参数（个性化设置）。

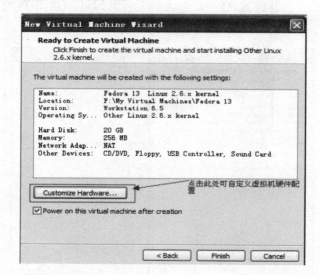

（8）设置内存、网络、显示、CPU 等参数。

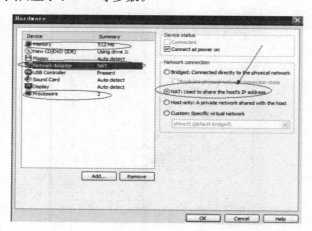

（9）进入 Fedora 13 安装欢迎界面，选择第一项。

（10）进行磁盘测试。

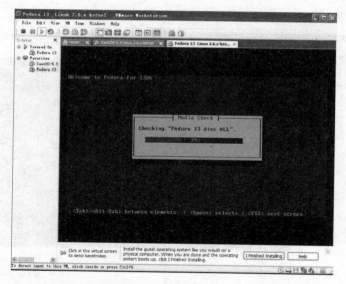

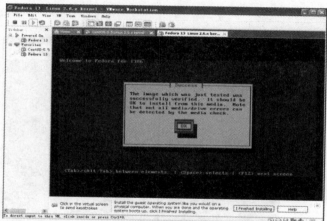

（11）测试完毕，选择 Continue 继续 Fedora 13 安装。

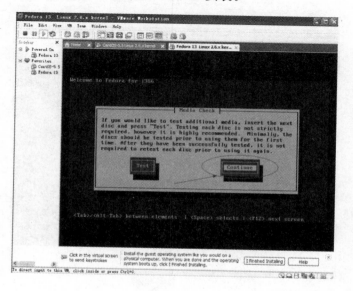

（12）进入图形化安装界面。

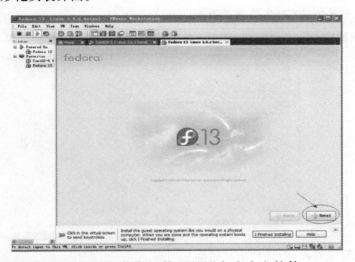

（13）图形化安装界面(1)选择安装期间使用的语言为中文简体。

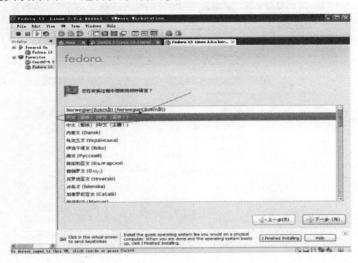

（14）图形化安装界面（2）选择系统键盘为美式键盘。

（15）图形化安装界面（3）选择磁盘类型。

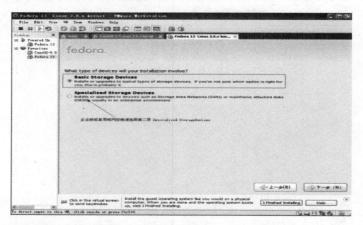

（16）图形化安装界面（4）选择重新初始化所有。

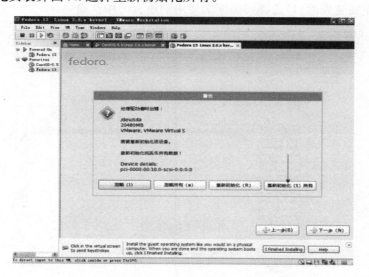

(17) 图形化安装界面(5)设置主机网络名(自定义,个性化设置)。

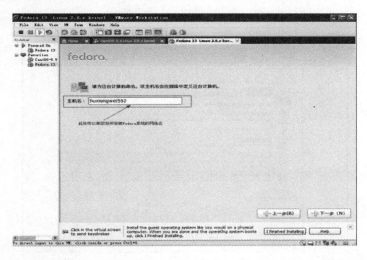

(18) 图形化安装界面(6)选择系统时间时区,和你 windows 的系统时间相同即可。

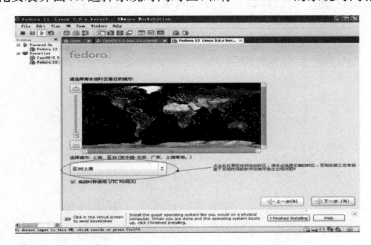

(19) 图形化安装界面(7)设置 root 密码(此密码需牢记)。

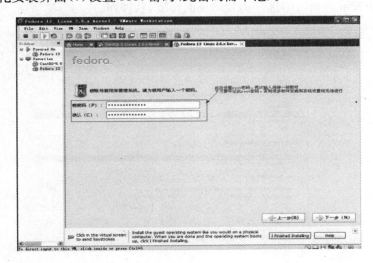

（20）图形化安装界面（8）选择安装类型（使用可用空间）。

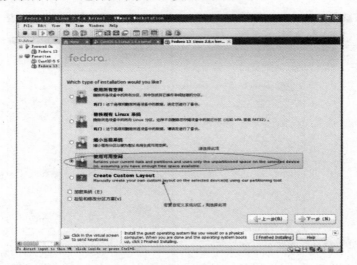

（21）图形化安装界面（9）选择将修改写入磁盘。

（22）图形化安装界面（10）选择适合的桌面环境、软件库。

（23）图形化安装界面(11)定制安装的软件（按需选择，建议全选）。

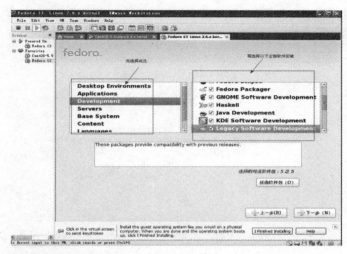

（24）图形化安装界面(12)启动安装及安装过程。

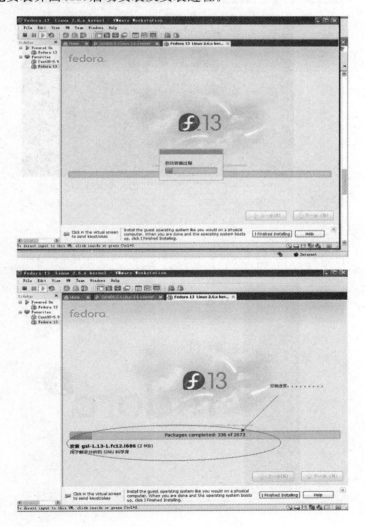

(25) 完成安装，选择重新引导。

(26) 进一步设置。

（27）许可证信息。

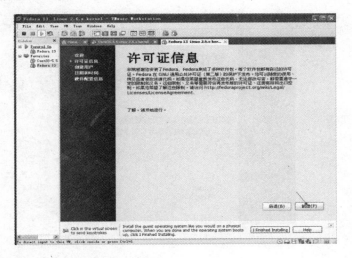

（28）创建登陆用户（用户名及密码）。

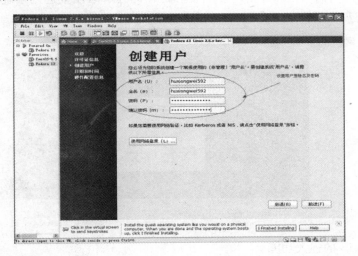

（29）设置系统日期和时间（此处时间不一定和 Windows 的系统时间相同，请手动调整）。

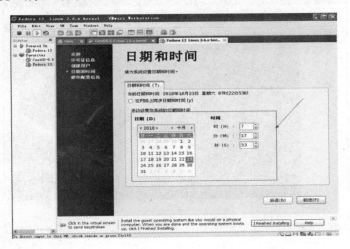

（30）硬件配置信息，选择不发送。

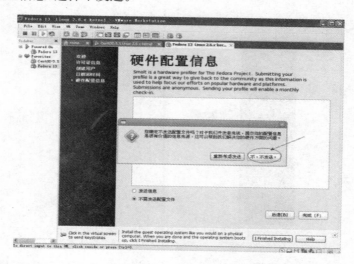

（31）选择用户名输入正确的密码登陆（注意，在此处可以设置进入系统后桌面所使用的系统默认语言、键盘类型及桌面类型）。

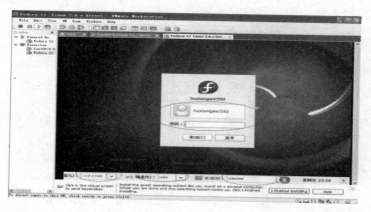

（32）Fedora 13 的强大功能。

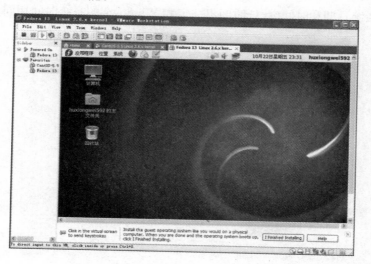

（33）Fedora 13 的强大功能之 gcc 工具查看（启动终端，输入命令：gcc - v,查看系统安装的 gcc 工具版本信息）。

（34）Fedora 13 的强大功能之网络浏览器。

只要在安装时虚拟机的网络设置为 NAT,且你的 Windows 系统已正常接入 Internet 了，则点击火狐浏览器快速启动图标即可启动和正常使用 Fedora 13 的网络。

（35）Fedora 13 的强大功能之设置系统屏幕分辨率。

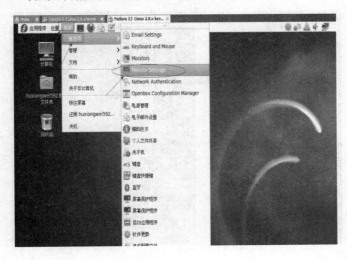

请根据你的硬件配置选择，以便正常全屏显示。

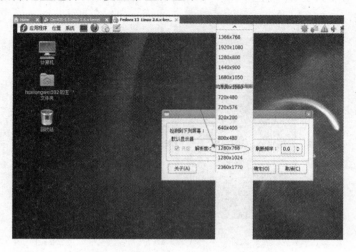

（36）Fedora 13 的强大功能之办公软件。

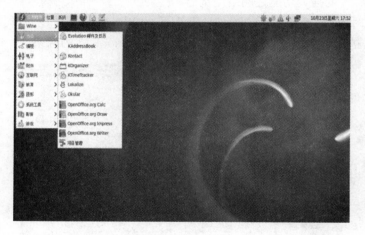

（37）Fedora 13 的强大功能之编程软件。

几乎囊括了所有常用的编程和系统开发软件，像常用的 QT4，Eclipse，MySQL 等。

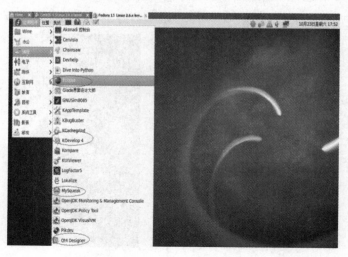

（38）Fedora 13 的强大功能之电子设计软件（所有开源，免费使用）。

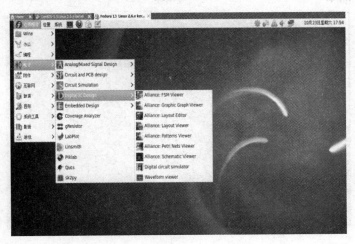

（39）Fedora 13 的强大功能之附件（包含许多实用小软件）。

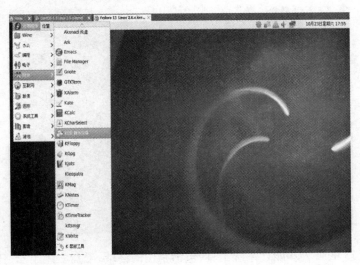

（40）Fedora 13 的强大功能之互联网（包含系统自带的浏览器，网络客服端，服务器等）。

（41）Fedora 13 的强大功能之教育软件。

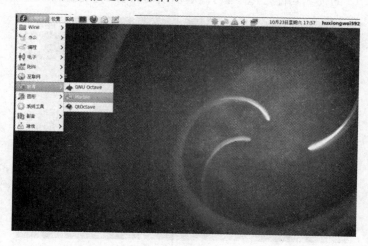

（42）Fedora 13 的强大功能之图形处理软件。

（43）Fedora 13 的强大功能之系统工具（包括常用的终端、磁盘实用工具、任务管理器等）。

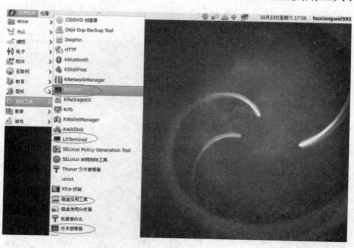

　　（44）Fedora 13 的强大功能之影音（包含大名鼎鼎的 RhythmBox 音乐播放器和电影播放机等,但是默认安装的不能播放有知识产权的 MP3,WMA,MPEG3,MPEG4 以及 AVI 等音视频文件,需要安装付费的插件）。

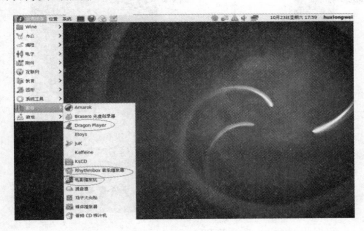

　　（45）Fedora 13 的强大功能之 Linux 开源游戏王国。

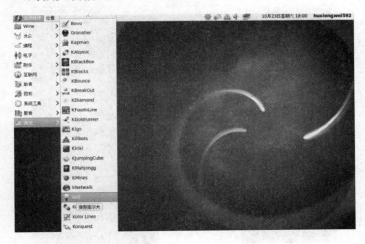

　　（46）Fedora 13 的强大功能之文件位置。

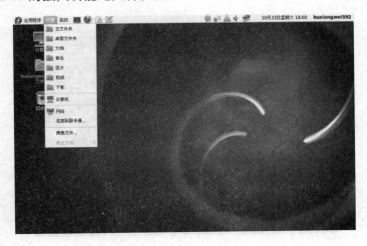

（47）Fedora 13 的强大功能之系统首选项。

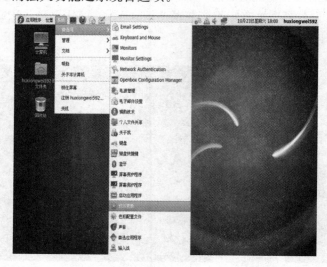

（48）Fedora 13 的强大功能之系统管理。

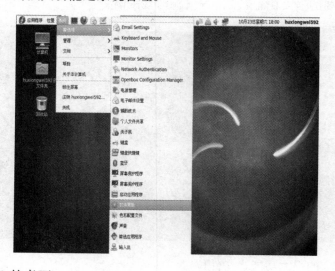

（49）Fedora 13 的桌面。

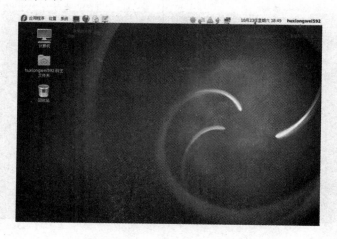

第 14 章　系统故障诊断和常见故障处理

对计算机系统进行故障诊断与检修是一项较为复杂而又细致的工作,除需要了解有关微机启动原理的基本知识外,还需要掌握一套正确的检修方法和步骤。

14.1　计算机的启动与 BIOS 的功能

在使用计算机的过程中经常会出现这样或那样的故障,要排除故障,必须了解计算机的启动过程。本节先介绍一些有关计算机的启动过程。

14.1.1　计算机的启动过程

计算机的启动与 BIOS 密切相关。

1. 加电自检

BIOS 的启动代码首先要做的事情就是执行 POST(Power On Self Test,加电自检)。POST 的主要任务是检测系统中一些关键设备是否存在和能否正常工作,例如内存和显卡等设备。由于 POST 是最早进行的检测过程,此时显卡还没有初始化,如果系统 BIOS 在进行 POST 的过程中发现了一些致命错误,例如没有找到内存或者内存有问题(此时只会检查 640 KB常规内存),那么系统 BIOS 就会直接控制喇叭发声来报告错误,声音的长短和次数代表了错误的类型。在正常情况下,POST 过程进行得非常快,几乎无法感觉到它的存在,POST 结束之后就会调用其他代码来进行更完整的硬件检测。

2. 初始化相关的设备的 BIOS

接下来主板 BIOS 将查找显卡的 BIOS,找到显卡 BIOS 之后就调用它的初始化代码,由显卡 BIOS 来初始化显卡,此时多数显卡都会在屏幕上显示出一些初始化信息,介绍生产厂商、图形芯片类型等内容,不过这个画面几乎是一闪而过。主板 BIOS 接着会查找其他设备的 BIOS 程序,找到之后同样要调用这些 BIOS 内部的初始化代码来初始化相关的设备。

3. 显示主板自身的 BIOS 信息

查找完所有其他设备的 BIOS 之后,系统 BIOS 将显示出它自己的启动画面,其中包括有系统 BIOS 的类型、序列号和版本号等内容。

4. 对系统主要硬件进行检测和配置

接着主板 BIOS 将检测和显示 CPU 的类型和工作频率,然后开始测试所有的 RAM,并同时在屏幕上显示内存测试的进度,计算机用户可以在 CMOS 设置中自行决定使用简单耗时少或者详细耗时多的测试方式(测试 1 次或 3 次)。内存测试通过之后,主板 BIOS 将开始检测系统中安装的一些标准硬件设备,包括硬盘、CD-ROM、串口、并口、软驱等设备,另外绝大多数较新版本的 BIOS 在这一过程中还要自动检测和设置内存的定时参数、硬盘参数和访问模式等。标准设备检测完毕后,系统 BIOS 内部支持即插即用的代码将开始检测和配置系统中安装的即插即用设备,每找到一个设备之后,系统 BIOS 都会在屏幕上显示出设备的名称和型号等信息,同时为该设备分配中断、DMA 通道和 I/O 端口等资源。

5. 显示标准硬件参数

到这一步为止,所有硬件都已经检测配置完毕了,主板 BIOS 会重新清屏,并在屏幕上方显示出一个表格,其中概略地列出了系统中安装的各种标准硬件设备,以及它们使用的资源和一些相关工作参数。

6. 自动更新系统硬件配置

接下来主板 BIOS 将更新 ESCD(Extended System Configuration Data,扩展系统配置数据)。ESCD 是主板 BIOS 用来与操作系统交换硬件配置信息的一种手段,这些数据被存放在 CMOS(一小块特殊的 RAM,由主板上的电池来供电)之中。

通常 ESCD 数据只在系统硬件配置发生改变后才会更新,所以不是每次启动机器时都能够看到【Update ESCD……Success】这样的信息。某些主板的系统 BIOS 在保存 ESCD 数据时使用了与 Windows 不相同的数据格式,于是 Windows 在它自己的启动过程中会把 ESCD 数据修改成自己的格式,但在下一次启动机器时,即使硬件配置没有发生改变,系统 BIOS 的也会把 ESCD 的数据格式改回来,如此循环,将会导致在每次启动机器时,系统 BIOS 都要更新一遍 ESCD,这就是为什么有些机器在每次启动时都会显示出相关信息的原因。

7. 按照启动顺序启动计算机

ESCD 更新完毕后,系统 BIOS 的启动代码将进行它的最后一项工作,即根据用户指定的启动顺序从软盘、硬盘或光驱启动计算机。以从 C 盘启动为例,系统 BIOS 将读取并执行硬盘上的主引导记录,主引导记录接着从分区表中找到第一个活动分区,然后读取并执行这个活动分区的分区引导记录,而分区引导记录将负责读取并执行 IO. SYS,这是 DOS 和 Windows 最基本的系统文件。Windows 的 IO. SYS 首先要初始化一些重要的系统数据,然后就显示出熟悉的蓝天白云,在这幅画面之后,Windows 将继续进行 DOS 部分和 GUI(图形用户界面)部分的引导和初始化工作。如果系统之中安装有引导多种操作系统的工具软件,通常主引导记录将被替换成该软件的引导代码,这些代码将允许用户选择一种操作系统,然后读取并执行该操作系统的基本引导代码(DOS 和 Windows 的基本引导代码就是分区引导记录)。

14.1.2 主板 BIOS 的功能

从主板 BIOS 启动顺序的操作中可以看到,BIOS 的主要功能有以下两个方面:

1. 自检及初始化

这部分负责启动计算机,具体有 3 个部分。第一个部分是用于计算机刚接通电源时对硬件部分的检测,也叫做加电自检(POST),功能是检查计算机是否良好,例如内存有无故障等。第二个部分是初始化,包括创建中断向量、设置寄存器、对一些外部设备进行初始化和检测等。其中很重要的一部分是 BIOS 设置,主要是针对硬件的设置参数,当计算机启动时会读取这些参数,并和实际硬件设置进行比较,如果不符合,会影响系统的启动。最后一个部分是引导程序,功能是引导 DOS 或其他操作系统。BIOS 先从软盘或硬盘的开始扇区读取引导记录,如果没有找到,则会在显示器上显示没有引导设备,如果找到引导记录会把计算机的控制权转给引导记录,由引导记录把操作系统装入计算机,在计算机启动成功后,BIOS 的任务就完成了。

2. 程序服务处理和硬件中断处理

程序服务处理和硬件中断处理虽然是独立的两个部分,但它们在使用上密切相关。程序服务处理主要是为应用程序和操作系统服务,这些服务主要与输入、输出设备有关,例如读磁盘、文件输出到打印机等。为了完成这些操作,BIOS 必须直接与计算机的 I/O 设备打交道,它通过端口发出命令,向各种外部设备传送数据以及从它们那儿接收数据,使程序能够脱离具体的硬件操作,而硬件中断处理则分别处理 PC 机硬件的需求。因此这两部分分别为软件和硬件服务,组合到一起,使计算机系统正常进行。

　　BIOS 的服务功能是通过调用中断服务程序来实现的,这些服务分为很多组,每组有一个专门的中断。例如视频服务,中断号为 10H;屏幕打印,中断号 05H;磁盘及串行口服务,中断号为 14H 等。每一组又根据具体功能细分为不同的服务号。应用程序需要使用哪些外设,进行什么操作只需要在程序中用相应的指令说明即可,无需直接控制。

14.2　维护的步骤和原则

14.2.1　计算机故障的基本检查步骤

　　计算机故障的基本检查步骤可归纳为由系统到设备,由设备到部件,由部件到器件,由器件到故障点。

　　由系统到设备是指一个微机系统出现故障,应先确定是系统中的哪一部分出了问题,例如主板、电源、磁盘驱动器、硬盘驱动器、光驱、显示器、键盘、打印机等。先确定了故障的大致范围后,再作进一步检测。

　　由设备到部件是指在确定是微机的哪一部分出了问题后,再对该部分的部件进行检查。例如:如果判断是一台微机的主板出了故障,则进一步检测是主板中哪一个部分的问题,如 CPU、内存、Cache、接口部件等。

　　由部件到器件是指判断某一部件出问题后,再对该部件中的各个具体元器件或集成芯片进行检查,以找出有故障的器件。例如:若已知是内存故障,还需要检查是哪一个内存条或哪一块 RAM 芯片损坏。由器件到故障点是指确定故障器件后,应进一步确认是器件的内部损坏还是外部故障,是否器件引脚、引线的接点或插点的接触不良,焊点、焊头的虚焊,以及导线、引线的断开或短接等问题。

14.2.2　计算机故障处理基本原则

1. 先静后动

(1) 维护人员要保持冷静,考虑好维护方案才动手。

(2) 不能在带电状态下进行静态检查,以保证安全,避免再损坏别的部件,处理好发现的问题后再通电进行动态检查。

(3) 电路先处于直流静态检查,处理好发现的问题,再接通脉冲信号进行动态检查。

2. 先外后内

先检查各设备的外表情况,如机械是否损坏,插头接触是否良好,各开关旋钮位置是否合适等,然后再检查部件内部。

3. 先辅后主

一般来说,主机可靠性高于外部设备,所以应先检修外部设备,然后再检修主机。

4. 先源后载

电源故障是比较多的,电源不正常,影响系统板和外部设备。因此,先要检修电源(如交流电压是否正常、电源保险丝是否烧断、直流电压 5 V、12 V 是否正常),然后再检修负载(系统板、各外部设备)。

5. 从简到繁

先解决简单的、难度小的故障(如接触不良,保险丝发热熔断等),再解决复杂的故障。

6. 先一般后特殊

从故障率统计,故障率较高的一般先解决,然后再解决故障率较低的,这样做,命中率高,易于解决问题。

7. 先共用后专用

某些芯片(如总线缓冲驱动器、时钟发生器等)是数据和信号传输必经之路或共同控制部分,是后面许多芯片的共用部分,如果工作不正常,其后许多芯片都会影响。因此,应先检修共用芯片,然后检修其后各局部专用的芯片。

14.2.3　计算机检修中的安全措施

在计算机检修过程中,无论是微机系统本身,还是所使用的维护设备,它们既有强电系统,又有弱电系统,注意维护中的安全将是十分重要的问题。

在维护工作中的安全问题主要有三方面的内容,即维护人员的人身安全,被维护计算机系统的安全,所使用的维护设备特别是贵重仪表的安全。

在进行维护的实际操作过程中,还有以下问题必须特别注意:

1. 注意机内高压系统

机内高压系统是指市电 220 V 的交流电压和显示器 1 万伏以上的阳极高压。这样高的电压无论是对人体、计算机或维护设备,都将是很危险的,必须引起高度重视。

在对计算机作一般性检查时,能断电操作的尽量断电操作,在必须通电检查的情况下,注意人体和器件安全,对于刚通电又断电的操作,要等待一段时间,或者预先采取放电措施,待有关贮能元件(如大电容等)完全放电后再进行操作。

2. 不要带电插拔各插卡和插头

带电插拔各控制插卡很容易造成芯片的损坏。因为在加电情况下,插拔控制卡会产生较强的瞬间反激电压,足以把芯片击毁。同样,带电插拔打印机接口、串行口、键盘接口等外部设备的连接电缆常常是造成相应接口损坏的直接原因。

3. 防止烧坏系统板及其他插卡

烧坏系统板是非常严重的故障,应尽量避免。因此,当插卡无法确定好坏,也不知控制卡或其他插件有无短路情况时,先不要马上加电,而是要用万用表测一下＋12 V 端和－12 V 端与周围的信号有无短路情况(可以在另一空槽上测量),再测一下系统板上电源＋5 V 端、－5 V 端与地是否短路。如果没有异常情况,一般不会严重烧坏系统板或控制卡。

14.3　系统故障形成原因

从微机产生故障的原因和现象,可将常见故障分为硬件故障、软故障、病毒故障、人为故障四大类。

14.3.1   硬件故障

计算机的硬件故障是由于计算机系统部件中的元器件损坏或性能不良而引起的,主要是指由于系统的器件物理失效,或其他参数超过极限值所产生的故障。如元器件失效后造成电路短路、断路;元器件参数漂移超过允许范围使主频时钟变化;由于电网波动,使逻辑关系产生混乱等。

1. 元器件损坏引起的故障

计算机中,各种集成电路芯片、电容等元器件很多,若其中有功能失效、内部损坏、漏电、频率特性变坏等,微机就不能正常工作。

2. 制造工艺引起的故障

焊接时,虚焊、焊锡太近、积尘受潮时漏电、印刷版金属孔阻值变大、印刷版铜膜有裂痕、日久断开,各种接插件的接触不良等工艺引起的故障。

3. 疲劳性故障

机械磨损是永久性的疲劳性损坏,如打印针磨损、色带磨损、磁盘、磁头磨损、键盘按键损坏等。

电气、电子元器件长期使用的疲劳性损坏,如显像管荧光屏长期使用发光逐渐减弱、灯丝老化;电解电容日久电解质干涸;集成电路寿命到期;外部设备机械组件的磨损等。

4. 电磁波干扰引起故障

交流电源附近电机起动又停止,电钻等电器的工作,都会引起较大的电磁波干扰。另外,布线电容、电感性元件也会引起电磁波干扰,从而使触发器误翻转,造成错误。

5. 机械故障

机械故障通常主要发生在外部设备中,而且这类故障也比较容易发现。

系统外部设备的常见机械故障有:

(1) 打印机断针或磨损、色带损坏、电机卡死、走纸机构失灵等。

(2) 软盘驱动器磁头磨损或定位偏移。

(3) 键盘按键接触不良、弹簧疲劳致卡键或失效等。

6. 存储介质故障

这类故障主要是由软盘或硬盘磁介质损坏而造成的系统引导信息或数据信息丢失等原因造成的故障。

14.3.2   软故障

由于操作人员对软件使用不当,或者是因为系统软件和应用软件损坏,致使系统性能下降甚至"死机",称这类故障为软故障。

对微机操作人员来说,系统因故障停机是经常遇到的事情。其原因,除极少数是由于硬件质量问题外,绝大多数是由于软故障造成的。除计算机病毒会造成系统故障外,多数情况还是由于系统配置不当,或系统软件和应用软件损坏造成"死机"。

常见的软故障及产生原因有以下几种:

1. DOS 版本不兼容

使用了不兼容的 DOS 版本,使系统文件发生混乱、损坏、应用软件不能使用,甚至不能引导 DOS 系统。

2. 系统配置错误

包括 CMOS 中参数的设置错误,以及系统配置文件 Config. sys 和 Autoexec. bat 出错或文件丢失。

系统设置错误是引起微机不能正常启动的原因之一。即使勉强能够启动机器,也会直接影响系统的正常运行和系统效率的发挥。

3. 硬盘设置不当或使用不当

硬盘由于其体积小、容量大、速度快、工作可靠性和对环境要求不高等优点,多数计算机均有配置,如果使用不当,机器不能正常工作,将会造成不应有的数据丢失。

硬盘常见的错误是硬盘参数配置不当(包括 CMOS 中的硬盘参数配置出错),主引导扇区、分区表、文件目录表信息损坏或丢失,以及硬盘上的 DOS 系统文件故障等。

还有一种情况是,当对 CMOS 中的设置后系统能够正常运行,但机器断电再开机不能启动系统,这往往是因专供储存设置信息的 CMOS 集成芯片工作的电池耗完电或电池供电电路故障所致。

14.3.3　病毒故障

病毒故障是由于计算机病毒而引起的微机系统工作异常。此种故障虽可用硬件手段、杀毒软件和防毒系统进行预防和杀毒,但由于病毒的隐蔽性和多样化,使得对其产生和发展趋势很难预测和估计。

据美国电脑安全协会(NCSA)统计,目前登记在案的病毒已超过 50000 种,要是算上各种病毒的变种就更多了,且新的病毒还在以每月 50 种以上的速度蔓延。这些病毒类型不同,对计算机资源的破坏也不完全一样。它们可通过不同的途径潜伏或寄生在存储媒体(磁盘、内存)或程序里,当某种条件或时机成熟时,它便会便自身复制并传播,使计算机的资源、程序或数据受到不同程度的损坏。

计算机病毒的防范必须做到杀与防相结合,管理手段与技术措施相结合,个人道德的加强与社会法律相结合,这才有效防止病毒的蔓延。

14.3.4　人为故障

人为故障主要是由于机器的运行环境恶劣或者用户操作不当产生的,主要原因是用户对机器性能、操作方法不熟悉。所涉及的问题包括以下几个方面:

(1)电源接错,例如,把 110 V 的电源转换挡转到 220 V 上,把±5 V 的电源部件接到±12 V 等。这种错误大多会造成破坏性故障,并伴有火花、冒烟、焦臭、发烫等现象。

(2)在通电的情况下,随意拔插外设板卡或集成块芯片造成人为的损坏,如硬盘运行的时候突然关闭电源或者搬运主机箱,致使硬盘磁头未推至安全区而造成损坏。

(3)直流电源插头或 I/O 通道接口接反或位置插错;各种电缆线,信号线接错或接反。一般说来,这类错误除电源插头接错或接反可能造成器件损坏之外,其他错误只要更正插接方式即可。

（4）用户对计算机系统操作使用不当引起错误也是很常见的,尤其是初学者。常见的有写保护错、读写数据错、设备(例如打印机)未准备好和磁盘文件未找到等错误。

14.4　系统故障的常规检测方法

由于现在计算机的维修大都是更换配件,或者是对电脑的软硬件进行重新设置以及重新安装软件,因此计算机维护的主要工作在于判断故障源。而对故障源的判断并不容易,应该掌握一些检测的方法。下面介绍这方面的内容。

14.4.1　程序论断法

只要微机还能够进行正常的启动,采用一些专门为检查诊断机器而编制的程序来帮助查找故障原因,这是考核机器性能的重要手段和最常用的方法。

检测诊断程序要尽量满足两个条件:

（1）能较严格地检查正在运行的机器的工作情况,考虑各种可能的变化,造成"最坏"环境。这样,不仅能检查系统内各部件(如 CPU、存储器、打印机、键盘、显示器、软盘、硬盘等)的状况,而且也能检查整个系统的可靠性,系统工作能力、剖析互相之间干扰情况等。

（2）一旦故障暴露,要尽量了解故障范围,范围越小越好,这样便于维护人员寻找故障原因,排除故障。

诊断程序测试法包括简易程序测试法、检测诊断程序测试法和高级诊断法。

简易程序测试法是指针对具体故障,通过用户自己编制的一些简单而有效的检查程序来帮助测试和检测机器故障的方法。这种方法依赖于检测者对故障现象的分析和对系统的熟悉程序。

检测诊断程序测试法是采用通用的测试软件(如 QAPlus、Sysinfo 等),或者系统专用检查诊断程序来帮助寻找故障,这种程序一般具有多个测试功能模块,可对处理器、存储器、显示器、软盘驱动器、硬盘、键盘和打印机等进行检测,通过显示错误代码、错误标志以及发出不同声响,为用户提供故障原因和故障部位。

除通用的测试软件之外,很多计算机都配置有开机自检程序,计算机厂家也提供一些随机的高级诊断程序。利用厂家提供的诊断程序进行故障诊断可方便地检测到故障位置。

14.4.2　插拔法

插拔法是通过将插件板或芯片"拔出"或"插入"来寻找故障原因的方法。采用该方法能迅速找到发生的部位,从而查到故障的原因。此法虽然简单,但却是一种非常实用而有效的常用方法。例如,若微机在某时刻出现"死机"现象,很难确定故障原因,从理论上分析故障原因是很困难的,有时甚至是不可能的。采用"插拔法"有可能迅速查找到故障的原因及部位。

插拔法的基本作法是对有故障的系统一块一块地依次拔出插件板,每拔一次,则开机测试一次机器状态。一旦拔出某块插件板后,机器工作正常了,那么故障原因就在这块插件板上,很可能是该插件板上的芯片或有关部件有故障。

插拔法不仅适用于插件板,而且也适用于在印制板上装有插座的中、大规模集成电路的芯片。只要不是直接焊在印制板上的芯片和器件都可以采用这种方法。

插拔法步骤如下:

(1) 首先切断电源,先将主机与所有的外设连线拔出,再合上电源。若故障现象消失,则查外设及连接外是否有碰线、短路、插针间相碰等短路现象。若故障现象仍然存在,问题在主机或电源本身,关机后继续进行下一步检查;

(2) 将主板上的所有插件板拔出,再合上电源。若故障现象消失,则故障出现在拔出的某个插件板上,此时可转 3 步检查。若故障现象仍然存在,则应检查主板与机箱之间、电源与机箱之间有无短路现象,若没有发现问题,则可断定是电源直流输出电路本身的故障;

(3) 对从主板上拔下来的每一块插件进行常规自测,仔细检查是否有相碰或短路现象。若无异常发现,则依次插入主板,每插入一块都开机观察故障现象是否重新出现,即可很快找到有故障的插件板。

无论是对微机的哪一部件,每次拔、插系统主板及外部设备上的插卡或器件时,都一定要关掉电源后再进行。

14.4.3　直接观察法

直接观察法就是通过眼看、耳听、手摸、鼻闻等方式检查机器比较典型或比较明显的故障。如观察机器是否有火花、异常声音、插头及插座松动、电源损坏、断线或碰线、插件板上元件发烫、烧焦或封蜡熔化、元件操作或管脚断裂、机械损伤、松动或卡死、接触不良、虚焊等现象。必要时可用小刀柄轻轻敲击怀疑有接触不良或虚焊的元器件,然后再仔细观察故障的变化情况。

计算机上一般器件发热正常温度在器件外壳上不超过 40～50 ℃,手指模上去有点温度,但不烫手。如果手指触摸器件表面烫手,则该器件可能因为内部短路,电流过大而发热,应该将该器件换下来。

对电路板要用放大镜仔细观察有无断线、焊锡片、杂物和虚焊点等。观察器件表面的字迹和颜色,如发生焦色、龟裂或字迹颜色变黄等现象,应更换该器件。

耳听一般要听有无异常的声音,特别是风扇、软盘驱动器和硬盘驱动器等部件。如有撞击或其他异常声音,应立即停机处理。

14.4.4　交换法

交换法是用备份的好插件板、好器件替换有故障疑点的插件板或器件,或者把相同的插件或器件互相交换,观察故障变化的情况,依此来帮助用户判断寻找故障原因的一种方法。

计算机内部有不少功能相同的部分,它们是由完全相同的一些插件或器件组成。例如,内存条及芯片由相同的插件或 RAM 芯片组成,在外设接口板中串行接口(或并行接口)也是相同的,其他逻辑组件相同的就更多了,如故障发生在这些部分,用替换法能较迅速地查找到。

若替换后故障消失,说明换下来的部件有问题;若故障没有消失,或故障现象有变化,说明换下的插件值得怀疑,须进一步检查。

替换可以是芯片级的,RAM 芯片或 CPU 等;替换也可以是部件级的,如两台显示器交换,两个键盘、两个软盘驱动器交换等。

这种方法方便可靠,尤其对检测外设板卡和在印制板上带有插座的集成块芯片等部位出现的故障是十分有效的。

14.4.5　比较法

比较法适用于对怀疑故障部位或部件不能用交换法进行确定的场合,如某部件、器件很难拆卸和安装,或拆卸和安装后将会造成该器件或部件损坏,这时只能使用比较法。一般情况下,两台机器要处于同一工作状态或外界条件,当怀疑某部件或器件有故障时,分别测试两台机器中相同部件或器件的相同测试点,将正常机器的特征与故障机器的特性进行比较,来帮助判别和排除故障,以便能较快地发现故障所在。

14.4.6　静态检测法

静态检测法有三个方面:当微机暂停在某一状态下,系统不能正常去行,但某些静态参数仍可测出时,从测出数据判断是否有故障;把有问题的晶体管或芯片焊下来,用仪表测量其静态参数是否正常;测量组件的静态电阻、电路板各点对地电阻以及测量电源输出电压和电流,对比是否正常。

14.4.7　动态分析法

设置一些条件或编制一些简单的程序,使微机运行。用示波器(或逻辑分析仪)观察有关器件的输入、输出波形。若输入正常,而输出不正常,则故障就在此器件上。

此法适用于检查器件动态参数不正常而引起的故障,此时静态法检查不出来。

14.4.8　加快显故法

有些故障不是经常出现的,要很长时间才能确诊。因此,采取加快故障显现的措施,以便诊断,一般有三种方法:

1. 升温法

用电吹风或电烙铁,使个别器件温度升高,加速故障显现,此法对于器件性能变差引起故障很适用。这些器件,开机时工作正常,时间长了,温度升高,参数改变,就会出故障。逐个升温,观察是哪个器件故障。但是要注意掌握温度,一般不要超过 70 ℃。若温度太高,会损坏器件。

2. 敲击法

此法适用于接触不良,虚焊引起的故障。具体方法是用小锤子逐个轻敲插件板和器件,在正常工作时,敲到哪一个出故障,就是这个引起的。若不正常时,敲到哪一个变正常了,就是这个引起的。

例如微机工作时,有时会出现某位数据出错,有诊断程序检查不出原因,推测可能是接触不良引起。用敲击法检查,当敲到内存扩展板时,突然停机,说明故障源就在此板上。再详细检查,发现插头有引脚弯曲或接触不良,处理好后,工作即会正常。

3. 电源拉偏法

此法适用于器件性能变差和各种干扰引起的故障。故意将电源电压升高或降低20%,使工作条件恶劣,加快故障显现,以便查找。

例如在+5 V时,系统工作正常,长时间运行,有机会出错。采用电源拉偏法,将电压降至+4 V运行,若故障频繁出现,就容易找到原因。

14.4.9　原理分析法

按照计算机的基本原理,根据机器所安排的时序关系,从逻辑上分析各点应有的特征,进而找出故障原因,这种方法称原理分析法。

例如,计算机出现不能引导的故障,用户可根据系统启动流程,仔细观察系统启动时的屏幕信息,一步一步地分析启动失败的原因,便能很快查出故障环节和引起故障的大致范围。

如果怀疑在某个板卡上出现硬件故障,则可根据在某一时刻的具体现象,分析和判断故障原因的可能性,要缩小范围进行观察、分析和判断,直至找出故障原因。这是排除故障的基本方法。

14.4.10　信息提示检测法

电脑启动时 ROM BIOS 会自动检测电脑的配置情况,所查内容与电脑的配置设置(CMOS)不符时,即显示出错信息或通过机箱内的小喇叭报警。用户根据电脑的提示信息判断出故障配件。由此可见,最初安装小喇叭是非常重要的。希望用户在组装电脑时不要装了大音响而忘了小喇叭。

1. BIOS 自检时屏幕提示的出错信息

Diskette Boot Failure	(磁盘引导失败)
Invalid Boot Diskette	(无效的引导磁盘)
C:Drive Failure	(检测 C 驱动器失败)
FDD Contrl0ller Failure	(检测软盘控制器失败)
HDD Controller Failure	(检测硬盘控制器失败)
CMOS System options Not Set	(CMOS 系统项没设置)
CMOS Memory Size Mismatch	(内存大小不匹配)
CMOS Battery State LOW	(CMOS 供电不足)
Keyboard Error	(键盘出错)
On Board Parity Error	(内存奇偶校验错)

2. 各种 BIOS 自检时喇叭报警信息

各种 BIOS 自检时喇叭报警信息见表 14-1。

表 14-1　BIOS 喇叭报警信息

BIOS 类型	喇叭鸣叫方式.次数	含　义	解决方法
AWARD	无声	主板.电源	检查电源
	1 短	系统正常启动	
	2 短	非致命性错误	进入 BIOS 重新设置
	1 长 1 短	RAM 或主板出错	先换内存,若不行换主板
	1 长 2 短	显示器或显示卡出错	检查显示卡是否插好
	1 长 3 短	键盘控制器出错	检查主板
	连续 1 短	内存出错	重插内存,若不行换内存
AMI	无声	主板、电源	
	1 短	内存刷新失败	更换内存条
	2 短	内存校验错误	将 BIOS 中 ECC 设为 Disabled
	3 短	基本内存出错	更换内存条
	4 短	系统时钟出错	
	5 短	CPU 出错	检查 CPU
	6 短	键盘控制器出错	
	7 短	CPU 异常中断	
	8 短	显示卡存储器出错	更换显卡
	1 长 3 短	内存出错	更换内存条
其他 BIOS	无声	主板、电源	检查电源
	1 短	系统正常启动	
	2 短	自检失败	更换主板
	3 短	电源出错	检查电源
	1 长	电源出错	检查电源
	1 长且无显示	显示卡出错	检查显卡上否插好
	1 长 1 短	主板出错	检查主板
	1 长 2 短	显示卡出错	检查显卡是否插好
	3 长 1 短	键盘出错	重新插键盘
	连续 1 短	内存出错、显卡出错	检查内存和显卡

14.4.11　加电自检法

计算机系统从加电开机到显示器显示 DOS 提示符和光标,这过程中首先要通过固化在 ROM 中的 ROM BIOS 对硬件系统进行自诊断,当诊断正确再进行系统配置和输入输出设备的初始化,然后引导操作系统,将 MS DOS 系统的三个文件(两个隐含文件 IO. SYS 和

MS DOS. SYS,及命令处理程序 COMMAND. SYS)装入系统内存,从而完启动过程,最后给出 DOS 提示符和光标,等待用户输入键盘命令。自检程序正确显示系统信息,若自检通过但显示内容不对,则应检查有关连接电缆是否完好。

在测试时,一般将硬件分为中心系统硬件和非中心系统硬件,相应的功能也按此进行划分。对于所测到的中心系统硬件故障属严重的系统故障,此时系统无法进行错误标志的显示;其他所测到的硬件故障属非严重故障,这时系统能在显示器上显示出错代码的信息。为了方便故障诊断,有的 BIOS 程序还能根据相应故障部位给喇叭声音信号,有的以声音次数或声音长短来表示不同的故障。

以上多种基本方法,应结合实际灵活使用。往往不是只应用一种方法,而是综合相关的多种方法,才能确定并修复故障。

14.5 计算机系统常见故障及分析

系统主机是微机的主要核心部件,它负责数据的传输处理和运算,并实现对外部设备的管理,而主板或其上的主要部件如 CPU、内存、多功能卡出现故障,轻则使微机系统的部分功能失效,重则使系统瘫痪。下面介计算机绍最常见故障,并分析发生的原因。

1. 死机、蓝屏故障

死机也叫挂机,根据死机的程度可以分为轻度死机和重度死机。轻度死机可以通过按下 CTRL＋ALT＋DEL 三个键来恢复系统或重新启动计算机(热启动),而重度死机只能用主机面板上的 RESET 键来重新启动计算机(冷启动)。造成死机的原因非常多,可以根据死机的原因分为硬件和软件死机。

(1) 硬件死机。硬件死机主要有如下原因:

① 主板原因:主板上造成死机的故障原因很多,一般可以从以下思路来进行故障的判断,即电源问题,信号问题和配置问题。电源的供电不正常可能是某些插卡的用电量超过主板所能提供的最大负荷量,也有可能是电源输出电压不正常,或者主板上有轻度的漏电或短路。信号问题一般是由主板上的插槽与内存或板卡之间,以及接口与设备之间的接触不良所造成,也有可能是主板损坏所致。主板上某些器件(如 CPU)过热也会导致死机。

② 内存条原因:内存条本身的质量问题,内存条之间匹配不良,内存条与主板的工作速度不匹配,接触不良,散热不良等都有可能造成死机,严重时还会造成黑屏。内存条造成死机在计算机死机中占有较大的比例。

③ 显示卡原因:显示卡一旦损坏,就会造成信号传输系统的阻塞而导致死机。

④ 键盘原因:键盘的某些故障会导致输入系统受损而产生死机。

⑤ 驱、软驱在读盘时被非正常打开:出现这种现象,只要再插入光盘(或软盘)就可以了,也可按 ESC 键来解决。

⑥ 硬件剩余空间太小或碎片太多:由于 Windows 运行时需要用硬盘作虚拟内存,这就要求硬盘必须保留一定的自由空间以保证程序的正常运行。一般而言,最低应保证 100 MB 以上的空间,否则出现"蓝屏"很可能与硬盘剩余空间太小有关。另外,硬盘的碎片太多,也容易导致"蓝屏"的出现。因此,每隔一段时间进行一次碎片整理是必要的。

⑦ 系统硬件冲突:这种现象导致"蓝屏"也比较常见。实际使用中经常遇到的是声卡或显示卡的设置冲突。在"控制面板"→"系统"→"设备管理"中检查是否存在带有黄色问号或感叹

号的设备,如存在可试着先将其删除,并重新启动电脑,由 Windows 自动调整,一般可以解决问题。若还不行,可手工进行调整或升级相应的驱动程序。

(2) 软件死机。软件死机主要是由病毒破坏,应用程序中的 Bug 或操作不正确等原因造成的。

一旦计算机出现死机,可以先看看死机是在什么时候出现的,如果是在刚刚启动还没有自检就死机,或完全没有规律的随意性死机,则可能是由于硬件原因导致的;而如果每次死机都是在系统自检完成后,正在进行系统自举时发生,或在操作系统中进行某种操作时发生,则多是由于操作系统本身的问题或操作系统与某硬件或某软件冲突导致;如果死机的发生是在每次启动可执行文件时,或符合某种病毒的发作特征,则有可能是病毒所为(如进行 Word 操作时死机,就可以怀疑是 Word 宏病毒所致)。

对于软件死机,重要的是做好遭到死机后的处理和恢复准备,如将重要文件和数据备份,对计算机进行杀毒等,对于硬件死机,可以采用前面介绍的替换法或逐步添加法来进行故障部位的判断。

2. 黑屏故障

黑屏故障发生时,在显示器的屏幕上没有任何字符或图形,主机、显示器和电源出故障都有可能出现这种情况。所以,检查时可以根据现象来逐步缩小怀疑对象,最后找到故障部位。

首先应观察指示灯。黑屏时,观察主机、显示器的电源指示灯是否亮,如果都不亮,则可能是电源线或是电源出了故障;若只是主机的指示灯亮而显示器的灯不亮,说明是显示器的电源线没接好或是显示器出了问题;若显示器的指示灯亮而主机的指示灯不亮,则可能是主机的电源故障或是主板有故障。

如果主机和显示器的灯都亮,说明电源没有问题。这种情况下出现黑屏,故障多是显示信号不畅通所致,可检查显示器的信号电缆线插头是否插好,插头中是否有断针,显卡是否插好,以及内存条的插接是否有松动等。由于可以确定主板可以正常工作,所以在遇到这类黑屏故障时,还可以用开机时 BIOS 自检发声来判断故障部位。

主机与显示器的指示灯都亮,但是开机就黑屏的故障原因还有一个,就是 BIOS 遭到病毒(CIH)破坏,或是 BIOS 升级失败,这需要按相应的方法进行修复。

黑屏还有可能是无意中将显示器的亮度或对比度关到最小所致,也有可能上由病毒所致,需要在维护时考虑宽一些。

3. 不能正常启动故障

不能正常启动故障可以分为两类:一是 BIOS 开机自检不能通过开机,二是自检能通过,但不能系统自检。

前一种情况只要是硬件的原因所致,这可以通过自检的发声和提示信息来判断故障部位。后一种情况有硬件和软件的原因。硬件原因一般是 CMOS 对硬盘的参数设置有不妥之处,接口有接触不良的情况,硬盘的"0"磁道遭到物理损坏,还有一种可能是内存匹配不好或内存损坏。造成不能正常启动的软件原因比较复杂,一般的可能有病毒破坏,使 Windows 注册表遭破坏,硬盘分区表丢失,主引导记录或基本分区的引导记录被破坏,FAT 系统被破坏,操作系统出现错误等都会出现不能启动。这需要根据实际情况进行处理。如无法有效恢复,可先将硬盘上的重要信息或数据备份,再重新对硬盘进行分区、格式化和重装系统,工作量比较大。

4. 速度变慢故障

这也是计算机常常遇到的故障之一。总的来说有设置不当、匹配不好、内存问题、电磁干扰、驱动程序未装或驱动程序被破坏等几种原因。

设置不当主要是 CMOS 的参数设置与硬件性能匹配不好,没有充分发挥硬件的性能,或在操作系统中没有设置好相应的硬件参数。有时主板不支持一些最新的硬件,这时可以考虑对 BIOS 进行升级。

匹配不好是造成计算机中速度不快的常见原因之一。如将高速度硬盘接到 Secondary IDE 口上或与光驱等低速设备公用一个接口。合理地组装计算机和配置计算机可以有效地提高计算机的运行速度。这需要对硬件进行深入的理解后才行。

机器内的电磁干扰是影响速度提高的重要因素。合理的机内布局,使用短的数据电缆,使用屏蔽线等措施都可以减小电磁干扰,提高速度。例如 UDMA66 硬盘线,就是在每两根数据线中间隔一根地线进行屏蔽。外置调制解调器比内置调制解调器的速度高的原因是在机外电磁干扰比在机内小一些。

现在主板上的很多硬件技术都需要驱动程序的支持才能发挥应有的性能,如 UDMA33、UDMA66、PCI 总线控制、AGP 控制等,如果不在操作系统中安装这些驱动程序,相应的高性能就不能正常发挥,从而导致速度降低。同样,这些驱动程序如果受到破坏(如安装新硬件、病毒、误操作等),也会使计算机的速度受到影响。

5. CMOS RAM 中的信息丢失故障

每次开机时,都不能从硬盘启动,但能从软盘启动(有的甚至软盘也不能启动),软盘启动后不能进入硬盘,或能进入硬盘但不能显示和读出有关的数据、文件等。

该故障产生的主要原因是由于 CMOS RAM 的电池电压降低或失效,使 CMOS 中保存的系统信息丢失,导致不能进入硬盘和不能正常启动。如果开机时按相应的功能键进入 CMOS 设置程序,重新设置软、硬盘等参数值、并正确设置启动顺序后,保存并退出 CMOS 设置程序,如发现能正常启动计算机系统,则可进一步确定电池失效,更换电池即可。

14.6　计算机维修典型案例分析

下面介绍计算机最常见故障的维修案例,并分析发生的原因。

【案例 1】电脑开机没反应,主板不启动,开机无显示,无报警声

故障分析:原因主要有以下几种。

1. CPU 方面的问题

(1) CPU 插座有缺针或松动。这类故障表现为点不亮或不定期死机。需要打开 CPU 插座表面的上盖,仔细用眼睛观察是否有变形的插针。

(2) CPU 插座的风扇固定卡子断裂。可考虑使用其他固定方法,一般不要更换 CPU 插座,因为手工焊接容易留下故障隐患。有的 CPU 其散热器的固定是通过 CPU 插座,如果固定的弹簧片太紧,拆卸时就一定要小心谨慎,否则就会造成塑料卡子断裂,没有办法固定 CPU 风扇,CPU 风扇工作不正常会造成 CPU 温度过高而死机。

2. 内存方面的问题

主板无法识别内存、内存损坏或者内存不匹配:某些老的主板的内存兼容性差,无法识别的内存,主板就无法启动,甚至某些主板还没有故障提示(鸣叫)。另外,如果插上不同品牌、类型的内存,有时也会导致此类故障。

3. 主板扩展槽或扩展卡有问题

因为主板扩展槽或扩展卡有问题,导致插上显卡、声卡等扩展卡后,主板没有响应,因此造成开机无显示。一般将这些卡拆下再小心插上即可解决此类故障。

4. CMOS 里设置有问题

先将外接电源线拔掉,再将 CMOS 放电即可解决。清除 CMOS 的跳线一般在主板的锂电池附近,其默认位置一般为 1、2 短路,只要将其改跳为 2、3 短路几秒种即可解决问题,或将电池取下,待开机显示进入 CMOS 设置后再关机,将电池安装上去。

【案例 2】开机系统正常自检后电脑出现黑屏

一台电脑使用一直正常工作,但最近以来,电脑出现黑屏故障。开机后,系统自检正常,小喇叭不报警,但屏幕上显示"No Signals"。初步判断是显卡有问题。将显卡卸下后,发现显卡上沾满了灰尘,先用刷子把显卡刷干净,再用橡皮把"金手指"檫几下。然后插上显卡,开机,正常进入系统。

故障分析: 这种问题,一般是由于时间长了,显卡的"金手指"部分因氧化而与插槽接触不良引起的,处理这种故障的方法是检查显卡是否接触不良或插槽内是否有异物影响接触。

【案例 3】电脑开机后硬盘不能启动

开机后屏幕显示:"Device error",然后又显示:"Non-System disk or disk error,Replace and strike any key when ready",说明硬盘不能启动,用软盘或光盘启动后,转 C:盘,屏幕显示:"Invalid drive specification",系统不认硬盘。进入 CMOS,检查硬盘设置参数是否丢失或硬盘类型设置是否错误,如果确是该种故障,只需将硬盘设置参数恢复或修改过来即可,如果忘了硬盘参数不会修改,可以用 CMOS 中有"HDD AUTO DETECTION"(硬盘自动检测)选项,自动检测出硬盘类型参数。正确设置硬盘参数后,重启电脑后正常进入系统。

故障分析: 造成该故障的原因一般是 CMOS 中的硬盘设置参数丢失或硬盘类型设置错误造成的,正确设置硬盘参数即可解决。

【案例 4】电脑非法关机后无法启动,指示灯亮,BIOS 有响铃声

电脑非法关机后无法启动,指示灯亮,BIOS 有响铃声,此故障属于可开机但无法启动故障,维修时可根据 BIOS 的响铃声找出故障原因。

开机时电脑 BIOS 发出响铃声,对照 BIOS 响铃故障表进行判断,将 BIOS 进行放电,即恢复 BIOS 到出厂默认值后,开机测试,故障排除。

故障分析: 如果电脑发生故障时有 BIOS 响铃声,可以根据 BIOS 响铃声找出故障原因。

【案例 5】电脑总是出现没有规律的死机

电脑总是出现没有规律的死机,遇到此故障应该先查软件再查硬件,先卸载怀疑有问题的软件,故障依旧,重装操作系统,故障依旧,进入 BIOS 程序,检查 BIOS 的电源电压,发现电源的输出电压不稳定,更换电源后测试,故障排除,安装系统时没有出现兼容性问题,因此可能是硬件设备有问题

故障分析: 电源质量问题是造成电脑死机的一个重要原因,因此在组装电脑时切勿使用杂牌电源,以免使电脑出现死机等各种故障。

【案例 6】电脑总是在使用一段时间后出现死机故障或突然自动重启

电脑总是在使用一段时间后出现死机故障或突然自动重启,根据此故障现象可以初步判断此故障是由于散热问题引起的,打开电脑主机箱,检查 CPU 风扇运行速度慢,上面有很多灰尘,再用手触摸 CPU 散热片,发现温度很高,关闭电源后清理机箱内灰尘,更换 CPU 风扇

后故障排除。

　　故障分析：电脑出现规律性死机故障一般都是由于 CPU 散热问题引起的,现今的主板对 CPU 有温度监控功能,一旦 CPU 温度过高,超过了主板 BIOS 中所设定的温度,主板就会自动切断电源,以保护相关硬件,因此在维修时可以首先检查 CPU 风扇是否正常。

　　【案例 7】硬件安装不当引起的死机

　　电脑使用一段时间后出现死机现象,系统检查无错,没有病毒等,开机箱后发现,硬盘安装不到位,有松动,估计问题出在这儿,固定好硬盘,再开机运行无死机现象。

　　故障分析：硬件外设安装过程中的疏忽常常导致莫名其妙的死机,而且这一现象往往在电脑使用一段时间后才逐步显露出来,因而具有一定的迷惑性。部件安装不到位、插接松动、连线不正确引起的死机,显示卡与 I/O 插槽接触不良常常引起显示方面的死机故障,如"黑屏",内存条与插槽插接松动则常常引起程序运行中死机、甚至系统不能启动,其他板卡与插槽(插座)的接触问题也常常引起各种死机现象。要排除这些故障,只需将相应板卡、芯片用手摁紧、或从插槽(插座)上拔下重新安装。如果有空闲插槽(插座),也可将该部件换一个插槽(插座)安装以解决接触问题。硬盘、光驱等有马达,这类部件安装不牢会产生震动,也会出现死机现象。因此在安装部件时一定要将各部件安装到位并固定好。

　　【案例 8】开机后不能启动

　　电脑使用时一次突然死机,再开机不能启动,重装系统能成功,但在设备管理里有很多问号,如打印口,COM 口等都没有驱动。打开机箱,发现有很多灰尘,取出主板,进行清理,再重装系统后正常。

　　故障分析：主板灰尘太多影响主板的性能,造成系统无法识别部件,无法加载驱动程序而出现问题,因此要定期清理电脑的灰尘,保持清洁。

　　【案例 9】电脑中增加一条内存后无法开机且显示器无显示

　　电脑中增加一条内存后无法开机且显示器无显示,此故障很明显是由于增加的内存引起的,打开电脑主机箱,拆下增加的那条内存,开机测试电脑正常。将增加的那条内存重新装上,并拆下原来的内存,开机测试电脑正常。显然是这两条内存不兼容,更换一条与原内存同品牌且同规格的内存后故障排除。

　　故障分析：在升级电脑内存时,一定要注意内存的兼容性问题,如果两条内存的规格不同就很容易引起内存兼容性故障。

　　【案例 10】开机后不能进入系统

　　开机自检通过,但进不了系统,在启动画面处停止,或显示:The disk is error 等有英文提示的现象,首先要尝试能否进入安全模式,开机按 F8 键,选择启动菜单里的第三项:安全模式。进入安全模式后,可以通过设备管理器和系统文件检查器来找寻故障,遇到有"!"号的可以查明再确定是否删除或禁止,也可以重装驱动程序,系统文件受损可以从安装文件恢复。如果连安全模式都不能进入,就通过带启动的光盘或是软盘启动到 DOS,在 DOS 下先杀毒并且用 Dir 命令检查 C 盘内的系统文件是否完整,恢复相关的基本系统文件。如果 C 盘内没有发现文件,则只能重装系统。

　　故障分析：此为系统故障,可由很多原因引起,比较常见的就是系统文件被修改,破坏,或是加载了不正常的命令行。

　　【案例 11】电脑开机后,运行任何程序都死机

　　电脑开机后,运行任何程序都死机,此故障可能是感染电脑病毒引起的,用带杀毒软件的光盘启动电脑,并进行全面杀毒,发现电脑感染很多病毒,清除所有病毒后,启动电脑时按 F8 键,选择"最后一次正确的配置",启动后故障依旧,重装操作系统,故障排除

故障分析:感染电脑病毒后死机是最常见的故障现象之一,因此当电脑开机后出现死机故障时,可以先考虑是病毒方面的原因。

【案例 12】CMOS 设置不能保存

电脑每次开机启动时都会出现设置 CMOS 提示信息,在设置完 CMOS 后提示信息依旧存在。出现此故障一般是由于主板电池电压不足引起的,更换主板电池看故障是否消失;检查主板 CMOS 跳线设置是否有问题,重新设置 CMOS 跳线后看故障是否消失。

故障分析:如果主板上的 CMOS 跳线错设成"清除选项"也会导致 CMOS 不能保存设置的故障。

【案例 13】电脑上网时经常自动弹出广告页面

电脑上网时经常自动弹出广告页面,此故障多数是由于电脑中安装了一些流氓软件引起的,用杀毒软件查杀病毒,没有发现病毒,安装清理流氓软件等网络安全工具来清理流氓软件后再上网测试,故障排除

故障分析:目前很多软件在安装时都会附带安装一些流氓软件。为了避免流氓软件的骚扰,建议安装一个网络安全类的上网辅助工具。

【案例 14】数据恢复与拯救实例 Word 文档无法打开

Word 文档操作时无反应或无法打开,此故障可能是 Word 文档损坏或是与 Office 软件不兼容引起的,退出 Word,在运行 Word,在左边的对话框中选中损坏文档,然后选择恢复命令,将 Word 文档另存一个文件,然后关闭,再次打开文档,故障排除

故障分析:Office 2003/2007 版本都带有文件修复功能,因此当文件被损坏时,可以使用此功能将文件恢复。

【案例】15U 盘连接到电脑后,系统提示"无法识别的设备"

此故障可能是 U 盘故障或电脑中没有安装 USB 驱动程序引起的,用杀毒软件查杀病毒,没有发现病毒。将 U 盘连接到另一台电脑中测试,发现故障依旧。拆开 U 盘,检查 U 盘的接口电路,发现接口电路中与数据线连接的处损坏,修复后再测试 U 盘,故障排除。

故障分析:U 盘摔到地上造成接口电路损坏,因此在使用 U 盘或其他电子设备时一定要小心谨慎。

思考与练习

1. 计算机系统故障是由哪些原因造成的?
2. 微机系统故障处理的原则有哪些?
3. 如何处理计算机黑屏故障?
4. 简述计算机的启动过程。

第 15 章　常用系统维护工具软件

计算机在使用过程中，一般软件出现故障更为频繁和常见，为了处理这些软件故障，Windows 系统自身提供了一些维护工具。另外，随着软件技术的发展，一些更实用的软件也应运而生，这给系统的维护带来很大的方便。熟练掌握这些工具的主要功能和使用方法，对于计算机系统的日常维护和管理大有好处，下面介绍几种常用工具。

15.1　Windows 提供的计算机维护工具软件

在 Windows 系统中，选择【开始】ー＞】程序】ー＞【系统工具】，就可以列出系统工具子菜单项。如图 15-1 所示。

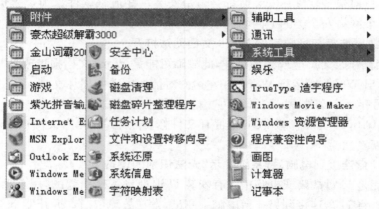

图 15-1　系统工具子菜单

1. 利用【系统监视器】监控系统

计算机由许多部件组成，每一个设备都负责不同的功能，有时候计算机的运行速度变得十分缓慢，并不是整体速度变得缓慢，而是某一个功能受到某一个部件速度的限制。要解决这个问题就必须先找出这一部件，才能针对问题对症下药，这就要用到【系统监视器】来临控系统。

依照监控项目的性质，可以获得目前的系统性能信息，如果 CPU 使用率一直维持居高不下的话，就可以判定是 CPU 本身计算能力不足，导致系统速度降低；而如果是可用内存空间一直维持在很低的水准时，就表示发生内存不足的问题，这时应该考虑扩充内存容量，以维持系统性能。

2. 用【资源状况】监控系统资源

选择【资源状况】，任务栏右方就会出现【资源状况】监控程序的最小化图标，只要鼠标靠近，就会出现当前系统资源占用状况。

如果想要更详细的信息，用鼠标右键点击任务栏右方的【资源状况】监控程序最小化图标，选择【详细资料】，就会出现详细资料列表窗口。一般来说，系统资源不应低于 70%，如果低于70%，就会明显感到微型机运行速度变慢，这时就应该重新启动计算机了。

3. 整理硬盘空间

微型机系统在运行过程,磁盘反复存储各种数据,会在数据的区域间存在许多不连续的小的空白存储区域无法使用,这就是磁盘碎片。大量的磁盘碎片不仅降低了磁盘的利用率也会影响磁盘的访问速度。单击【磁盘碎片整理程序】,系统弹出【选择驱动器】对话框,选择需要整理的驱动器,单击【确定】,程序会自动查找各种垃圾文件,并释放所占用的硬盘空间。

4. 磁盘扫描工具

磁盘是以磁性来储存文件的,在电源状况不稳定,非正常关机,非正常删除文件的情况下,都会出现文件及文件夹错误。这时就可以采用磁盘扫描工具来扫描,修复磁盘的错误。另外,要是硬盘的存储介质损坏,出现坏道,也必须采用磁盘扫描工具来把坏道标识出来。这样文件就不会存入坏道,避免文件丢失。

运行【磁盘扫描程序】,在弹出的磁盘扫描程序窗口中选择扫描类型,可以选择【标准】(只扫描文件及文件夹错误)或【完全】(除文件错误还要扫描坏道),在【自动修复错误】选项前打上钩,在窗口上方选择需要扫描的驱动器后,点击【开始】进行扫描,程序将自行修复错误。

15.2　克隆工具软件 Ghost

现在的操作系统占的硬盘空间越来越大,安装的时间也是越来越长,系统装好后还得小心翼翼的防着病毒,防止误操作,虽然如此,还是说不定又要重新安装系统,又是一个漫长的过程。

Ghost 的出现解决这个棘手的问题。Ghost(General Hardware Oriented Software Transfer,面向通用硬件的软件传送),它是 Symantec 公司出品的一款用于备份、恢复系统的软件。Ghost 能在短短的几分钟里恢复原有备份的系统。Ghost 自面世以来已成为 PC 用户不可缺少的一款软件,有了 Ghost,用户就可以放心大胆的试用各种各样的新软件了,一旦系统被破坏,只要用 Ghost 花上几分钟就行了。

1. Ghost 的安装

与以前的版本不同,Ghost 需要安装,安装的过程非常简单,也就是一路按【Next】就行了。将 Ghost 安装好之后,查看其安装目录就会发现,虽然其容量大了很多,不过其主程序"Ghost.exe"还与原来一样小,只有几百 KB。虽然 Ghost 还包括几个非常实用的工具,但在下文中只介绍其主程序"Ghostpe"及管理器"Ghost"的使用。

2. Ghost 的备份功能

(1) 利用 Ghost 备份功能分区。Ghost 的主程序"Ghostpe.exe"只有几百 KB,可以将其单独拷入软盘,然后从软盘执行即可。另外,主程序只能在纯 DOS 环境下使用,虽然 Ghost 可以在 DOS 状态下加载鼠标驱动,从而达到鼠标操作的目的,但在实际使用过程中由于 DOS 状态下鼠标精度有限,很多用户往往误选了目标盘,最终造成严重的事故。因此建议用户不要加载鼠标驱动,而通过键盘来控制,如此安全系数要高一些。

在 DOS 环境下执行 Ghostpe.exe 后,首先出现的是 Ghost 的欢迎界面。按回车键确认后便进入程序的主界面,如图 15-2 所示。

使用 Ghost 进行系统备份,有备份整个硬盘(Disk)和备份硬盘分区(Partition)两种方式,通过用上下方向键将光标定位到【Local】(本地)项,然后按方向键中的左右移动键,便弹出了下一级菜单,共有 3 个子菜单项,其中 Disk 表示备份整个硬盘,Partition 表示备份硬盘的单个分区,Check 表示检查硬盘或备份的文件,查看是否可能因分区、硬盘被破坏等造成备份或还原失败,如图 15-3 所示。

图 15-2　Ghost 主菜单图

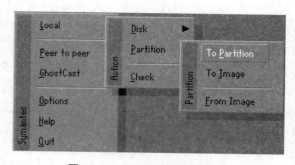

图 15-3　GHOST 硬盘备份菜单

既然是备份系统,自然是备份操作系统所在的硬盘分区(C),所以通过键盘上的方向键进行如下操作:Local→Partition→To Image,如图 15-4 所示。

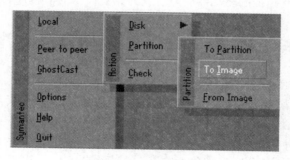

图 15-4　分区镜像

从图 15-4 中可以看出【Partition】下也有三个子菜单项,分别是【To Partition】、【To Image】、【From Image】,其中【To Partition】项是将某个硬盘分区"克隆"到另外一个硬盘分区中,比如说将 D 盘中的内容完整的复制到 E 盘,就可以使用此功能;而【To Image】项是将某个硬盘"克隆"成了一个特殊的"镜像"文件保存在硬盘上,准备实现的"备份系统"就是使用这项功能;至于最下面的【From Image】项的功能是如果某个分区需要还原,则可以通过该功能找到原来做的"镜像"文件,然后通过 Ghost 将镜像中的文件还原到硬盘分区中,从而达到还原系统的目的。

如果想备份操作系统,就要将光标定位到【To Image】上,按回车键便进入了下一步,选择待备份的分区,首先需要选择硬盘,如果电脑中安装了多个硬盘,首先得选择待备份的分区在哪个物理硬盘上,大部分用户只有一个硬盘,所以可以直接按回车键盘继续。如图 15-5 所示。

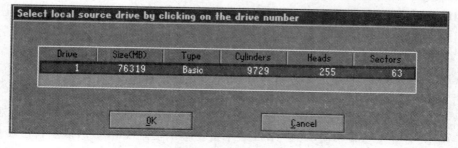

图 15-5　选择原分区

从图 15-5 中可以看出当前硬盘的物理编号、总容量等信息,如果有多个硬盘,则可以通过上下光标键来选择目标硬盘,然后按【Enter】键进入。进入目标硬盘后,该硬盘的分区信息便全部呈现在面前。如图 15-6 所示。

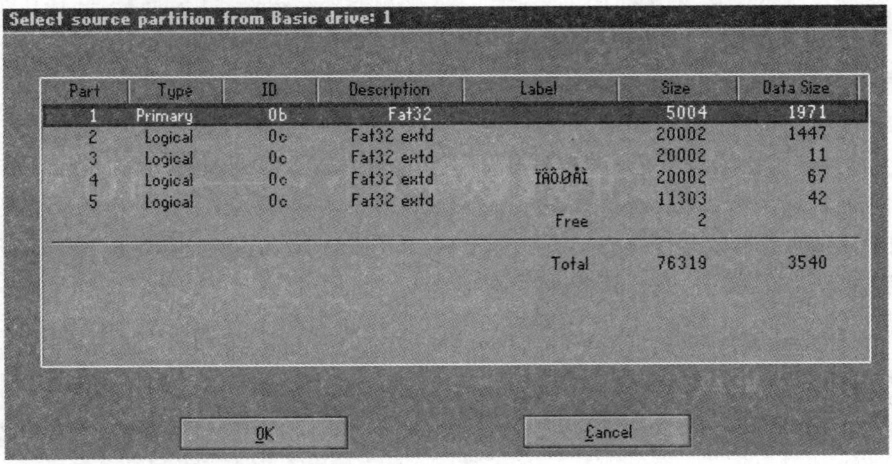

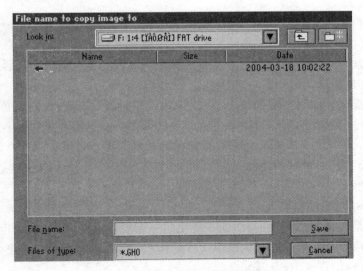

图 15-6　选择待备份分区

从图 15-6 中可以看出,Ghost 给每一个分区都按顺序排上号,另外还有分区类型、卷标、总容量、已用空间等信息。将光标定位待备份的分区,然后按【Enter】键,再将光标定位到【OK】键上,然后按【Enter】键便确定了待备份的分区,开始进行下一步关键操作:打算将制作好的"镜像"文件保存在哪个地方,如图 15-7 所示。

图 15-7　镜像文件保存路径的选择

窗口的最上方是"Look In"栏,它显示的是"镜像"所保存的路径,如果用户对系统默认的保存路径不满意,可以自己修改中间较大的显示框显示的是当前目录中的所有文件信息;下面的【File Name】栏非常重要,通过【Tab】键将其激活(变亮)后,便能在这里输入"镜像"文件的文件名了,输入完文件名之后,按回车键便可完成该步骤。注意,通过 Ghost 建立的镜像文件的后缀名是 GHO。另外,不能将"镜像"文件保存到待备份的分区上,比如说准备备份 C 盘,那么就不能将克隆 C 盘所产生的"XXXX. GHO"镜像文件也保存在 C 盘,否则程序会报错。

接下来程序会询问是否压缩"镜像"文件,并给出三个选择。其中【NO】表示不压缩;【Fast】表示压缩比例小而执行备份速度较快;【High】就是压缩比例高但执行备份速度相当慢。可以根据自己的需要来选择压缩方式,一般情况下都建议选择【Fast】。选择压缩模式后,程序要求确认,将光标定位到【Yes】上,然后按回车之后程序便开始备份分区了。当备份工作完成后,程序会提示已经完成,此时可按回车键确认,然后程序会退回到主界面。

(2) 利用 Ghost 备份整个硬盘。备份硬盘有一个前提条件:源硬盘的容量应该少于或等于目标硬盘的容量,否则源硬盘上的数据就不能全部备份到目标硬盘上了。如果要对某个物理硬盘中的所有分区都进行备份,此时还按照前面讲述的方法来一个一个的去备份分区吗? Ghost 提供了两种备份硬盘的方法,一种是【Disk To Disk】,另一种是【Disk To Image】。

其中【Disk To Disk】项 Ghost 能将目标硬盘复制得与源硬盘一模一样,并实现分区、格式化、复制系统和文件一步完成,该功能对于计算机的机房维护非常有用,如果需要给几十甚至几百台配置一模一样的电脑安装系统,且每台电脑的硬盘分区、数据都是一样的,那 Ghost 可就帮上大忙。

【Disk To Disk】可能一般人用不上,可【Disk To Image】项的应用就非常广泛。如果电脑中安装了多系统,大家都知道这多系统损坏后恢复比较难,重新安装需要很多时间,因此可以在设置好多系统之后将整个硬盘保存为一个镜像文件,以后如果多系统出了毛病,就可以通过这镜像文件来快速恢复了。

3. 利用 Ghost 恢复分区

Ghost 最大的特点是能快速恢复系统,只要将系统备份成一个镜像文件,以后如果碰上系统崩溃时,就没有必要重新安装操作系统了。

进入 Ghost 的主界面之后,通过方向键执行如下操作:Local→Partition→From Image,按【Enter】键进入后,程序首先要求找到已经制作好的镜像文件,接下来程序要求选择目标盘所在的硬盘。如果此时有多个硬盘的话一定要小心谨慎,以免出错,确认无误后,按【Enter】键继续,接下来的关键步骤就是选择目标盘。

在选择目标盘这一步时一定要小心,一旦选错了目标盘,Ghost 首先将那个盘格式化,然后将镜像中的文件全部复制到这个盘中。所以在选择之前一定要看清楚是不是那个需要恢复的分区,如果确认了,则可以按【Enter】键,此时程序会提示【你确认了吗?】。此时如果反悔还来得及,一旦选择了【Yes】那可就晚了!等 Ghost 将分区上的所有文件复制完之后,它将提示需要重新启动电脑,当然也可以选择【暂不重启】。

4. 使用 Ghost 时的注意事项

使用 Ghost 是有很大风险性的,因此在使用时一定要注意。首先,在备份分区之前,最好将分区中的一切垃圾文件删除以减少镜像文件的体积;其次,在备份前一定要对源盘及目标盘进行磁盘整理,否则很容易出现问题。

在恢复分区时,最好先检查一下要恢复的分区中是否还有重要的文件还没有转移,否则一旦 Ghost 被执行,那时后悔就晚了。另外,如果需要恢复系统,则必须在纯 DOS 下进行操作。

15.3　硬盘分区管理工具 Partition Magic

Partition Magic(俗称分区魔术师,简称 PQMagic),是由 Power Quest 公司开发的。该工

具可以在不破坏硬盘中已有数据的前提下，任意对硬盘分区进行划分，以及在一个硬盘中安装多个操作系统。该工具提供了在 Windows 环境和 DOS 环境下运行的两个主程序文件的界面风格和常规操作大致相同。下面以在 Windows 环境下运行 Partition Magic 8.0 为例进行介绍。

15.3.1　Partition Magic 8.0 的功能特点

Partition Magic 8.0 可以随时创建、修改、合并及移动磁盘分区，且不破坏原有分区中的数据。它支持大容量硬盘，并能够在 FAT16、FAT32、NTFS 等分区之间很方便的相互转换，支持 NTFS5.0 格式，也可在主分区与逻辑分区之间进行转换，还可以实现多 C 盘引导。Partition Magic 8.0 提供了非常好的向导功能，绝大部分操作都可以利用向导顺利完成。对于不同的文件系统、未使用的空间等，软件会用不同的颜色加以区分，可称为业界最专业的硬盘分区管理工具。

安装好 Partition Magic 8.0 后，会在【开始】菜单的【程序】项下面增加一个【Power Quest Partition Magic 8.0】菜单项。由于分区操作对磁盘中的信息十分危险。尽管 PQMagic 有比较强大的排错、恢复功能，但为了确保数据安全，分区前还是应该注意以下事项：

（1）运行 PQMagic 前先查毒，因为部分病毒都能对 PQMagic 的操作造成严重的影响。

（2）运行 PQMagic 前最好运行磁盘扫描程序和磁盘碎片整理程序对磁盘进行扫描和整理，并在系统启动时忽略所有的启动配置（选择【开始】菜单中的【运行】菜单，运行 MSCONFIG 程序，在所有打开的【系统配置实用程序】窗口中选择【常规】选项卡，选择【启动选项】为【选择性启动】，并取消【处理 Win.ini 文件】复选框，然后重新启动微型机即可）。

（3）运行 PQMagic 前，必须禁止 BIOS 中的病毒警告功能。

（4）使用 PQMagic 时，不要对被操作的分区进行写操作。

运行 Partition Magic 8.0 后，屏幕将显示如图 15-8 所示的画面。

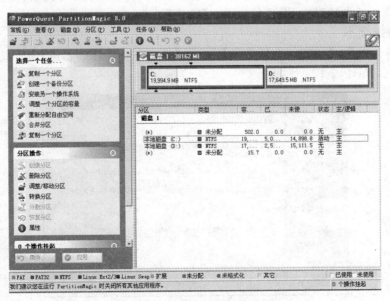

图 15-8　PQMagic 运行主界面

上面是菜单条和快捷工具栏；下面的左窗格为【动作面板】，包含【任务】和【分区操作】菜单,右窗格中为当前硬盘的分区情况;窗口的下面为【图例】和【状态栏】。

在进行真正的分区前,建议最好把重要的数据做个备份,以免不测。

15.3.2 PQMagic 的应用

1. 创建分区

如果对一个新的未分区的硬盘,那么在 PQ 8.0 右窗格中显示的【磁盘类型】是【未分配】,【容量】是整个硬盘的大小,【已使用】、【未使用】大小均为 0;而对于已分区的硬盘,则显示各个分区的大小、使用情况等属性。

单击右窗格中【未分配】区域,单击【分区操作】中的【创建分区】命令,则出现图 15-9 所示的【创建分区】对话框。

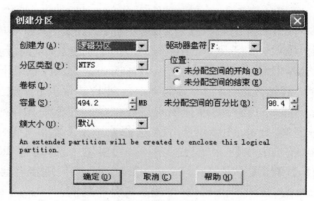

图 15-9 PQMagic 创建分区界面

在上述对话框中选择要创建的是【主分区】还是逻辑分区、分区的类型、分区的大小、分配给该分区的【驱动器盘符】等。设置好后单击【确定】按钮。

2. 调整分区大小

单击【动作面板】中【选择一个任务…】栏中的【调整一个分区的容量】命令,出现【调整分区的容量】对话框,如图 15-10 所示。

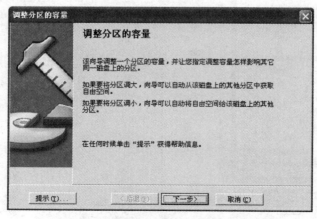

图 15-10 PQMagic 调整分区容量界面之一

单击【下一步】出现图 15-11 所示的选择要调整容量的分区

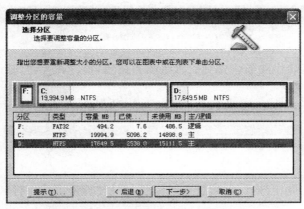

图 15-11　PQMagic 调整分区容量界面之二

以调整 D 分区容量大小为例，单击 D 分区，单击【下一步】，出现图 15-12 所示的设定 D 分区大小的对话框。

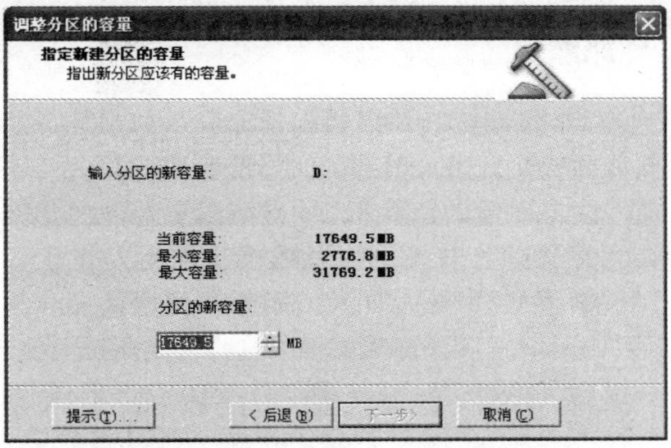

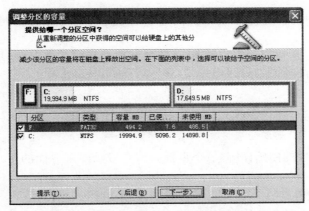

图 15-12　PQMagic 调整分区容量界面之三

在【分区的新容量】框中输入一个新的容量值后，单击【下一步】，如果新的容量值小于原来的容量值则出现图 15-13 所示的选择将减小下来的容量重新分配给哪个分区，如加到 C 分区，则单击 C 分区即可。若新的容量值大于原来的容量值则出现图 15-14 所示的选择将减少哪个分区的容量来补足 D 分区扩大的部分，如要减少 C 分区的容量来加到 D 分区，则单击 C 分区即可。

图 15-13　PQMagic 调整分区容量界面之四

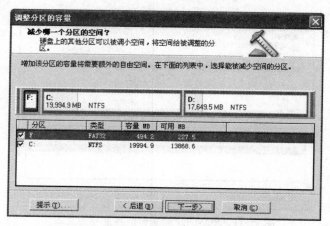

图 15-14　PQMagic 调整分区容量界面之五

单击【下一步】，出现调整前、后的各分区的容量大小，如图 15-15 所示。

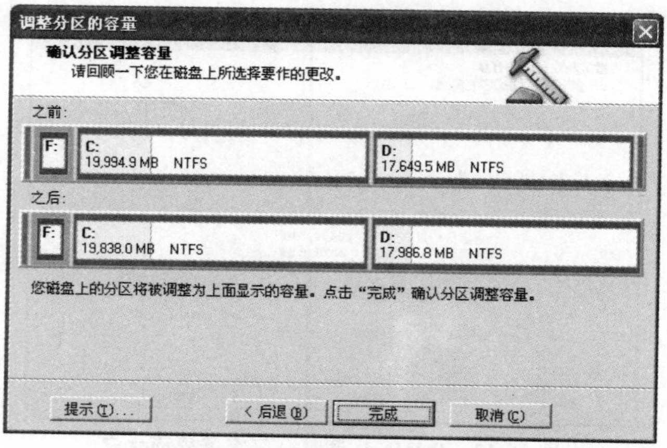

图 15-15　PQMagic 调整分区容量界面之六

单击【完成】按钮。

15.3.3　PQ Magic 8.0 中的其他功能的操作

PQ Magic 8.0 中的其他功能的操作和"分区的创建"及"分区容量大小的调整"操作很类似，在此不再赘述。

分区调整结束后，必须重新启动系统，才能使新设置生效。此外，如果分区调整比较复杂的话，系统在重新启动时将花费比较长的时间，此时请耐心等待。

15.4　鲁大师软件使用

以下系鲁大师软件的使用详解，每个步骤后均有显示屏幕界面的图，因其对应关系明确，故不再标注图号。

1. 运行鲁大师软件

鲁大师主要有五大部分功能：硬件检测、监控保护、节能降温、性能测试和优化清理。

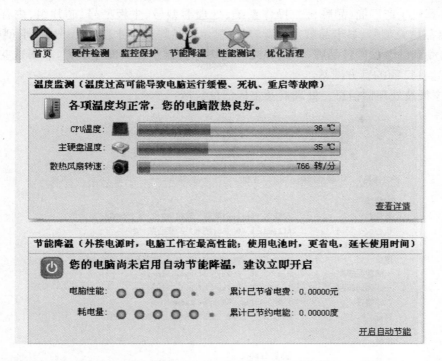

鲁大师每次启动都会扫描您的计算机,如果发现有漏洞需要修复,则会在首页出现提示。

不仅如此,鲁大师的首页还简明直观地提供了电脑的实时传感器信息,例如处理器温度、显卡温度、主硬盘温度、主板温度、处理器风扇转速等。这些信息将会随着电脑的运行实时发生变化。

2. 硬件检测

(1) 硬件概览。在硬件概览,鲁大师显示您的计算机的硬件配置的简洁报告,报告包含以下内容:

◆ 计算机生产厂商（品牌机）、操作系统、处理器型号、主板型号、芯片组、内存品牌及容量、主硬盘品牌及型号、显卡品牌及显存容量、显示器品牌及尺寸、声卡型号、网卡型号。

◆ 检测到的电脑硬件品牌，其品牌或厂商图标会显示在页面左下方，点击这些厂商图标可以访问这些厂商的官方网站。

（2）主板及处理器信息。处理器及主板信息包括：

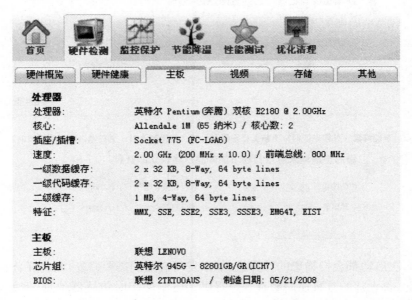

◆ 处理器（型号、核心参数、插槽类型、主频及前端总线频率、一级数据缓存类型和容量、一级代码缓存类型和容量、二级缓存类型和容量及支持特性）。

◆ 主板（主板型号、芯片组型号和 BIOS 版本信息）。

◆ 检测到的电脑硬件品牌，其品牌或厂商图标会显示在页面左下方，点击这些厂商图标可以访问这些厂商的官方网站。

（3）显示设备信息。显示卡及显示器信息包括：

◆ 显示卡（品牌、显存容量、制造商、BIOS 版本及驱动信息）。

◆ 显示器（名称、品牌、制造日期、尺寸、图像比例及当前分辨率）检测到的品牌图标会显示在页面下方。

◆ 检测到的电脑硬件品牌,其品牌或厂商图标会显示在页面左下方,点击这些厂商图标可以访问这些厂商的官方网站。

(4)存储设备信息。存储设备信息,包括:

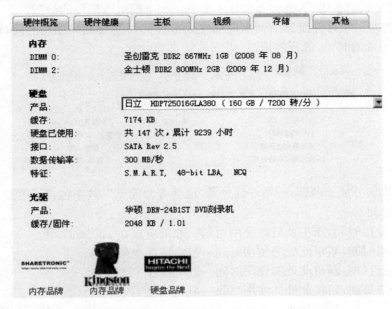

◆ 内存(插槽、容量、品牌、速度和出厂日期)

◆ 硬盘(品牌、容量、转速、型号、缓存、使用时间、接口、传输率及支持技术特性)。

◆ 检测到的电脑硬件品牌,其品牌或厂商图标会显示在页面左下方,点击这些图标可以访问其官方网站。

(5)其他硬件信息。其他硬件信息包括:

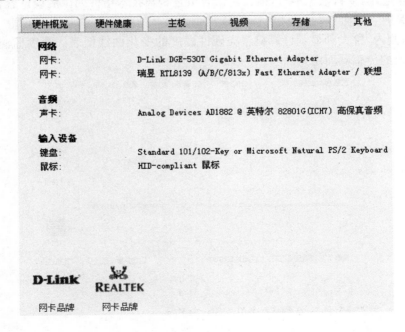

◆ 网络(网卡)。

◆ 输入设备(键盘、鼠标)。

◆ 电池(笔记本)。

◆ 音频(声卡)。

◆ 如果您是笔记本用户,鲁大师会显示出笔记本电脑电池损耗的检测。

(6) 硬件健康。硬件健康详细列出电脑主要部件的制造日期和使用时间,便于大家在购买新机或者二手机的时候,进行辨识。

硬件健康模块分成了两部分,第一部分是"电脑寿命测试",其中包含了电脑主要部件的制造日期和使用时间:

◆ 硬盘已使用时间,新机此处的使用时间一般都应该在 10 小时以下。

◆ 主板制造时间,新机此处的使用时间一般应该在半年以内。

◆ 显卡制造日期,新机此处的使用时间一般应该在半年以内。

◆ 光驱制造日期,新机此处的使用时间一般应该在半年以内。

◆ 操作系统安装日期,如果是预装的操作系统,一般安装时间应该在 3 个月以内。

◆ 内存制造日期,新机此处的使用时间一般应该在半年以内。

◆ 显示器制造日期,新机此处的使用时间一般应该在一年以内。

◆ 第二部分是"笔记本电池测试",包含了笔记本电池的主要信息。

◆ 池损耗,新机此处电池损耗一般都是 0。

◆ 设计容量,购买新笔记本时,请核对该容量是否与技术指标列出的设计容量一致。

3. 监测保护

在温度监测内,鲁大师显示计算机各类硬件温度的变化曲线图表。温度监测包含以下内容(视当前系统的传感器而定):

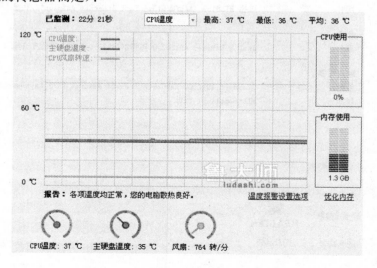

◆ CPU 温度;显卡温度(GPU 温度)。

◆ 主硬盘温度。

◆ 主板温度。

(1) 内存优化。一键极速优化释放物理内存,加快电脑运行速度。

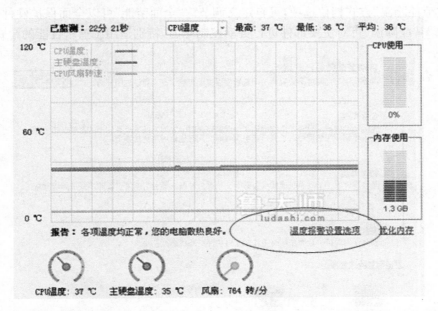

用户可以通过选项对话框设置开启,当物理内存使用率超过临界值时,鲁大师自动优化内存。

用户还可以通过右键点击任务栏鲁大师图标,进行内存优化的快捷操作。

检测到的电脑硬件品牌,其品牌或厂商图标会显示在页面左下方,点击这些图标可以访问这些厂商的官方网站。

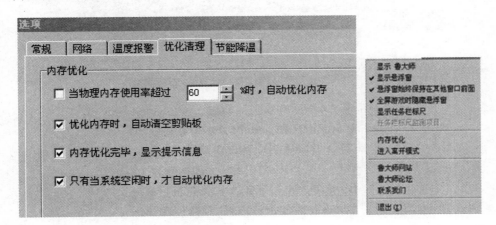

4. 节能降温

什么是"节能降温"?

节能降温是鲁大师团队运用专业的电脑硬部件管理技术,开发的全新功能。

其功能主要应用在时下各种型号的台式机与笔记本上,其作用为智能检测电脑当下应用环境,智能控制当下硬部件的功耗,在不影响对电脑使用效率的前提下,降低电脑的不必要的功耗,从而减少电脑的电力消耗与发热量。特别是在笔记本的应用上,通过鲁大师的智能控制技术,使笔记本在无外接电源的情况下,使用更长的时间。

"节能降温"功能分为:

(1)"节能降温"方式档位选项,可自定义调节。"全面节能"可以全面保护硬件,特别适用于笔记本;"智能降温"可对主要部件进行自动控制降温,特别适用于追求性能的台式机。

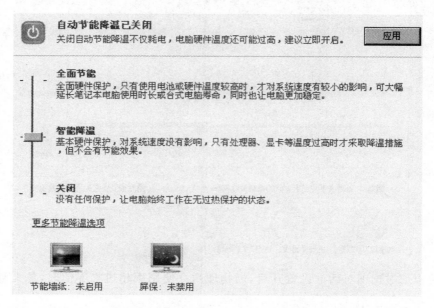

(2)"更多节能降温选项"里面,可以设置自动启用节能墙纸与关闭屏幕保护的选项。什么是节能墙纸?为何要关闭屏保?鲁大师官网有相关文稿进行单独的说明。

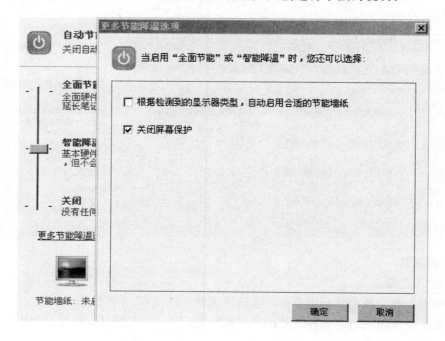

（3）在"节能降温"的功能里，有一个很独特的按钮，就是"进入离开模式"。这个功能可以在完全无人值守的状态下，保持网络连接，并且关闭没有使用的设备，从而节约电能。

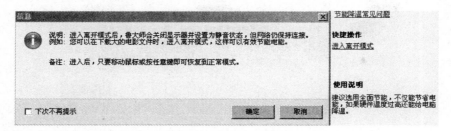

5. 性能测试

（1）电脑综合性能。鲁大师电脑综合性能评分是通过模拟电脑计算获得的 CPU 速度测评分数和模拟 3D 游戏场景获得的游戏性能测评分数综合计算所得。该分数能表示您的电脑的综合性能。测试完毕后会输出测试结果和建议。

电脑综合性能评分支持 Windows 2000/XP/Vista/2003/2008/7，如图：

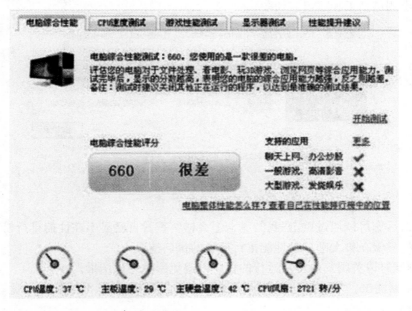

完成测试后您可以通过点击"电脑整体性能怎么样？查看自己在性能排行榜中的位置"来查看您使用的电脑在鲁大师电脑整体性能排行榜中的排名情况。

备注：测试时请关闭其他正在运行的程序以避免影响测试结果。

（2）CPU 速度测试。处理器（CPU）速度测试：通过鲁大师提供的电脑性能评估算法，对用户电脑的处理器（CPU），以及处理器（CPU）同内存、主板之间的配合性能进行评估。

完成测试后您可以通过点击"处理器速度怎么样？查看自己在速度排行榜中的位置"来查看您的处理器（CPU）在鲁大师速度排行榜中的情况。

速度评分支持 Windows 2000/XP/Vista/2003/2008/7，，如图：

整数和浮点运算。通过加减法，乘除法，求模...等运算的总体耗时来评估处理器（CPU）整数和浮点运算性能。

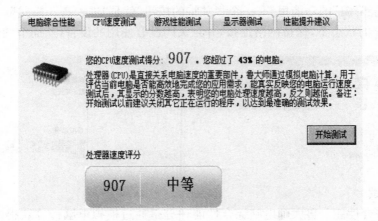

（3）游戏性能测试。3D 游戏性能是显卡好坏的重要指标。显卡的参数虽然重要,但实际的游戏性能更能说明问题

游戏性能测试:通过鲁大师提供的游戏模拟场景对显卡的 3D 性能进行性能评估。测试完毕后会输出测试结果和建议。如图:

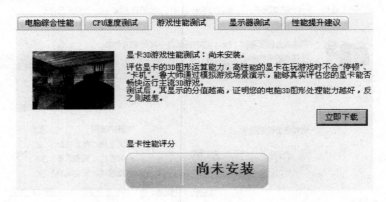

完成测试后您可以通过点击"我的显卡怎么样? 查看自己显卡在性能排行榜中的位置"来查看您使用的显卡在鲁大师显卡性能排行榜中的排名情况。

备注:测试时请关闭其他正在运行的程序以避免影响测试结果。

（4）显示器测试。"硬件检测"视频栏,新增显示器测试模块,提供显示器质量测试和液晶屏坏点测试;

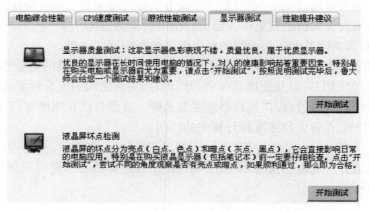

(5) 性能提升建议。进入性能测试里的"性能提升建议",鲁大师会检测你当然的硬件配置,然后给出您的电脑可以升级的配件的建议,如下图所示:

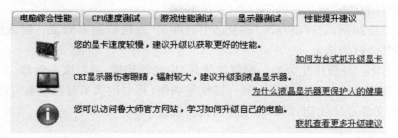

点击对应升级建议可以查看升级建议详情。

您也可以点击"联机查看更多升级建议"进入鲁大师官方网站的"电脑讲堂"栏目。该栏目收录了电脑升级建议、电脑百科、综合性能排行榜、处理器(CPU)排行榜和显卡性能排行榜。

6. 优化与清理

(1) 漏洞修复。

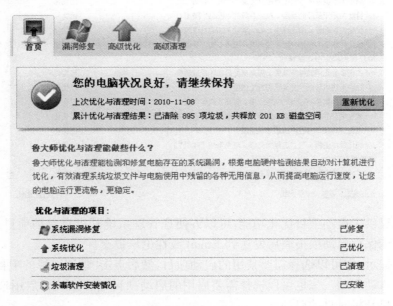

① 什么是系统漏洞。系统漏洞主要指操作系统中因 Bug 或疏漏而导致的一些系统程序或组件存在的后门。木马或者病毒程序通常都是利用它们绕过防火墙等防护软件,以达到攻击和控制用户个人电脑的目的。所以为了系统的安全和稳定,及时下载安装补丁、修复系统漏洞非常必要。

漏洞补丁一般分为独占补丁和非独占补丁两类。独占补丁需要进行单独安装,安装完必须重新启动;而非独占补丁,可以一起下载和安装,全部装完后再重新启动计算机。

② 鲁大师漏洞修复的特点。包含微软近几年发布的所有漏洞补丁,最可靠的安装策略,让您的机器只安装必需的漏洞补丁。

完善的漏洞补丁库,保证扫描到的每一个补丁都能够顺利的安装。

所有补丁全部从微软官方站点下载,保证补丁的安全性。并在微软公布系统漏洞补丁后,第一时间升级补丁库。

下载过程中同时进行补丁的安装,极大的节省漏洞修复的时间,简单明了的操作界面。

③ 鲁大师漏洞修复使用说明。用户进入漏洞修复界面的时候,会自动扫描当前系统存在的漏洞。您也可以点击"重新扫描"来检查系统漏洞。

如果存在系统漏洞,您可以点击"修复选中的漏洞"来进行漏洞修复。默认情况所有的非独占系统漏洞都会被钩选上。

(2)高级优化。高级优化分为一键智能优化,启动项管理,后台服务管理。

高级优化拥有全智能的一键优化和一键恢复功能,其中包括了对系统响应速度优化、用户界面速度优化、文件系统优化、网络优化等优化功能。

高级优化提供了启动项目优化功能,可以方便您管理系统开机自启动项目。鲁大师尚无建议的启动项请保存启动项报表后发送到 Email 或在论坛提交。

根据系统提示,您可以选择需要禁用的启动项目,然后点击"禁用选择的项目"即可禁止这些项目开机时自动启动。您也可以选择需要启用的启动项目,然后点击"启用选择的项目"即可允许这些项目开机时自动启动。

高级优化提供了后台服务管理功能,可以方便您管理系统服务。鲁大师尚无建议的后台服务请保存后台服务报表后发送到 Email 或在论坛提交。

根据系统提示,您可以选择需要禁用的服务,然后点击"禁用选中服务"即可禁止这些服务开机时自动启动。您也可以选择需要启用的服务,然后点击"启用选中服务"即可允许这些服务开机时自动启动。

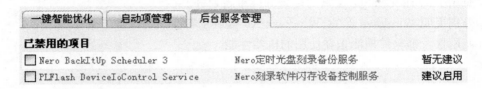

(3) 高级清理。高级清理扫描、清理系统垃圾迅速、全面,扫描对象包括:网络临时文件、系统历史痕迹或临时文件、应用程序历史记录、注册表等。

启动高级清理,你可以自定义扫描,完成扫描后,点击"立即清理"即可清除系统垃圾,让电脑运行得更清爽、更快捷、更安全。

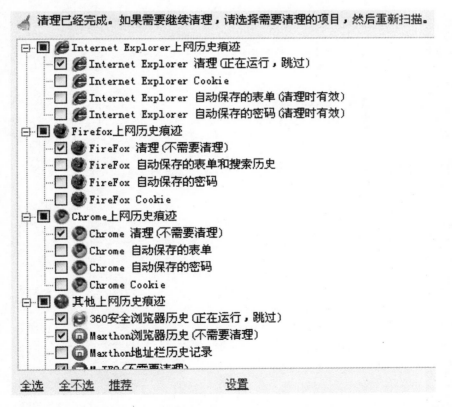

清理间隔需根据用户的具体使用情况而定;建议用户养成良好的使用电脑的习惯,在每天关闭电脑前,对电脑进行一次清理。

思考与练习

1. 运用 Windows 提供的计算机维护工具软件,对计算机进行检测,并记录。
2. 克隆方法安装系统应注意哪些问题?
3. 应用 Partition Magic 工具对硬盘分区重新划分。
4. 分别说明 Windows 2003、Windows XP 提供了哪些系统维护工具?
5. 使用鲁大师软件检测正在使用的机器性能。

附录 A 实　　验

本课程实验所使用的工具

1. 一只数字式或指针式万用表。
2. 十字螺丝刀及一字螺丝刀各一把，尖嘴钳一把、镊子一把、刷子一把、剪刀一把、散热膏一管、塑料线卡若干。
3. 各版本的系统安装光盘各一份。
4. 其他工具软件：Fdisk、Format、Ghost、Partition Magic 8.0、DM、Winrar 等。
5. 有关硬件的驱动程序。

实验 1　微机硬件系统组成与外设的认识

一、实验目的

1. 了解微型计算机系统的软硬件组成。
2. 重点是掌握对微型计算机硬件系统个组成部件识别。

二、实验内容

1. 认识一台已经组装好的多媒体微型计算机，重点了解它们的配置与连接方式。
2. 认识以下硬件：机箱、电源、CPU、主机板、内存、硬盘、软盘、光驱等。
3. 了解上述硬件的作用、结构、型号及连接情况。
4. 认识显示卡、声卡、网卡、等部件。
5. 常用外设的认识，包括显示器、鼠标键盘、打印机等。重点认识它们的作用、型号、类别、接口标准及其与主机的连接方式等方面。

实验 2　微机的拆卸

一、实验目的

1. 掌握各种外设的拆卸方法。
2. 掌握主机内各部件的拆卸方法。
3. 掌握电源的拆卸方法。
4. 掌握主板及 CPU 的拆卸方法。

二、实验内容

1. 拆卸显示器、键盘、鼠标、打印机等外设。

2. 拆卸机箱外壳。

3. 拆卸机箱内各种功能卡(如显卡、声卡、网卡等)。

4. 拆卸数据线。

5. 拆除电源及电源线。

6. 拆卸内存条、CPU 风扇、CPU。

7. 拆卸主板。

实验 3　微机的组装

一、实验目的

1. 了解组装计算机的原则。

2. 掌握计算机各部件组装的方法和技巧。

3. 掌握常见故障的排除方法。

二、实验内容

1. 制定安装的步骤。

2. 安装 CPU 及风扇、内存条。

3. 安装主板。

4. 安装外存储器。

5. 连接数据线。

6. 安装电源并连接有关电源线。

7. 安装各种功能卡(显卡、网卡、声卡等)。

8. 连接各种外部设备(显示器、键盘、鼠标、网线等)。

9. 通电检测安装情况(通电前一定要认真、仔细检查各部件连接情况)。

10. 对常见硬件故障进行排除。

11. 安装机箱盖。

实验 4　CMOS 设置与 BIOS 升级

一、实验目的

1. 掌握 CMOS 和 BIOS 的各项设置。

2. 了解 BIOS 的升级方法。

二、实验内容

1. 练习 CMOS 的各项设置。

2. 练习用放电法解除 CMOS 密码。

3. 练习用 DEBUG 程序去除口令。

4. 了解 BIOS 的升级过程。

实验 5　硬盘的分区、格式化及设置方法

一、实验目的

1. 掌握硬盘分区和格式化的过程。
2. 掌握硬盘的设置方法。

二、实验内容

1. 利用 FDISK 软件对硬盘进行分区。
2. 在 DOS 下格式化硬盘。
3. 对硬盘进行相关设置。
4. 熟悉"魔术分区"工具的使用方法。

实验 6　操作系统的安装

一、实验目的

1. 熟悉 Windows XP 操作系统的安装方法。
2. 熟悉 Windows 7 操作系统的安装方法。
3. 有条件的选装 Linux 操作系统(选做)。

二、实验内容

1. 安装 Windows XP 操作系统。
2. 安装 Windows 7 操作系统。
3. 安装其他硬件驱动程序。
4. 对 Windows 环境进行相关设置。
5. 练习其他工具软件的使用方法。

附录 B "计算机组装与维护" 实验检查题(参考)

一、填空题

1. COMS 跳线的功能:＿＿＿＿＿＿＿＿＿＿＿＿＿＿＿。
2. 数据线:硬盘有＿＿＿＿＿线,软盘有＿＿＿＿＿＿＿线;1♯数据线有什么标志:＿＿＿＿＿。
3. 电源的功能,本实习机采用的是＿＿＿＿＿＿电源,输出电压为:＿＿＿＿＿＿＿。
4. 本实习机硬盘的型号:＿＿＿＿＿＿;容量:＿＿＿＿＿＿;硬盘跳线的功能＿＿＿＿＿。
5. 键盘、鼠标接口的针脚数分别为:＿＿＿＿＿＿＿＿＿＿＿。
6. 内存主要分为哪几种:＿＿＿＿＿＿＿＿＿＿,本实习机的内存为＿＿＿＿＿＿＿＿,容量为:＿＿＿＿＿＿;内存条通常是一块＿＿＿＿＿＿板。
7. 本实习机主板的型号为:＿＿＿＿＿＿＿,有哪几个扩展槽:＿＿＿＿＿＿。
8. 本实习机显卡的型号为:＿＿＿＿＿＿＿＿。
9. 指出本实习机通信接口＿＿＿＿＿＿,USB 属于＿＿＿＿＿＿＿＿。
10. CPU 的接口主要有＿＿＿＿＿＿,Intel 公司的 CPU 目前的主流产品是:＿＿＿＿＿。CPU 的工作电压一般为:＿＿＿＿＿;将成＿＿＿＿＿趋势。
11. 主机部分包括:＿＿＿＿＿＿＿＿＿＿＿。
12. 外部设备包括:＿＿＿＿＿＿＿＿＿＿＿＿。
13. CPU 为什么要加装风扇?＿＿＿＿＿＿。
14. 北桥芯片的主要功能:＿＿＿＿＿＿＿;南桥:＿＿＿＿＿＿＿。
15. 存放电脑硬盘、软驱、及其他系统参数的是:＿＿＿＿＿＿＿＿＿。
16. 标准的 VGA 显示器接口为＿＿＿＿＿＿＿针接头。
17. 按显像管的工作原理分类,可以将显示器分为＿＿＿＿＿＿和＿＿＿＿＿＿。
18. 目前使用的硬盘转速有:＿＿＿＿＿＿＿＿,＿＿＿＿＿＿是区别硬盘的高端与低端产品的主要标志。
19. 机箱内有几个风扇,各有什么用处?＿＿＿＿＿＿＿＿＿＿＿。
20. BIOS 的主要功能:＿＿＿＿＿＿＿＿＿＿＿＿＿。
21. BIOS 的种类有:＿＿＿＿＿＿＿;本实习机的 BIOS 为:＿＿＿＿＿。
22. 本实习机的基本内存为:＿＿＿＿＿;扩展内存为:＿＿＿＿＿;合计为＿＿＿＿。
23. PnP 的含义为:＿＿＿＿＿＿＿＿＿。
24. 硬盘的常用分区格式有哪几种:＿＿＿＿＿＿＿＿＿。
25. 冯·诺依曼结构计算机主要由＿＿＿＿＿＿＿＿＿＿＿＿＿＿等五部分组成。
26. 系统总线是 CPU 与其他部件之间传送数据、地址和控制信息的公共通道,根据传送的内容可分为:＿＿＿＿＿＿＿＿＿＿＿＿。
27. 计算机＿＿＿＿＿是构成计算机系统的物质基础,而计算机＿＿＿＿＿是计算机系统的灵魂,二者相辅相成,缺一不可。

28. 计算机电源一般分为:＿＿＿＿＿＿＿＿＿＿。

29. 中央处理器是决定一台计算机性能的核心部件,其由＿＿＿＿＿＿组成。

30. CPU 的主要性能指标是:＿＿＿＿＿＿＿＿＿。

31. 按内存的工作原理,可将内存分为:＿＿＿＿＿＿＿＿＿＿＿。

32. 内存的主要性能指标是:＿＿＿＿＿＿＿＿＿＿。

33. 在使用 DOS 的格式化命令对硬盘进行格式化时除了对磁盘划分磁道和扇区外,还同时将软盘划分为 4 个区域,它们分别是:＿＿＿＿＿＿＿＿＿。

34. 硬盘作为计算机主要的外部存储设备,随着设计技术的不断更新和广泛应用,不断朝着＿＿＿＿＿＿＿＿＿＿＿的方向发展。

35. 硬盘驱动器的主要参数是:＿＿＿＿＿＿＿＿＿＿＿＿。

36. 现在的主板支持 3 种硬盘工作模式:＿＿＿＿＿＿＿＿＿＿＿。

37. 根据光盘存储技术的不同,常见的光盘驱动器可分为:＿＿＿＿＿＿＿＿。

38. 常见的光驱的接口主要是:＿＿＿＿＿＿＿＿＿＿。

39. 键盘按开关接触方式的不同可分为＿＿＿＿＿键盘和＿＿＿＿键盘。

40. 按鼠标的接口类型分类,有＿＿＿＿＿＿＿＿＿＿接口鼠标。

41. 显示器的主要技术参数有:＿＿＿＿＿＿＿＿＿＿。

42. VESA 组织于 1997 年规定＿＿＿＿＿Hz 逐行扫描为无闪烁的垂直刷新频率。

43. 按照工作原理可将打印机分为:＿＿＿＿＿＿＿＿＿＿。

44. 计算机电源的主要技术指标是:＿＿＿＿＿＿＿＿＿＿。

二、简答题

1. BIOS 和 COMS 的区别是什么? 是否可以被设置?

2. CMOS 中是否可以设置日期、时间、星期等参数?

3. 软驱数据线的前端绞线的功能,硬盘数据线为什么没有绞线?

4. 衡量显示器性能的主要指标是什么? 800×600 是什么含义?

5. 如何在 CMOS 中将系统设置为性能最低的 BIOS 默认值? 如何优化系统性能?

6. 如何设置开机密码?

7. 硬盘分区分为哪两类? 主分区是否可以再划分? 扩展分区是否可以再划分?

8. FDISK 是否可以对软盘、光盘进行分区?

9. FORMAT C:/S 的功能? 对其他逻辑盘要否加"/S"参数?

10. 电脑常见故障分为哪几类?

11. 你现在了解到的操作系统有哪几种?

12. 是否可以通过光驱启动安装 98 操作系统。98 操作系统安装完成后有几种启动方式?

13. DOS 的含义?

14. 四针电源线中,各不同颜色线的电压是多少?

15. 硬盘或软盘的数据线与主板是怎样接的?

16. 分区时怎样使 C 盘成活动的? 在分区表中有什么标志?

17. 命令 X:\＞CD WIN98 的功能是什么,显示什么样的形式?

18. CMOS 中设了密码,在主板上如何解除密码?

19. 如何查得显卡的显存大小？本实习机的显存是多少？

20. 一个完整的计算机系统是由哪几部分组成？

三、名词解释题

1. 写出下列缩写形式的英文全称和中文名称

（1）DB、AB、CB

（2）ZIF

（3）ISA

（4）PCI

（5）AGP

（6）BIOS

（7）IDE

（8）USB

（9）CPU

（10）SDRAM

（11）DDR

2. 解释下列名词

（1）硬件系统

（2）软件系统

（3）高速缓冲存储器 Cache

（4）温彻斯特（Winchester）技术

（5）像素点距

（6）分辨率

（7）多媒体

四、简答叙述题

1. 简述计算机主板（Main Board）的基本组成部分及作用。

2. 简述计算机的存储系统。

3. 简述硬盘驱动器日常维护的注意事项。

4. 简述显示器的分类。

5. 简述多媒体计算机的主要技术。

附录 C　计算机硬件维护基本技巧

1．在连接 IDE 设备时，应遵循红红相对的原则，让电源线和数据线红色的边缘线相对，这样才不会因插反而烧坏硬件。

2．在安装硬件设备时，如果接口一直插不进，应检查连接的接口有无方向插反，插错，因错误的连接是无法插入接口的。

3．根据 PC99 规范，主板厂家在各接口中都标注了相应的颜色，这些颜色分别和鼠标，键盘、音箱线接头的颜色相对应，这样方便用户拔插。

4．当你想打开机箱面板对主机内硬件进行维护维护时。应首先切断电源，并将手放在墙壁或水管上一会儿，以放掉自身静电。

5．硬件中断冲突会导致黑屏，当更换了显卡、内存后仍无法点亮机器时，可考虑更换插槽位置。

6．在重新安装显卡驱动或重新拔插显卡后，应重新设置显示器的刷新率，否则刷新率可能因显卡出错而自动设定为"优化"（对眼睛有害的 50 MHz）。

7．在安装 CPU 风扇时，最后动用钳子等工具进行辅助安装，这样可控制力度和方向。

8．面对超频过度带来的黑屏故障，可以通过主板上的 CMOS 跳线，让 BIOS 恢复到出厂状态。

9．安装各硬件时，应充分避免 PCB 板上金属毛刺带来的伤害，注意手拿方向。

10．对于由灰尘引起的显卡、内存金手指氧化层故障，大家应用橡皮或棉花沾上酒精清洗，这样就不会黑屏了。

11．当主机面板上的硬盘灯在闪烁时，千万不要重新启动电脑，这样容易让硬盘产生坏道或导致分区表出错。

12．光驱、硬盘、软驱、刻录机等硬件设备在安装时一定要上足螺丝，上稳螺丝，以避免读盘或其他振动对硬件的不良影响。

13．清洁光盘和显示器屏幕千万不要用酒精，只能使用镜头纸和绒布。

14．光驱不退盘时，可用针刺光驱面板上如同针眼大的小孔，可强制退盘。

15．当显示器使用后有了不易清除的污垢后，可对着被污染部位用嘴哈热气，紧接着配合用绒布去擦拭清洁，效果明显。

16．主机内部杂乱的数据线，电源线可用扎丝或橡皮筋扎起来，这样不但给人整洁的感觉，还方便主机散热。

17．光电鼠标勿在强光条件下使用，也不要在反光率高的鼠标垫下使用。

18．在安装 CPU 散热风扇的三针电源插口时，应连接主板上的 CPU 风扇接口，这样在 BIOS 中才能侦测并显示出风扇转速。

19．手机不要放在显示器或者音箱旁边，因为短信或来电时，会干扰音箱和显示器的工作，发出杂音和显示出波纹。

20．电脑使用久了，最少应该一季度清洁维护一下主机内部，对显示器进行一次消磁。

附录 D　Windows 7 使用技巧

1. 电脑守卫 PC Safeguard

一台电脑多人使用容易弄的乱七八糟的,微软提供的 PC Safeguard 不会让任何人把你电脑的设置弄乱,因为当他们注销的时候,所有的设定都会恢复到正常。当然了,他不会恢复你自己的设定,但是你唯一需要做的就是定义好其他用户的权限。

要使用 PC Safeguard,首先控制面板——用户帐户,接下来创建一个新的帐户,选择【启用 PC Safeguard】,单击确定。这样就可以安心的让别人使用你的电脑了,因为任何东西都不会被改变,包括设定,下载软件,安装程序等。

2. 屏幕校准 Screen Calibration

Windows 7 拥有显示校准向导功能可以让你适当的调整屏幕的亮度,所以你不会再遇到浏览照片和文本方面的问题了。以前出现的问题包括一张照片在一台电脑上看起来很漂亮而耀眼,但是在另一台电脑却看起来很难看。具体操作:按住 WIN＋R 然后输入"DCCW"。

3. 应用程序控制策略 AppLocker

如果你经常和其他人分享你的电脑,然而你又想限制他们使用你的程序,文件或者文档。AppLocker 工具提供了一些选择来阻止其他人接近你的可执行程序、Windows 安装程序、脚本、特殊的出版物和路径。具体操作:按住 WIN＋R,然后输入 gpedit. msc 进入本地策略组编辑器,计算机配置——Windows 设置——安全设置——应用程序控制策略,右键点击其中的一个选项(可执行文件,安装或者脚本)并且新建一个规则。

4. 镜像刻录 Burn Images

以前版本 Windows 没有镜像刻录的功能,所以必须拥有一个独立的刻录软件。随着 Windows7 的到来,这些问题都不复存在了。只需双击要刻录的 ISO 镜像文件,即可就能烧录进刻录光驱中的 CD 或者 DVD 中。

5. 播放空白的可移动设备 Display Empty Removable Drives

Windows7 将默认不自动播放空白的移动设备,所以如果你连接了一个空白的移动设备在你的电脑上,不要担心,只需要点击工具－－文件夹选项－－查看－－取消"隐藏计算机文件夹中的空驱动器"的选择。

这是个看起来不怎么样的主意并且它不应该是默认的设定,因为它将很难被没有经验的使用者所知晓(理解)。

6. 把当前窗口停靠在屏幕左侧 Dock The Current Windows To The Left Side Of The Screen

这个新功能看起挺有用,有些时候会被屏幕中浮着的近乎疯狂的窗口所困扰,并且很难把它们都弄到一边。可以按住 WIN＋左键,轻松把它们靠到屏幕的左边去。

7. 把当前窗口停靠在屏幕右侧 Dock The Current Windows To The Right Side Of The Screen

按 WIN＋右键可以把窗口靠到右侧

8. 显示或隐藏浏览预览面板 Display Or Hide The Explorer Preview Panel

按 ALT＋P 隐藏或者显示浏览的预览窗口

9. 在其他窗口顶端显示小工具 Display Gadgets On Top Of Other Windows

按 ALT＋G

10. 幻灯片播放桌面背景图片 Background Photo Slideshow

如果你像我一样懒或者无聊，那么你会去时常的更换你的桌面背景，这浪费了很多时间。现在你不需要再这么做了，因为你可以设置幻灯式播放了。右键单击桌面－－个性化设置－－桌面背景并且按住 CTRL 的同时选择图片。然后你可以选择播放图片的时间间隔和选择随机播放还是连续播放。

11. 让任务栏变小 Make The Taskbar Smaller

如果你觉得任务栏占用了你屏幕的太多空间，你可以选择把图标变小。这样做，右键单击开始按钮，选属性－－任务栏选择"使用小图标"

12. 合并任务栏图标 Combine Taskbar Icons

若打开了很多窗口或者程序，工具栏的空间可能不够用，可以像是 XP、vista 的那样进行合并。

方法：右键单击开始按钮，选属性——任务栏选择——在任务栏满时分组。

13. 多线程文件复制 Multi－threaded File Copy

Robocopy：复制文件和目录的高级实用程序。在 Windows 7 中，可以通过命令行来执行多线程复制。选择任意数目的线程，就像"/MT[:n]，它的数值范围在 1 到 128 之间（在命令行输入 ROBOCOPY/? 有具体用法）。

14. 最大化或者恢复前台窗口 Maximize Or Restore The Foreground Window

按 WIN＋上光标键

15. 最小化激活窗口 Minimize The Active Window

按 WIN＋下光标键

16. 激活快速启动栏 Activate The Quick Launch Toolbar

右键单击任务栏——工具栏——新工具栏

在空白处输入"％UserProfile％\AppData\Roaming\Microsoft\Internet Explorer\Quick Launch"，然后选择文件夹。让他看起来像是在 XP 中一样，右键工具栏——取消"锁定工具栏"，接着右键点击分离和取消"显示标题"和"显示文本"。最后右键单击工具栏并且选中"显示小图标"就完成了。

17. 在资源管理器中显示预览 Preview Photos In Windows Explorer

在资源管理器窗口按 ALT＋P 预览窗口就应该出现在右侧了。

18. 桌面放大镜 Desktop Magnifier

按 WIN＋加号或者减号来进行放大或者缩小。可以缩放桌面上的任何地方，你还可以配置你的放大镜。还能选择反相颜色，跟随鼠标指针，跟随键盘焦点或者文本的输入点。

19. 最小化所有除了当前窗口 Minimize Everything Except The Current Window

按 Win＋Home

20. 电源管理故障排除 TroubleShoot Power Management

Windows 7 可以告诉你的系统用了多少电或者为你提供关于电源使用以及每个程序和设备的相关问题的详细信息。你可以使用以下这个方法去优化你的电池，延长它的使用寿命。

按 WIN+R 输入 POWERCFG-ENERGY-OUTPUT PATH\FILENAME 一分钟后就会生成一个 energy-report. html 文件在你设定的文件夹内（例如 POWERCFG-ENERGY-output c：\ 一种后会在 C 盘根目录下生成 energy-report. html 里面有详细的电源描述。）。

21. 在你的桌面上进行网页搜素 Web Searches From Your Desktop

Windows 7 允许你通过一个附加的免费下载的接口来寻找在线资源。例如，登录 http：//www. bizzntech. com/flickrsearch 下载 flicker 的接口。之后，你应该会看到 Flicker Search 在你的搜索文件夹里并且你将可以在你桌面上进行搜索而不用打开网页。

22. 在开始菜单中添加视频 Add Videos To Your Start Menu

如果你曾寻求一种更快的方式去找到你的视频，现在 Windows 7 给了你一个答案。右键单击开始——属性——开始菜单——自定义然后设置视频为"以链接的形式显示"就完成了。

23. 在不同的显示器之间切换窗口 Shift The Window From One Monitor To Another

如果你同时使用两个或者更多的显示器，那么你可能会想把窗口从一个移动到另一个中去。这里有个很简单的方法去实现它。所有要做的就是按 WIN+SHIFT+左或者右，这取决于你想要移动到哪个显示器中去。

24. 制定电源按钮 Custom Power Button

如果你很少关闭你的电脑，但是你会时常的重启它或者让它睡眠，那么在这里你有一种选择就是用其他的行为来取代你的关机按钮。右键单击开始——属性——电源按钮动作然后你就可以在所给的选项中随意的选择了。

25. 轻松添加新字体 Easily Add A New Font

现在添加一个新的字体要比以前更加容易了。只需要下载你所需要的字体，双击它，你就会看到安装按钮了。

26. 垂直伸展窗口 Stretch The Window Vertically

你可以用 WIN+SHIFT+上来最大化垂直伸展你的当前窗口。WIN+shift+下来可以恢复它。

27. 打开 Windows 资源浏览器 Open Windows Explorer

按 WIN+E 打开新的 Windows 资源浏览器

28. 创建一个新的任务栏的第一个图标的进程 Create A New Instance Of The First Icon In The Taskbar

按 WIN+1 可以用来打开一个新的任务栏上第一个图标。这个功能在一些情况下真的很有用。

29. 行动中心 Windows Action Center windows

Windows 行动中会给你提供你的电脑的重要信息，例如杀毒状态，升级，发现故障和提供一个计划备份功能。控制面板——系统和安全——行动中心

30. 故障发现平台 Windows Troubleshooting Platform Windows

这个平台可以帮你解决很多你可能会遇到的问题，比如网络连接，硬件设备，系统变慢等等。你可以选择你要诊断的问题，他将同时给你关于这些问题的一些说明，它们真正的给你提供帮助，这提供很多可行的选项，指导和信息，所以尝试在按 win 之后输入"troubleshoot"或者"fix"。

31. 关闭系统通知 Turn Off System Notifications

系统通知通常会打扰你并且它们经常是没用的，所以你可能想关闭他们其中的一些。你

可以在 Windows 7 中双击控制面板中的通知区域图标来实现它。在这里,你可以改变行动中心,网络,声音,Windows 资源浏览器,媒体中心小程序托盘和 Windows 自动升级的通知和图标。

32. 关闭安全信息 Turn Off Security Messages

要关闭安全信息你要进入控制面板——系统和安全——行动中心——改变行动中心设置然后关闭一些通知,包括 Windows 升级,网络安全设置,防火墙,间谍软件和相关保护,用户账户控制,病毒防护,Windows 备份,Windows 问题诊断,查找更新。

33. 循环查看任务栏上打开的程序。Cycle Through The Open Programs Via The Taskbar's Peek Menu

这似乎和 ALT＋TAB 差不多,但是仅仅是那些打开的在边栏上方的菜单,看起来不是很实用。可以按 WIN＋T 来体验一下。

34. 以管理员身份运行一个程序 Run A Program As An Administrator

按住 CTRL＋SHIFT 打开一个程序就能以管理员权限去运行它。

35. 相同程序切换 Same Program Windows Switching

如果有很多程序正在运行,只要按住 CTRL 的同时单击它的图标,它就会循环在所有的程序中。

36. 自动排列桌面图标 Auto Arrange Desktop Icons

你现在可以忘记右键然后点击自动排列这种方式了,你只需要按住 F5 一小会,图标就会自动排列了。

37. 加密移动 USB 设备 Encrypt Removable USB Drives

加密 USB 设备从来没这么简单过,现在右键点击可移动设备然后选择启动 BITLOCKER。

38. 关闭智能窗口排列 Turn Off Smart Window Arrangement

如果不喜欢 WIN7 的新功能:智能的排列你的窗口,这里有个简单的方法去关闭它。按 WIN 输入 regedit,找到 HKEY_CURRENT_USER \ Control Panel \ Desktop 然后将 WindowArrangementActive 的值改成 0.重启之后智能排列窗口就被关闭了。

39. 创建系统还原光盘 Create A System Repair Disc

Windows 7 的一个工具可以让你创建一个可引导的系统修复光盘,它包括一些系统工具和命令提示符。按 WIN 输入 system repair disc 去创建他。

40. 强制移动存储 Hard－Link Migration Store

他仅仅适用于新的电脑和转移文件,设置和用户帐户。新的强制移动存储功能占用磁盘空间更小和花费的时间也更少。

41. 关闭发送回馈 Turn Off "Send Feedback"

如果你认为当前测试版 Windows 7 的关于测试者反馈的功能很烦人的话,这有个方法可以关掉它。按 WIN 输入 regedit,然后找到 HKEY_CURRENT_USER \ Control Panel \ Desktop 接着把 FeedbackToolEnabled 的值改成 0.重启电脑之后它就不会再出现了。另外,如果你要再打开它,就把数值改成 3.

42. 改良的计算器 Improved Calculator

Windows 7 的特色之一改良的计算器可以进行单位转换,日期计算,一加仑汽油的里程,租约和按揭的计算。你也可以在标准,科学,程序员和统计员模式之间进行选择。

43. 在新进程中打开文件夹 Open A Folder In A New Process

Windows 7 的所有的文件夹都在同一个进程中打开,这是为了节省资源,但这并不表示一个文件夹的崩溃会导致全部文件夹的崩溃。所以,如果你认为这是个没必要的冒险的话,你可以在把他们在他们各自单独的进程中打开。按住 shift 右键点击驱动器并且选择在新的进程中打开。现在你安全了。

44. 程序安装记录 Problem Step Recorder

程序安装记录是一个伟大的工具,它可以被运用在很多环境中。可以通过按 WIN 输入 PSR. exe 然后点击记录来启动它。现在它将会记录你所有的移动,并且储存为 HTML 格式的文件,你可以浏览它或者在上面写下你的描述。这些可以和错误诊断,写入引导或者单独辅导一起给你提供帮助。

45. 免费解码包 Free Codecs Pack

很不幸,Windows media player 仍然不能播放一些音频和视频文件,所以你仍然需要一些解码器。但是随着免费解码包的下载,你应该不会在这方面有任何问题了。

46. 从我的电脑打开资源浏览器 Start Windows Explorer From My Computer

Windows 资源浏览器默认在指示库中打开。大部分人用它来取代"我的电脑"。按 WIN 输入"explorer",选择属性,然后在快捷路径中输入"％SystemRoot％\explorer. exe/root,::{20D04FE0-3AEA-1069-A2D8-08002B30309D}"。右键单击任务栏上的浏览图标,并且点击"从任务栏脱离此图标"然后把它从开始菜单拖拽出来。

47. 清理桌面 Clear The Desktop

如果桌面上很多窗口,可以从左到右摇晃窗口来清理桌面,这样所有其他的窗口将会变成最小化。如果想恢复窗口就再摇晃激活窗口。

48. 在关闭 UAC 之后使用小工具 Use Gadgets With UAC Turned Off

也许你已经注意到了,出于安全考虑一旦 UAC 被关闭,你将无法再使用小工具。如果你想要在 UAC 被关闭的情况下冒险去使用他们,这里有一种方法。按 WIN 输入 regedit,找到 HKEY_LOCAL_MACHINE\SOFTWARE\Microsoft\Windows\CurrentVersion\Sidebar\Settings 然后新建一个名为 AllowElevatedProcess 的 DWORD 值,然后把数值改成 1. 现在你应该可以使用你的小工具。如果不行,重启电脑吧。

49. 修复媒体播放和媒体中心的 MP3 BUG

Windows Media Player 和 Windows Media Center 都有一个 BUG,他会在你的重要的 MP3 文件上填充缺失的元数据,这会损坏你的 MP3。这个问题会切断音轨开头的几秒钟时间,的确是很让人讨厌。现在这个问题已经在 WIN7 上被微软修复了。

50. 在你的电脑上搜索任何东西

Windows 7 给你提供了搜索包括那些你不知道的在内的所有类型文件的可能性,它会在你遇到麻烦的时候给你提供帮助。尽管它不被推荐使用,因为这真的是比普通的搜索要慢很多。你可以尝试一下,打开 Windows 资源管理器,选择工具——文件夹选项——查看选择尝试搜索未知类型文件。如果你不再需要它的时候别忘把它关了以提高搜索速度。

51. 鼠标手势 Mouse Gestures

Windows 7 的手势功能不只可以被那些购买了触摸屏的人所使用,同样可以被鼠标用户所使用。所以,你可以用按左键向上拖动任务栏图标的方式来取代右键单击的方式来激活跳跃列表。另外,点击并向下拖动 IE 浏览器中的地址栏会打开浏览历史。大概还有很多手势没有被发现。

52. 配置你的音乐收藏夹 Configure Your Music Favorites

如果你已经修复了 Windows Media Center,现在你可以想办法来提高你在这方面的使用经验了。媒体中心会在你播放歌曲次数的基础上创建一个音乐收藏列表,你的播放率和播放时间都会被添加在上面。如果你不喜欢这种方式的话,你可以把你的收藏变的各种样式。点任务——设置——音乐——音乐收藏。

53. 关闭最近的搜素显示 Turn Off Recent Search Queries Display

Windows 7 默认保留和显示最近的搜索。这个可能经常会被证明是很刺激的。不需要紧张,因为你可以不让他显示。按 WIN 输入 GPEDIT. MSC,然后用户设置——管理模版——Windows 组件——Windows 资源浏览器然后双击关闭显示最近输入的搜索。

54. 高级磁盘整理 Advanced Disk Defragmentation

Windows 7 提供了比 VISTA 好很多的磁盘整理功能,并且你可以通过命令行来设置它。按 WIN 输入 CMD。你可以利用输入命令行 defrag 整理你的磁盘并且你还有以下选项:/r 多个同时整理,-a 执行一个整理分析,-v 打印报告,-r 忽略小于 64 M 的碎片,-w 整理所有碎片

例如:"defrag C:-v-w"整理整个 C 盘。

55. 让 IE8 运行更快 Make Internet Explorer 8 Load Faster

如果你让 IE8 更快,你要关闭让它变慢的插件。工具——插件管理检查每一个插件的加载时间。你可以自己选择去掉那些你不需要的插件以提高读取速度。

56. 媒体中心自动下载 Media Center Automatic Download

Windows 媒体中心 12 允许你制定定时下载,所以它会在不打扰你的情况下就完成了下载。工具——设置——常规——自动下载选项然后你就可以随意的去配置它的下载了。

57. 移除侧边栏 Remove The Sidebar

Windows 7 看起来似乎没有侧边栏这个功能,但是实际上它是存在的并且随着电脑启动而自动被开启并且在后台运行。所以,如果你想把它摆脱掉,这里有两种方法。比较简单的一种是是按 WIN,输入 MSCONFIG. EXE,点击启动和清除边栏。复杂一点的方法就是

按 WIN 键输入 REGEDIT,找到并删除注册表键

HKEY_CURRENT_USER\Software\Microsoft\Windows\CurrentVersion\Run。这个可以节省你的被不使用的东西所消耗的内存。

58. 音量调整 Volume Tweaking

你不喜欢 Windows 7 在检测到电脑内通话的时候自动降低声音的这种功能么? 你可以关掉它。右键单击任务栏的音量图标——声音——通信然后把它关掉。

59. 以其他用户的身份运行程序 Run A Program As Another User

Windows 7 可以让你以管理员或者其他用户的身份去运行一个程序,即按住 SHIFT 的同时右键单击可执行文件或者快捷方式然后你可以选择以其他用户身份运行。

60. 使用虚拟硬盘 Use Virtual Hard Disk Files

在 Windows 7 中,你先可在你的真正的磁盘里创建并管理虚拟磁盘文件。可以使用 Wndows 的在线安装到你的虚拟磁盘中而不需要启动虚拟机。创建一个虚拟磁盘你需要按 Win,右键单击我的电脑——管理——磁盘管理——操作——创建 VDH。在这里你可以指定虚拟硬盘的位置和大小。

连接拟硬盘文件按 WIN,右键单击我的电脑,然后管理——磁盘管理——操作——连接

VHD 然后你可以指定它的位置和是否是只读。初始化虚拟硬盘,按 WIN,右键单击我的电脑,管理——操作——连接虚拟硬盘。选择你想要的分区模式,然后右键点未分配的空间并且点击新简单卷,然后跟着指示向导做。现在,一个新的硬盘诞生了,而且你可以把它当作真正的分区来使用。

61. 去除任务栏上的 Windows Live Messenger Remove The Windows Live Messenger Tab In The Taskbar

去掉 Windows Live Messenger 并且把它弄回到那个属于他的系统托盘区。来到 C:\Program Files\Windows Live\Messenger,右键点 msnmsdgr. exe 设置兼容模式为 windows vista。

62. 锁定屏幕 Lock The Screen

Windows 7 的开始菜单里不再有锁定按钮,所以现在你要按 WIN+L 去锁定它。这看起来很简单,如果你不会忘掉这个快捷键的话。

63. 创建一个新的锁定屏幕快捷方式 Create A Screen Lock Shortcut

如果你不喜欢使用快键或者把它给忘了,这有另外一种方式可以锁定屏幕。简单创建一个新的快捷方式到 C:\Windows\System32\rundll32. exe user32. dll。然后你就可以随意的锁定或者解锁了。

64. 启用在开始菜单中的运行 Enable Run Command In Start Menu

如果你怀念 XP 中的运行命令,这里有办法把它在 WIN7 中找回来。右键点击开始菜单的空白处,属性——开始菜单——自定义并且找到运行命令。

65. 为 nVIDIA 显卡改善桌面窗口管理 Improve Desktop Window Manager For nVIDIA Graphics

有的时候桌面的动画效果看起来不是很好而且不够平滑,这是因为桌面窗口的没有使用透明度和模糊来渲染,但是你可以为更好的显示效果关闭动画。按 WIN,右键单击我的电脑,属性——高级系统设置——性能——设置取消"最大化或者最小化时的动画效果",点确定就行了。

66. 改变文件的默认保存位置 Change Default Save Location For Files

Windows 7 和 Vista 有点不同,因为它的文档、图片、视频和音乐都保存在一个公共文件夹下:C:\USERS。若不想把这些文件存放在那,可以创建自己想要的储存位置:

按 WIN,单击你的用户名并且双击你想要改变位置的文件夹。之后就会看到两个库的位置。点击那个 TEXT,右键单击你希望设置成默认的文件夹,然后点"设置为默认文件位置",点 OK。

67. 让 Windows Media Player 默认为 64 位 Make 64bit Windows Media Player Default (only for X64 users)。

Windows 自带版本 Windows Media Player 默认为 32 位。如果你是 64 位用户,这样做,按 WIN 输入 COMMAMD,右键点 Command Prompt 然后执行 Run as administrator,输入"unregmp2. exe /SwapTo:64",之后,按 WIN,输入"regedi",找到

HKLM\Software\Microsoft\Windows\CurrentVersion\App Paths\wmplayer. exe\,双击值并且把它从"%ProgramFiles(x86)"改为"%ProgramFiles%"。现在你就可以使用 64 位的 Windows Media Player 了。

68. 用任务栏打开多个 Windows 资源管理器。Open Multiple Instances Of Windows

Explorer Via The Taskbar

如果想从开始条运行更多的 Windows 资源管理器,按一下步骤操作:

(1) 让 Windows 资源管理器脱离任务栏,

(2) 然后按 WIN,找到附件,

(3) 右键点资源浏览器,属性,把快捷方式路径改为:

％SystemRoot％\explorer. exe/root,∷{20D04FE0-3AEA-1069-A2D8-08002B30309D}
(如果你想把它设置成默认为我的电脑)

或 者％ SystemRoot％ \ explorer. exe/root, ∷ { 031E4825-7B94-4dc3-B131-
E946B44C8DD5}(如果你想把它默认为库)。现在把资源管理器附加回任务栏就可以了。这
样你只要点鼠标的中键就能打开更多的资源管理器了。

如果你想改回去,你把快捷方式路径改回％SystemRoot％\explorer. exe。

69. 让系统时间托盘显示 AM/PM 符号 Make The System Tray Clock Show The AM / PM Symbols

Windows 7 默认显示 24 小时制的时间,所以如果你想要显示 AM/PM,按 WIN,输入
intl. cpl 去打开时区和语言选项,自定义格式,把长时间从 HH:mm 改成 HH:mm tt,例如 tt
是 AM 或者 PM 符号(21:12 PM)。把它改成 12 小时制,你要输入像 hh::mm tt(9:12 PM)。

70. IE8 兼容模式 Internet Explorer 8 Compatibility Mode

如果打开的网站不能正确渲染,就应该启动 IE8 兼容视图来播放他们。这是因为升级渲
染引擎会导致很多麻烦。打开 IE,工具－－兼容视图设置然后选择用兼容视图打开所有网
站,然后点确定。

附录 E 实验数据记录表(仅供参考)

组别:　　　　　　　　组员:

类型名称	内　容	类型名称	内　容
一、键盘		**八、内存**	
键盘品牌:		内存种类:	
键盘接口类型:		金手指数一内存脚:	
二、鼠标		内存容量:	
鼠标类型:		**九、CPU**	
接口类型:		CPU 品牌:	
鼠标按键个数:		CPU 接口:	
三、电源		主频率	
电源类型:		**十、主扳**	
提供的输出电压:		主板结构类型:	
		CPU 插座类型:	
电源功率:		内存插槽数:	
四针电源接头个数:		AGP 插槽:	
软驱电源接头个数:		PCI 插槽数:	
其它电源接头:		其它插槽:	
四、光驱		IDE 接口和软驱接口:	
光驱类型:		BIOS 芯片型名:	
光驱接口类型:		主板上电源接口:	
光驱品牌:		CMOS 供电电池:	
光驱速度:		外部 I/O 接口:	
五、硬盘		芯片组类型:	
硬盘的接口:		机箱面板开关控制线插接示意图(要求有附图)	
商品品牌:		整个主板布局示意图(要求有附图)	
主轴转速:		**十一、有关 CMOS 设置**	
容量:		启动盘顺序为:	
缓存大小:		安全设置为:	
数据线针数:		**十二、硬盘分区**	
首针脚位置图示		分区命令:	

类型名称	内　　容	类型名称	内　　容
六、软驱:		主分区 C:大小	
数据线针数:		扩展分区大小	
首针脚位置图示		扩展分区上逻辑盘数:	
七、显卡		**十三、安装系统**	
显卡芯片:		带系统格式化 C 盘命令	
显存大小:		逻辑盘格式化命令	
显卡输出接口:		安装 DOS/WIN XP 系统	
总线接口:		WIN XP 安装序列号:	

(注:用户可根据具体机型重新设计数据记录表)。